분자육종학

분자육종학

김경민 · 남상용 · 박재령 · 장윤희 · 김은경 지음

RGB

머리말

재배와 육종기술은 농업발전의 양대축이다. 최근 종묘산업이 발전하고 기후변화로 인한 농업환경은 유전육종 연구의 필요성을 증대시키고 있다. 육종(育種)은 멘델(Mendel)의 유전법칙이 1865년과 1866년 사이에 발표된 이후로 발표 초기에는 그렇게 큰 관심을 받지 않았으나 20세기 초 재발견된 후 유전육종 분야에 큰 영향을 미쳤다. 전통육종은 멘델법칙의 오랫동안 작물의 품종개량을 하는데 주요한 기술이었다. 그러나 현대에서는 이러한 전통육종이 시간의 벽을 넘지 못하여, 1953년 제임스 왓슨과 크릭이 DNA의 이중 나선을 발견한 시점에서 분자생물학이 탄생하면서 전통육종학은 인기가 떨어지는 경향이었다. 이 책에서는 전통육종학과 유전학 및 분자생물학 기술 중 작물의 품종을 가장 효율적으로 육성할 수 있는 기술들을 수록하였다.

특히 QTL(Quantitative Trait Loci)에 대한 기본적인 개념과 잘못 적용하기 쉬운 유전자 선발방법과 육종의 효율에 대한 설명을 첨부하였다. 무엇보다도 외래어가 많은 유전육종학 분야에 우리말 표기를 하여 쉽게 이해할 수 있게 하려는 것도 하나의 방향이다. 따라서 전통육종과 분자육종 기술로 품종을 개발하려는 관련 학과의 대학 교재로 사용할 수 있으며 이 분야의 연구자들에게도 참고도서가 될 수 있을 것이다. 마지막으로 독자 여러분의 고견을 바탕으로 더욱 알찬 교재로 재출간할 것을 약속드린다.

2023년 3월

저자 일동

목차

제1장 유전체계

제1절 유전과 변이

1. 서론

유전과 변이는 생장과 관리에서 특정 환경에 의한 형태학과 생리학에 특별한 변화가 보이는데 그런 변이의 근원을 찾고 야기된 반응에서의 선발을 가능하게 만든 것을 찾는 것이다. 식물에서 그 원인은 많고 다양하다. 식물의 세포핵과 세포질 변화, 그들의 조합과 개체분리 번식에서의 수정 작용, 염색체 조직과 수적인 변화를 포함한다. 자연종의 진화에 있어 같은 범위와 다양한 환경에 적응한다는 것을 알았다. 식물육종가에 의한 연구를 통해 유용한 변이 범위의 진가를 알아내고 빠르게 이용될 것이다. 주로 작물 육종가에 의한 특별한 목적을 이루기 위한 신중히 고려된 우연한 선발의 결과는 때에 따라서는 좋은 결과를 가져온다.

2. 변이의 근원

자연계에 있는 생물들은 정도의 차이는 있지만, 변이성을 지니고 있다. 변이 중에서도 육종의 소재로 대상이 되는 것은 유전적 변이이며 자연계에서 발견할 수 있는 유전적 변이는 오랫동안 자연돌연변이나 자연교잡에 의한 변이가 누적된 것이다. 따라서 이들 변이를 찾아낸 다음 이 중에서 유용한 변이를 포착해야 할 것이다. 자연계에서 생긴 변이 때문에 그 목적을 이룩하지 못할 때는 인위적으로 변이를 창성해야 할 경우도 있다. 교잡육종법이나 최근 활발한 연구대상이 되는 인위돌연변이의 작성 등은 모두 변이를 창성하는 데 중점을 두고 있다. 변이 중에서 우량한 변이를 선택해야 하는데 이와 같은 목적으로 변이를 감정하는데 정밀하게 감정하기 위해서는 개체선발을 해야 한다. 자가수정을 하는 작물에서는 주로 개체별 감정으로 우량한 변이 개체를 선발하고 우량한 개체의 후대를 개체별로 채종해 나가는 수가 많지만 구한 집단의 개체에 대하여 선발한다. 타가수정을 하는 작물은 일정 집단의 특성에 대하여 우량성을 감정하는 경우가 많다. 신종이 결정되면 그 작물의 수정양식에 따라 적당한 방법으로 증식한다.

육종은 생물진화의 방향을 인류가 희망하는 방향으로 지시하고 촉진하는 것이라고 말할 수 있다. 생물이 진화하고 있다는 생각은 이미 아리스토텔레스(Aristoteles) 때부터 알려졌다고 하며 자연과학적 인식은 린네(Linne, 1707~1778) 부터이다. 라마르크(Lamarck, 1744~1829)

의 용불용설, 다윈(Darwin, 1809~1882)의 자연도태설, 멘델(Mendel), 모건(Morgan, 1866~1945) 등의 유전학설, 요한센(Johannsen, 1890~1967)의 순계설, 드 브리스(De Vries, 1848~1935)의 자연 변이설, 그리고 뮐러(Muller, 1890~1967)에 의한 인위 자연변이의 성공으로 변이에 대한 지식이 밝혀졌으며 지금에 와서는 개체에서의 유전적 변이의 생성, 개체군에서의 새로운 유전조성의 형성, 새로운 유전조성의 고정 등 3단계를 거쳐 진화가 이루어지는 것으로 생각하고 있다.

3. 유전체계의 조작

자연적으로 유전적 시스템의 구성요소에 의한 변이는 기회의 문제이지만 식물육종가에게는 그렇지 않다. 이전의 육종가인 세리프(Shirreff), 나이프(Knight), 난딘(Nandin), 빌모린(Vilmorins)에 의해 조작은 교잡에 비중을 둔 육종방법에 반대되었다. 변이성은 두 중요한 근원으로부터 파생해서 세워졌다. 국내나 국외의 종자의 수확물로부터 얻을 수 있다. 교잡은 오늘날 새로운 변이 대부분은 매우 유사한 두 근원으로부터 파생하는 변이 때문에 선발한 것으로부터 육종된다. 육종방법의 다른 요인의 조작은 데이터의 경우에서보다 식물육종의 실용적인 것에 더 공헌했다. 그런 조작의 가능성과 기대는 조합에 관하여 고려되어야 한다.

4. 재조합의 조작

AaBb인 F_1에서 Ab, aB의 배우자가 생기는 것은 상동염색체끼리 부분 교환을 하기 때문이며 이것을 염색체의 교차 또는 유전자의 재조합(recombination)이라고 한다. 유전자의 조합, 그들 유전자의 중요한 효과, 혹은 다유전자(polygenic) 복합을 구성하고 있는 것은 식물육종에 아주 중요하다. 육종가의 목표는 잡종에 따른 선발로 이루는 것과 그의 목표에 꼭 맞은 유전자 결합에 의한 그들의 번식이다. 속도와 효과는 유전자에 싸여 있는 수에 따라 조성될 것이고 실제로 유전자에 결부되어 있다. 더 큰 것은 선발의 더 큰 효과와 신속한 그런 키아스마(chiasma) 형성에 있을 것이다. 연관된 반응은 육종가가 자주 일어나는 높은 염색체 교차를 가지고 식물의 유전자형 조합을 선발하기 때문에 가장 짧게 일어나고 가장 바른 조합이다. 자주 일어나고 또한 키아스마(chiasma)의 분배도 유전자의 조절(control)이 가능하다(리스(Reese), 1961).

이 한 가지 이유는 육종된 변이를 구성하고 있는 이 식물의 차대검정, 원래의 모집단보다 아주 빈번하게 일어나는 키아스마(chiasma)가 기대되기 때문이다. 실례로 고도로 분화한 호밀풀(*Lolium perenne*)의 단명한 모집단과 메도우페스큐(*Festuca pratensis*)는 그들의 숙근의 원종보다 고도의 키아즈마가 자주 있었다. 집중하여 육종된 호밀풀(*Lolium perenne*)의 변종인 아일랜드(Irish) 호밀 같은 것은 자연 방목의 생산물을 실질적으로 재연한 켄트(Kent) 호밀 변종보다 높은 키아즈마가 일어난다. 분열시키는 선발, 늦은 개화에 배추(*Brassica campestris*)의 이계교배 모집단에 따라 선발은 키아스마(chiasma) 발생의 증가를 동반한다. 육종 자체가 의미하는 것은 육종방법의 조합을 구성하는 경우에서나 변화에 유효한 효과를 주는 것이며 그것은 목표를 달성하기 위한 규제된 선발에 대한 우연한 결과이다. 같은 시기에 선발효과가 가져오는 변이조합 증가의 효과도 확인되었다.

라일리(Riley)가 비교한 밀의 변이종인 '중국의 봄밀(*Triticum aestirum*)'은 맥류의 줄녹병균(*Puccinia striiformis*) 균류에 의한 노란녹병에 감수성이 높다. 자생의 이배성 에이질롭스 코모사(*Aegilops comosa*)는 병에 대한 저항을 가지는 유전자를 운반한다. '중국 봄밀(Chinese Spring)×*A. comosa*' 잡종의 반복친으로 양친을 중국 봄밀(Chinese Spring)의 여교잡(backcross)을 사용하고 병에 저항성이 있는 계열은 42 염색체의 보충인 중국 봄밀(Chinese Spring)로 가득 참에 더하여 하나의 에이질롭스 코모사(*A. comosa*) 염색체를 함유하고 격리되었다. 에이질롭스 코모사(*A. comosa*)는 M 유전자와 그를 운반하고 중국 봄밀(Chinese Spring)의 2개의 상동염색체 그룹을 배상하기 때문이다. M2가 병 저항성을 위한 유전자를 운반하는 동안 그것은 또한 많은 다른 원하지 않는 유전자를 가져왔다. 병 저항을 위한 유전자를 바꾸는 것은 밀에 원하지 않던 에이질롭스 코모사(*Ae. comosa*) 유전자가 매우 작아서 두 상동염색체 그룹의 밀 염색체의 조합에 의해 얻어질 수 없다. 왜냐하면 중국 봄밀(Chinese Spring) 보완은 Ph locus를 운반하고 염색체접합을 억누르고 처음에 분명히 상동염색체로부터 구별된 상동 사이의 감수분열 중기에 키아스마(chiasma)가 형성된다.

이러한 특정의 방해는 에이질롭스 스펠토이데스(*Aegilops speltoides*, 밀의 B개놈)에 한 라인이 첨가된 M2의 교차로 극복되었고 14 염색체의 보완이 있는 이배성이 순차적으로 Ph 유전자좌(locus)의 활동을 억누른다. 이 29 염색체 잡종은 중국 봄밀(Chinese Spring)에 반복해서 여교잡 되었다. 감수분열에서 2가 염색체를 가진 식물은 노란 녹병에 저항성을 가진 자손에 따라 분리되었다. 녹병으로부터 Yr8의 지배적인 유전자를 위한 이형접합체를 가진 식물이다. 자가수정은 캄파리(Campair) 변이로 구성된 접합체에 대항하여 생산됐다. 조합의 조절을 위한 방법은 하나의 얻어진 유전자, 가능한 유전자, 상동염색체 사이의 효과적인 염색체접합을 촉진하는 것이다. 특유의 우수성을 지닌 유전자를 요구하는 데 있어서 그들의 교배된 종을 전송시키는 데 문제가 생긴다.

5. 가능성과 전망

앞에서 언급한 것처럼 감수분열의 많은 양상은 유전적 조절에 의해서 나타난다. 많은 변이, 예를 들어 키아스마(chiasma)는 유전적인 조절(control)이 가능하다. 따라서 중요한 것은 유전자에 의해 조절된 경우보다 조정하는 것이 더 어렵다.

1) 이질배수체(Allopolyploid)

우리에게 유용한 농작물은 대부분 이질배수체이다. 다른 게놈을 동일 개체에 보유시켜 보다 실용적 가치가 높은 신종을 창성하려고 하는 방법이다. 여기에 속하는 가장 간단한 방법이 복이배체를 창성하여 이용하려는 복이배체의 이용성이다. 밀 육종에 있어서 두 가지 특성은 Ph locus의 활성에 크게 의존하고, 5B 염색체에 Ph locus가 있다. 그것의 효과는 상동염색체로부터 분리된 상동 사이의 감수분열에 첫 번째 중기의 염색체접합을 억제한다.

지금까지는 육종가에 의해 합성된 유용한 배수체를 얻는 데 실패했는데 거기에는 이수성 유전자를 효과적으로 얻는 데 실패했기 때문이다. 트리티케일(*Triticale*), 호밀풀속(*Lolium*) 잡종은 예외이다. 감수분열의 염색체 반응에 있어서 규칙성을 가지지 않은 것은 많은 'natural' 배수성의 특성이다. 밀에 있어 Ph locus가 제거된 귀리속(*Avena*)과 김의털속(*Festuca*) 배수체의 유전자좌는 비교할 만하다.

호밀풀속(*Lolium*)과 에이질롭속(Aegilops) 종은 놀랍게도 이수성 요소에서 여분의 염색체가 발견됐다. 예를 들면 독보리(*Lolium temulentum*)×롤리움 페레네(*Lolium perenne*) 4수성 잡종에 B 염색체의 도입은 다가염색체를 가진 자가 4수성의 전형적인 것으로 상동접합체를 구성하는 이가 배수체의 특징을 가진 감수분열로 바뀐다. 이종간으로부터의 우수한 배수성의 창출과 상호유전자 간의 교배는 육종가의 끊임없는 노력의 과제를 남긴다.

2) 2배체(Diploids)

생물 개체 즉 접합체는 배우자 염색체수(n)의 2배의 염색체수(2n)를 가지므로 이것을 2배체라고 한다. 배수성으로부터 떨어진 것은 육종에 있어서 공통으로 생산된 것과 같은 종간 이수체의 조합을 증대시키기 위해 이용된 유전자의 가능성 또한 고려되어야 한다. 어려운 것은 적합한 유전자를 발견하는 것이다. 비 접합현상의 실례를 제외하면 키아스마(chiasma)의 대부분 변이는 앞에서 언급한 것처럼 다유전자(polygenic)에 의해 조절되는 것은 힘들다. B 염색체는 여기에서 유용하게 증명할 수 있었다. 많은 종에서 키아스마(chiasma) 발생에 영향을 미치는 결정적인 것을 운반한다. 그들 자손의 변이에 영향을 주는 것은 모스(Moss)의 보고로 설명됐다.

6. 새로운 차원

유전자에 의한 분리와 클로닝(cloning)의 형질전환에 따른다. 전이인자(transposon)의 이용, 클론(clone) 체세포의 영양번식과 조직재생 때문에 생장하여 식물을 생산한다. 화분(pollen)에 의한 재분화, 원형질체 접합과 계속되는 재분화, 세포질 잡종(cybrid) 형성, 핵산과 다른 세포질 사이의 접합성 수반 등 이와 같은 새로운 기술은 형질전환의 예를 들면 원하지 않았던 유전자 물질의 발생이 일어나지 않는다면 다른 성질의 종으로부터 결합한 유용한 유전자를 얻을 수 있다. Ph locus 혹은 B 염색체로부터 이수성 요소가 유용하게 되었다면 조합과 형질전환에 따른 새로운 배수체 구성을 조절하는데 가치가 있을 것이다.

이것은 농작물의 유전적 시스템과 그들을 촉진하는데 관련된 새로운 방법으로써 고려할 만한 가치가 있다. 6가지의 모든 새 기술은 조절할 수 있다. 전이인자는 돌연변이를 감소시키는 기회를 제공한다. 세대의 형질전환은 이질의 유전자 염색체로부터 조합, 재조합의 변이 때문에 이루어졌다. 원형질체 융합과 세포질 잡종(cybrid) 형은 화분(pollen)의 재분화와 체세포의 영양계와 조직에 있어서 새로운 종이다. 유전적으로 다른 메커니즘에서는 변이성이 나타나지 않는다. 전형적인 육종방법은 다른 새로운 기술적 의미의 변이를 유전시키지 않았기 때문이라고 말할 수 있다. 그전 것이나 새로운 기술은 전형적인 절차에 유용한 양식을 첨가하여 앞으로 많은 진전을 보일 것이다.

제2장 유전자원과 변이의 창성

제1절 작물유전자원

1. 서론

식물 유전자원은 농업발전의 기초이고, 환경변화에 대한 완충물로써의 유전적 적응성을 의미한다. 이러한 식물 유전자원의 침식은 세계 식량문제, 사라지는 자연자원 등 예측할 수 없는 미래에 대해 고찰을 할 수 있게 해준다. 그러나, 최근 몇 년 동안 개발된 새로운 기술에 의해 지역(local)의 자리바꿈, 새로운 지역에 정착, 재배 기구들의 변화, 빠른 식물 유전자원 침식의 원인과 아직 미개발된 소중한 물질의 소멸을 초래했다. 그러므로, 식물 유전자원의 보호와 효과적인 이용, 식품의 생산성, 질적인 향상을 위해서는 이들 자원을 보호, 평가, 조사, 변화시켜야 한다.

2. 유전자원의 중요성

유전자원은 오늘날까지 많은 식물에서 육종재료로서 유용하게 이용되어 우량품종을 육성하는데 큰 기여를 하였다. 식량 생산의 확보, 환경의 보전 등 농업 면에서 유전자원을 적극적으로 이용할 때 육종의 역할은 커지며, 또 육종목표에 알맞은 재료가 발견되었을 때 그 효과는 지대할 것이다. 그러나 유전자원을 이용하여 우량품종이 육성, 보급됨에 따라 유전적으로 다양한 재래품종 집단은 급속히 사라지게 되고, 유사한 다수성 우량품종의 장려 보급으로 재배품종의 구성이 단순화 된다. 또한, 산업화 과정에서 급속한 지역개발은 풍부한 식생을 파괴함으로써 귀중한 식물 유전자원들이 지구상에서 매일 사라지고 있다. 오랜 진화과정을 거쳐서 각 지역에 정착한 다양한 식물 유전자원은 도태를 통하여 축적되어온 자연적인 자산이며 인류가 후손에게 계승시켜야 할 귀중한 보물이며 한 번 잃어버리면 다시는 재생시킬 수 없으므로 많은 유전자원을 효율적으로 찾아 수집하여 안전하게 장기간 보존하고 앞으로 많은 이용을 위해 평가하며, 그 정보를 알맞게 관리하는 것이 매우 중요하다.

3. 유전적 침식과 유전자원의 고갈

인류사회는 농업과 함께 발달되어왔다. 인류가 생활해 오는 동안 재배에 의한 선발과 도태로 야생종으로부터 많은 작물이 분화되었고 다른 작물의 밭에 자라고 있던 잡초로부터 진화된 작물도 있으며, 원산지로부터 떨어져 각 지역에 전파되어 그 지역의 고유한 기후 풍토나 재배 방법에 맞는 변이가 선발되어 재래종(native variety)으로 정착하였다.

진화과정에서 작물집단은 돌연변이, 교잡 등의 요인에 의하여 변이가 확대되고 다양화되었는데 오랜 세월 동안 사람들은 유전변이가 무진장 존재하는 것으로 생각하였고 유전변이가 인류의 귀중한 유전자원임을 인식하지 못하여 중요하게 생각하지 않았다. 그러나 근대과학의 토대에 의한 조직적 육종의 성과로 넓은 지역에 적응하는 다수성 품종이 육성되어 농사의 주축이 되었던 재래종도 없어지게 되었는데 이것을 토양침식에 비교하여 유전적 침식(genetic erosion)이라 한다.

유전적 침식이 진행되어 유전자원이 고갈되면 아무리 육종방법이 과학적으로 발달하여도 육종사업은 정체되고 만다. 제2차 세계대전 후, 녹색혁명에 의한 다수성 품종의 출현으로 주요 작물의 재래종들이 근대품종으로 대체되므로 유전자원이 고갈될 위험이 더 커졌다. 예는 들면 그리스에서 밀 재배의 재래종 95%가 없어졌고, 남아프리카는 수수 유전자원이 잡종 옥수수로 대체되었다. 영국은 양배추 재래종이 1대 잡종 품종의 보급으로 없어졌다.

4. 식물 유전자원의 분포

재배식물의 유전적 변이성은 세계 곳곳에 걸쳐 마음대로 구분할 수 없다. 1920년대에 바빌로프(Vavilov, 1926~1951)는 주요한 재배종을 통해 최대로 변이성을 많이 가졌을 때 비슷한 자연 지리학적인 특징을 가진 지형을 처음으로 확인하였다. 바빌로프(Vavilov)는 유전자중심설을 제창하였는데, 그 내용을 보면 발생중심지에는 변이가 많고, 유전적으로 우성형질을 가진 형이 많으며, 지리적 진화의 과정은 중심으로부터 멀어짐에 따라 우성형질이 점차 탈락하는 형이고, 2차적 중심에는 열성형질을 가진 형이 다량 존재한다고 하였다. 그의 견해의 핵심은 식물 종의 원시적 우성 유전자들의 분포가 많은 중심지를 원산지로 추정하는 것이기 때문에 유전자중심설(gene center theory)이라고 한다. 그는 재배 식물의 발생중심지를 다음의 그림 2-1에서 보는 바와 같이 8개 지역으로 분류하였다.

1) 중국 지구(Chinese Center)

중국의 평탄지와 중부 및 서부의 산악지대를 포함한다. 세계에서 가장 오래되고 가장 큰 재배 식물 발상지로 보고 있다. 곡류로는 피류, 수수, 쌀보리, 메밀, 사탕수수, 각종 대나무류, 근채류는 무, 마, 돼지감자, 토란류, 특용작물로는 모시, 앵속, 인삼, 채소류에는 가지, 오이, 호박, 상추류, 과수로는 배, 복숭아, 살구, 감, 감귤류 등이 있다.

2) 힌두스탄 지구(Hindustan Center)

인도 대부분과 미얀마 앗샘을 포함하는 지방을 벼, 기장, 동부, 이집트콩, 가지의 일종, 인도상추, 무우의 일종, 목화, 동양면, 삼, 아라비아고무, 쪽풀, 오렌지, 감귤 등의 원산지이다.

3) 중앙아시아 지구(Centeral Asiatic Center)

서북인도(판잡, 캐쉬미르), 아프카니스탄, 터어키스탄, 우즈베키스탄, 수부청정지방을 포함하는 지역으로 두류, 소맥류의 고향으로 보고 있다. 소맥류, 완두, 잠두, 렌즈콩, 강낭콩, 참깨, 아마, 해바라기, 삼의 일종, 목화의 일종, 사철무, 부추, 시금치, 포도나무, 호두나무, 올리브, 살구나무, 복숭아나무의 일종 등의 원산지이다.

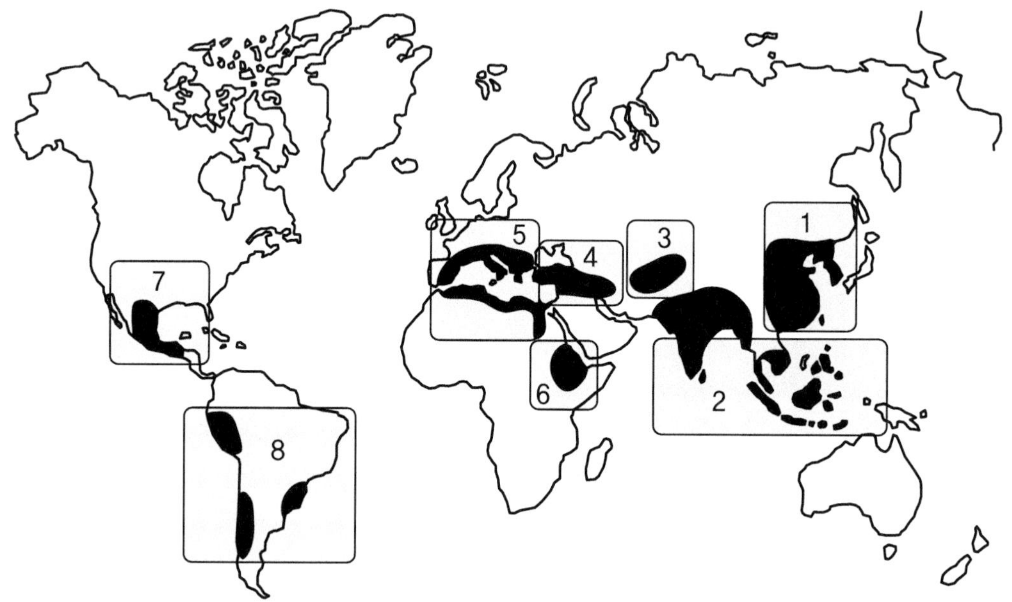

그림 2-1 작물의 기원 중심지

4) 근동 지구(Near Eastern Center)

소아시아의 내륙, 투르키스탄, 이란의 전 지역 및 터어키의 고원지대를 포함하는 지역으로 밀속의 수종, 주요한 곡류, 유료작물, 과수 등의 원산지이다. 즉, 1립계 및 2립계 밀, 각종 보통계 밀의 몇 가지 종, 맥주보리, 귀리의 6배체, 알팔파, 몇 종의 베치, 참깨, 아마, 배추과(Brassica)의 각종들(2차중심지의 것이 많음), 사과, 배, 양앵두 등 과수류의 몇 종을 포함하고 있다.

5) 지중해연안 지구(Mediterranean Center)

지중해 연안은 각종 채소류 및 목초류의 오래된 품종의 원산지로서 그 외에 각종의 2립계 밀, 귀리의 몇 가지 종, 각종의 두류, 화이트 클로버, 베치, 각종 배추과 및 유료작물이 있다.

6) 아비시니아 지구(Abyssinian Center)

아비니시아밀, 보리의 각종 형의 원산지로서 기타 아마, 해바라기, 기장, 각종 두류가 포함되어 있다. 에티오피아 지구라고도 한다.

7) 중앙아메리카 지구(South Mexican and Central American Center)

남부 멕시코, 중앙아메리카 등으로 옥수수·고구마 등의 원산지로, 기타 각종 미국계의 고사류, 두류, 후추, 육지면, 카카오 등의 원산지이다.

8) 남아메리카 지구(South American Center)

페루, 에콰도르, 볼리비아를 포함하는 지역으로 감자와 담배의 원산지로서 중요하고, 감자의 각종 야생종, 두류, 이집트 면, 바나나 등을 포함하고 있다. 제벤(Zeven)과 주콥스키(Zhukovsky, 1975)은 주요 재배 식물을 12개 지역으로 나누어 나타내는 차이를 보여주었다.

5. 유전자원의 수집

유전자원의 수집은 새로운 것이나 특정한 자원을 구하기 위해 조사되어 있지 않은 지역을 여행하면서 우수한 형의 개체를 채집해야 하는데 이에 대한 방법으로는 집단의 유전적 변이를 폭

넓게 조사하는 탐색형과 특정한 식물이나 특정한 지역을 대상으로 조직적인 조사와 채집을 하는 수집형으로 나눌 수 있다.

유전자원의 수집대상은 최근의 장려품종과 다수성 품종, 과거에 장려품종이었던 품종, 특수한 목적에 알맞은 품종 또는 우수한 유전자를 가진 육성계통, 돌연변이체, 유전 검정용 재료, 배수체, 이수체, 재래종, 유용한 세포질 변이체, 근연 야생종 및 야생속, 종간, 속간 잡종 등이다. 유전자원을 채집할 때 표본추출(sampling)이 중요한데 각 지점에서 채집개체수, 채집할 제 점수, 지역 내에서의 지점의 선택 방법 등을 고려해야 한다.

마샬(Marshall)과 브라운(Brown, 1975)은 자원수집을 목표를 대상 집단 내의 5% 이상의 빈도로 존재하는 유전자를 95% 확률로 채집하기 위하여 표본의 크기를 각 지점에서 50~100개체로 정하였다. 또한 유전자원의 수집은 시간적, 경제적, 인적 제약을 받기도 하여 채집된 자료의 유전자원으로서의 가치는 채집 때의 부수적으로 조사한 정보의 양에 크게 영향을 받는다.

6. 유전자원의 유지와 보존 방법

유전자원의 유지, 보존 방법은 식물의 생활환, 생식 양식, 식물체의 크기 등에 따라 다르다.

1) 현지보존

임목, 목초 등은 자연의 생태계에 있어서 집단 그대로 현지보존(in situ conservation)하는 경우가 많다. 또 야생종 특히 열대 원산의 영양번식작물의 경우에는 다양성 중심지에 그대로 유지하는 것이 좋다. 이들 식물은 저장기관이 부패하기 쉽고, 운반에 지장이 많으며, 바이러스의 침입이 쉬울 뿐만 아니라 재배에 특정한 일장 조건이 필요하여 유지 증식이 어렵다.

자연조건 하에서 유전자원 보존에는 집단의 변이를 유효하게 유지하고, 개체 수를 장기간에 걸쳐 안정시키면서 유지해야 한다. 그러나 생태계에서 유전자원의 보존은 공업화나 환경의 급변에 따라 유전자원을 잃어버릴 위험이 크다. 특히 재래품종은 유전적 침식 때문에 새로운 품종으로 급속히 대체되어 잃어버리는 경향이 있다. 그래서 원래의 생육지로부터 채집하여 포장, 식물원, 온실, 시설 등에서 유지, 보존하는 것이 필요한데 이것을 외지보존(ex situ conservation)이라고 한다.

2) 종자보존

종자 번식성 식물에서는 종자 상태로 저장하는 방식이 가장 쉬운 보존 방법이다. 종자 등 유전자원을 조직적으로 보존하는 저온 저장시설을 유전자은행(gene bank)이라고 부른다. 종자의 수명은 식물의 종이나 속에 따라 다른데 클로버, 루우핀, 연꽃 등과 같이 수 백 년 이상 발아력을 가지고 있다는 것과 수확 후 1개월 이하의 발아력을 가지고 있다는 종 등 여러 가지가 있다.

보존 중의 종자의 수명은 온도와 수분 함량에 따라 영향을 많이 받는데 온도를 낮게 하거나 수분 함량을 적게 하면 보통 종자의 수명은 연장된다. 국제식물유전자위원회(International Board for Plant Genetic Resources, IBPGR)는 종자의 수분 함량을 5±1%까지 낮게 한 후 밀봉하여 -18℃ 이하에서 저장하는 것을 추진하고 있다.

적당한 조건으로 저장된 종자에서도 서서히 발아력을 잃어가므로 일정 기간 이후에는 종자를 증식하여 갱신하여야 한다. 종자증식을 할 때는 원 집단의 유전자가 될 수 있는 한 잃어버리지 않게 해야 하는데, 환경 스트레스나 자연도태가 일어날 수 있는 요인을 피하고 다른 집단과의 자연교잡이 일어나지 않도록 해야 한다.

증식하는 집단의 크기는 100개체 이상으로 하는 것이 좋은데 개체 수가 너무 적으면 유전적 부동이 생겨서 유전자의 고정이나 소실이 일어나가 쉽다. 또 장기간의 종자저장 중에 염색체 이상이나 돌연변이가 생길 수도 있으므로 극저온(-192℃)에서 저장하는 것이 좋다.

3) 영양체보존

영양 번식성 식물은 괴근, 괴경, 구근, 근경, 삽수 등으로 보존한다. 영양체는 종자에 비교하면 단명이고 용적이 크므로 저장이 어렵다. 영양 번식성 식물은 일반적으로 유전적인 이형접합(hetero)성이 높고, 염색체의 이수성이나 구조 변이가 많으므로 종자증식에서 유전적 분리가 일어나므로 보존의 효율을 높이기 위해 종자나 화분으로의 저장도 검토되고 있다.

4) 시험관 내 보존

수명이 짧은 종자나 영양 번식성 식물의 장기저장을 위하여 조직배양 기술을 응용하여 시험관 내에서 유전자원을 보존하는 방법이 이용된다. 유전자원 보존을 위한 배양에는 생장점 또는 생장점에서의 소식물체를 배양의 재료로 이용하여 저온, 특정한 배지 성분의 제거, 배지에 생장

억제제 첨가 등으로 배양 중의 생장을 억제하도록 하는데, 이 방법은 돌연변이, 염색체 이상, 염색체 변화 등이 높은 빈도로 생기므로 좋지 않다.

5) 동결보존

(1) 완만동결법

기내 배양된 식물조직이나 세포를 직접 초저온에 저장하지 않고 일정온도까지 동결온도를 서서히 강하시킨 후에 액체질소 내에 동결시키는 방법으로 주로 현탁 배양된 세포의 동결법으로 많이 이용되고 있다. 완만동결법은 저장될 식물세포가 저온에 대해 어느 정도의 내성을 갖도록 함과 동시에 동결 장해의 주원인인 세포 내 결빙을 최소화해 세포의 생존율을 향상하게 시킨다.

(2) 급속동결법

급속동결법은 식물조직을 직접 초저온에 동결저장하거나 온도 강하속도를 급속도로 진행해 동결저장하는 방법으로 주로 경정(shoot tip)과 같은 기관조직(organized tissue)의 동결보존에 많이 이용되고 있다. 급속동결법은 동결과정에서 동결 장해의 원인이 되는 세포 내 결빙을 유발하는 한계온도(critical temperature)가 순간적으로 빠르게 지나게 됨으로써 결빙이 방지되어 세포의 활력이 유지될 수 있게 한다.

(3) 건조동결법

수분 함량이 높은 종자는 저온 장해를 받기 쉬운 데 비해, 건조기나 진공장치로 일정 수준까지 건조한 식물 재료는 저온 장해에 대한 내성이 훨씬 높다. 건조동결법은 이러한 특성을 이용하여 식물 화분의 동결보존에 주로 이용된다.

(4) 점적 동결법

이 방법은 카사바(cassava)의 분열조직(meristem)을 동결보존시키기 위해 개발된 방법으로 기본원리는 완만동결법과 비슷하다. 점적 동결과정은 살균된 페트리디쉬(petridish)에 알루미늄 포일(aluminum foil)을 깔고 그 위에 2~3㎕의 동결보호제(DMSO) 15%와 설탕(sucrose) 3%를 점적하고 그 각각에 분열조직(meristem)을 옮겨 놓은 후 페트리디쉬(petridish)를 냉각기에 넣어 1분간에 0.5℃씩 -20℃~-40℃까지 냉각시킨 후 액체질소에 저장하는 방법이다.

7. 유전자원의 평가

수집된 유전자원을 효율적으로 이용하기 위해서는 내력과 특성에 대한 기록이 필요한데 이러한 특성과 내력을 조사하는 것을 유전자원의 평가라 한다.

1) 1차적 특성의 평가

중요한 형태적 형질, 유전율이 높은 형질을 평가하는 것을 말한다.

2) 2차적 특성의 평가

2차적 특성은 1차 형질 이외 여러 가지 생태적 형질이나 각종 장해, 저항성 등으로 육종 소재로 이용하는 데 중요하고, 특성 평가를 하는데 특수한 시설이나 장기간이 있어야 하는 형질을 말한다. 많은 육종 소재를 모두 동시에 조사하기에는 곤란하여 특수한 시설을 요구하지 않는 간이 검정법의 개발이 중요하다.

3) 3차적 특성의 평가

3차적 특성으로 특히 유용하다고 생각되는 계통에 대해 수량 등 환경 변동을 받기 쉬운 형질이나 품질 등의 특수한 평가 방법을 요구하는 특성을 말하며, 취급하는 소재의 수에 제한이 있고, 많은 시간이 소요된다.

8. 교환

유전자원의 소재로는 종자 보존 목록이 정보교환의 매체로 기여해 왔고, 이 목록은 등록 번호, 과, 속, 종명, 품종, 유래, 보존 상황 등가 같은 여권(passport)과 같은 정보의 주요 부분을 인쇄하는 것으로 국, 내외를 막론하고, 유전자원의 소재를 나타내어 교환을 도와주기 때문에 중요한 역할을 하고 있다. 국제적인 유전자원의 교환은 때에 따라 다르나 국익과 관련돼 완전히 자유로운 국가 간 교류는 이루어지지 않고 있지만, 산업의 보호, 신품종 육성자의 권리보호 등에 관여하는 자유로운 국제 교류가 이루어지고 있다. 우리나라에서는 한국 수륙도 유전자원의 특성, 보리 유전자원 등 각종 작물의 유전자원에 대한 특성 정보를 발간한다.

9. 유전자원 보존의 전망

기내 배양된 식물조직을 유전자원으로 보존시켜 신품종의 육성이나 대량증식자원으로 활용한다는 것은 종자번식이 되지 않는 영양번식계나 종자 보존이 어려운 식물 및 헤테로(hetero) 상태로 유지되는 수목류나 잡종 식물에서는 매우 중요한 의미가 있다. 식물조직 절편을 배양하여 그들을 유전자원으로 이용하는 분야는 두 가지로 분류될 수 있는데, 그 하나는 배양조직에 여러 가지 물리, 화학적 처리를 하여 조직의 생장을 최대한 억제하거나 지연시켜서 상당 기간 생존력이 유지될 수 있도록 하는 생장 억제 배양에 의한 보존법이고, 다른 하나는 기내 배양된 식물세포나 조직을 초저온(-196℃)에 동결하여 생장 활동을 중지시켜 보존하는 초저온 동결보존법이다.

생장 억제 배양에 의한 식물조직의 보존은 주로 영양계로 번식되는 식물에서 많이 연구되고 있고 일부 열대작물에서는 이미 실용화되어 감자, 딸기 등에서 무병주의 대량증식이나 신품종 육성자원으로 이용되었다. 식물에 따라서는 생장억제배양법이 단기보존책으로는 이용 가치가 높지만, 유전자원의 장기 보존이라는 측면에서는 이용의 어려움이 많고, 현탁 배양된 세포나 캘러스를 보존하는데는 비실용적인 요소가 많으며, 경정의 억제 배양에서도 식물의 종류나 유전자형(genotype) 간에 최적보존조건이 서로 다르고, 배양과정이나 보존기간에 보존조직의 생리적 변화나 유전적 변이가 일어나기 쉬우며 계대배양을 거듭할수록 변이는 더 많이 유발된다.

최근 식물유전자원의 장기보존책으로 연구되고 있는 초저온 동결보존법은 짧은 연구 기간에 비해 상당한 연구성과가 얻어지고 있는데, 최근까지 약 60여 종 이상의 식물에서 기내 배양된 조직의 동결보존에 관한 연구가 되고 있다. 바자이(Bajaj, 1979년)는 영양번식계나 희귀종 및 멸종위기에 있는 식물유전자원의 장기보존책으로 초저온 동결보존법이 가장 이상적인 방법이라고 하고, 액체질소 내에 보존된 식물조직을 자원화하여 이용하는 유전자은행(germplasm bank)의 확립체계를 제안한 바 있다.

최근 10여 년 동안 초저온 동결보존에 대한 중요성이 인정되면서 그 연구성과 또한 크게 발전하고 있으나 아직도 유전자원 장기보존책으로 체계화시켜 이용하기에는 미흡한 실정이다. 그러나 초저온 보존과 관련된 저온생물학과 조직배양 분화가 급속하게 발전되면서 일부 식물에서는 장기간 동결보존된 조직으로부터도 정상 식물체를 재생시키고 있으므로 앞으로 이 분야에 대한 연구성과는 더욱 커질 것으로 전망되고 있다.

제2절 돌연변이 유기

1. 돌연변이 유기

생물에서 볼 수 있는 여러 가지 유전적 변이는 유전물질의 총체 즉 유전인자형의 차이에 기인한다. 이러한 차이는 생물의 진화과정에서 유전물질에 생긴 결과이며, 자손 개체에 영구적으로 유전되어가는 인자형의 변화를 돌연변이(mutation)라하고, 돌연변이의 결과 생긴 개체나 세포를 돌연변이체(mutant)라고 부른다. 돌연변이는 변화할 때 생기는 인자형의 단위를 기준으로 하여 크게 인자돌연변이와 염색체돌연변이 두 가지로 나뉘며 염색체돌연변이는 다시 수적 변이와 구조적 변이의 2가지로 구분된다. 그리고 자연적으로 일어나는 자연돌연변이(natural mutation), 자발적 돌연변이(spontaneous mutation)와 인위적으로 유발되는 유발돌연변이(induced mutation)와는 본질에서 차이가 없다. 그리고 자연선택을 통해서 환경에 가장 잘 적응된 유전자 조합을 보존하도록 작용하며 집단 내에서 변이(variability)를 일으키는 기초가 된다. 전혀 돌연변이를 일으키지 않은 유전자 좌위는 발견하기 어렵다.

2. 돌연변이의 일반적 성질

유전자 돌연변이(gene mutation)란 유전정보를 보유하고 있는 DNA의 염기서열에 생긴 어떤 변화를 말한다. 유전자 DNA는 세포분열을 위한 증식과정에서 유전정보가 정확히 자기 복제되는 특징을 지니고 있어서 딸세포가 모세포를 닮고 자손이 부모를 닮는다. 그러나 유전자는 자기복제 능력을 유지하면서도 스스로 또는 외부자극을 받아서 변화하는, 즉 돌연변이가 나타나는 특징도 지니고 있어 생물계의 유전적 다양성이 유지되고 있다.

넓은 의미의 돌연변이에는 염색체의 구조적 변이 및 수적 변이가 포함되지만 보통 돌연변이라고 하면 유전자 돌연변이를 말한다. 돌연변이는 모든 종류의 생물·세포 및 유전자에서 나타날 수 있고, 자연계에서 발생하며, 인위적인 방법으로도 유발할 수 있다. 생식세포에서 발생한 돌연변이는 후대에 전달되어 다양한 유전변이를 유발하고, 이것이 생물계의 다양성 유지와 진화를 가능하게 하는 기본재료가 된다. 돌연변이가 일어난 개체를 돌연변이체(mutant)라고 하는데, 대부분의 돌연변이체는 적응과 번식에 불리한 특성이 있어 자연 도태되기 쉬우며 이에 따라 자연계에서는 돌연변이체가 낮은 빈도로 발견된다. 유전자 돌연변이가 발생하면 식물의 녹색 잎에 노란색 줄이 생기는 것처럼 맨눈으로 구분이 확실한 것도 있지만, 성숙하기 전에 죽어 버리는 것도 있고, 변화가 미비하여 표현형으로 알아낼 수 없는 것 등 매우 다양한 변화가 뒤따른다. 돌연변이가 일어난 유전자는 돌연변이가 일어나지 않은 원래의 유전자에 대하여 열성인 경우가 대부분이므로 동형접합(homo) 상태가 될 때까지는 표현형으로 나타나지 않는다. 돌연변이 유전자가 우성일 때 그 영향이 곧 표현형으로 나타난다. 자연 상태에서 유전자 돌연변이가 나타나는 비율은 생물 및 유전자의 종류에 따라 다르나 고등식물의 경우 1개의 유전자가 한 세대를 지나면서 일어날 수 있는 돌연변이율은 대개 10^{-6}~10^{-4}%이다.

3. 자연돌연변이와 일시적인 돌연변이

자연스럽게 일어나는 돌연변이로 인위적인 유발돌연변이와는 대응적으로 말하지만, 돌연변이체의 특성으로는 두가지 모두 본질적 차이가 없다. 자연돌연변이는 영양 조건이 좋을 때는 주로 DNA의 복제착오에 의하지만, DNA 복제가 없을 때나 현저히 저하할 때는 복제와는 무관하게 시간에 비례하여(아마도 자연적으로 일어나는 DNA 손상이 원인이 되어) 일어난다는 견해가 유력하다. 자발적 돌연변이 유발(spontaneous mutagenesis)에 대해 가장 중대한 3가지 메커니즘은 복제 동안에 발생하는 오류, 염기의 자연적 변화, 전위인자(transposable element)의 삽입과 제거에 관련된 현상이다.

4. 유발돌연변이

환경요인들이 돌연변이를 증가시킨다는 최초의 신빙성 있는 증거는 1927년 뮐러(Muller)에 의해 제시되었다. 그는 X선이 초파리에서 돌연변이를 유발한다는 것을 보여주었다. 그때 이후로, 다양한 성질을 가진 수많은 물리적 요인과 화학 시약들이 돌연변이율을 증가시키는 것으로 밝혀졌다. 뉴클레오타이드 사슬 구조에 영속적인 변화를 주는 물리적 요인 또는 화학물질을 돌연변이원(mutagen)이라고 하며 잘 알려진 변이원 중 물리적인 것으로는 X선, 방사성동위체로부터 나오는 γ선, 입자가속기나 원자로에서 얻을 수 있는 중성자(neutrons) 같은 전리방사선(ionizing radiation) 및 자외선이나 열 등이 있다. 이 돌연변이 유발원(mutagen)의 사용은 분리될 수 없는 돌연변이체 수를 심하게 증가시키기 위한 수단을 제공하였다.

1) DNA를 변형시키는 화학물질

많은 돌연변이 유발원들은 DNA와 반응하는 동시에 염기들의 수소 결합을 변화시키는 화학물질이다. 이 돌연변이 유발원들은 복제 DNA와 비복제 DNA 양쪽 모두에 작용하며, 이것은 DNA가 복제할 때만 돌연변이를 유발하는 염기유사체와 구별된다. 아질산과 하이드록실아민 같은 화학적 돌연변이 유발원 중 몇 가지는 자세히 알려졌는데 그들이 일으키는 변화는 매우 특이하다. 그 외의 것을 예를 들면, 알킬화제는 여러 가지 다양한 방식으로 DNA와 반응하며 또 광범위한 스펙트럼 효과를 이룬다. 돌연변이를 유발할 수 있는 화학물질에 대한 반응도 생물의 종류, 처리 부위, 처리 당시의 온도, 수분 함량, 광선 등 여러 가지 요인에 의하여 영향을 받는다. 따라서 화학물질 처리 방법은 처리 약제의 농도와 처리시간이 중요한 것은 물론이고 처리용액의 pH, 처리대상 생물에 대한 전처리 및 후처리도 돌연변이체 출현에 큰 영향을 끼친다.

식물의 돌연변이유발에 이용되고 있는 화학물질은 주로 알킬화 물질과 아지드(azide)로서 종자, 생체 및 배양세포에 모두 처리할 수 있다. 종자로 번식하는 식물은 처리의 간편성 때문에 주로 종자침지처리를 하지만 유묘기에서 개화기 이후까지의 생육기간에 생체 처리를 할 수 있다. 영양번식만 하는 식물은 생체 처리를 해야 하므로 돌연변이 유기에 가장 효과적인 발육단계와 처리 부위를 찾아야 한다. 그리고 화학적인 돌연변이 유발물질(mutagen)은 목표로 하는 세포와 관련된 불확실한 침투, 재생력이 약하고, 처리한 물질에서의 그것이 물질대사 또는 유발물질의 영속성, 그리고 결정적으로 안전하게 다루는데 주의해야 한다.

2) 자외선 조사

자외선(UV)은 가시스펙트럼의 청색 영역에서의 파장보다 더 짧은 파장을 가지며 이것은 바이러스와 세균, 그리고 진핵생물 세포의 치사작용과 돌연변이 유발효과의 두 가지 성질을 가진다. 돌연변이 유발성과 치사성은 DNA의 염기가 광선의 에너지 흡수에 기인하는 화학적 효과이다. 또 UV는 낮은 침투력을 가지고 있고, 화분(pollen)과 같은 물질과 얇은 층에서 배양된 세포를 시험관 내(*in vitro*, 생체외)에서 효과적으로 사용할 수 있다.

3) 방사선 감수성과 처리 방법

방사선 감수성이란 방사선에 의하여 유발되는 생물의 돌연변이, 세포적 이상, 생장 억제, 불임 또는 치사 정도를 종합해서 나타내는 용어이다. 그러나 방사선 감수성은 보통 반치사선량(LD-50), 즉 방사선을 처리한 후 일정 시간 내에 50%가 치사 되는 선량으로 표시한다. 이와 같은 방사선 감수성은 생물의 종류, 처리 부위, 품종, 나이, 영양상태 등의 생물적 요인과 온도, 수분 함량, 산소 및 질소 농도 등의 환경적 요인에 따라 변경되므로 돌연변이를 유발하기 위해서는 이 감수성에 영향을 끼치는 요인들을 자세히 검토해야 한다.

방사선의 선량은 뢴트겐(R)이나 rad로 나타내는데, 1rad는 약 1.07R이다. 일반적으로 방사선 처리 선량이 증가하면 돌연변이율이 비례적으로 증가하지만 처리 선량을 너무 증가시키면 치사 되는 개체가 너무 많아지기 때문에 반치사선량(LD_{50})으로 처리하는 것이 생존할 수 있는 돌연변이체 확보에 유리하다. 식물의 경우 종자, 생체, 배양세포 등에 방사선을 처리하여 돌연변이를 유기시키고 있다. 전리방사선(ionizing radiation)은 X선으로 알려진 고에너지 방사선은 스펙트럼보다 1/1,000 이하의 짧은 파장을 갖는다. 생물학적 효과에서 X선은 전리방사선(ionizing radiation)의 대표적인 것으로, 여기에는 방사성 원소에 의해 방출되는 α와 β입자 그리고 γ선이 포함된다.

모든 전리방사선 형태는 모든 세포와 바이러스에서 돌연변이 유발효과와 치사 효과 양쪽 모두를 갖고 있다. X선은 물질을 통과하면서 상당한 양의 에너지를 방출한다. 그로 인하여 공유결합은 절단하면서 짝짓지 않은 전자들인 이온과 자유라디칼(free radical)과 많은 에너지 전자를 가진 분자들의 하전된 단편들을 형성한다. 그리고 X에 의하여 유도된 돌연변이 빈도는 방사선 선량에 비례한다. 전리방사선에 의한 돌연변이유발과 치사 효과는 1차적으로 DNA의 손상에 기인한다.

DNA의 3가지 손상 유형은 전리방사선에 의해 생성된다. 단일 가닥 절단과 이중가닥 절단 그리고 뉴클레오티드 염기들의 변화 등이다. 전리방사선의 또 다른 효과는 염색체 절단을 일으키는 것으로, 이들은 대개 치사적이다. 어떤 생물체에는 절단 부위들을 재구성(reannealing)하기 위한 체계가 존재한다. 그러나 재구성은 흔히 전좌, 역위, 중복 그리고 결실로 이끌어간다.

5. 돌연변이의 이용

자연발생 돌연변이는 생물진화의 근본 원인을 제공하였으며, 멘델(Mendel)식 유전연구의 기본재료를 제공하였다는 면에서 중요한 의미를 지닌다. 분자 수준에서 유전물질의 구조와 유전정보에 따른 형질발현이 탐구되고 있는 오늘날에도 돌연변이는 유전학을 연구하는데 중요한 도구로 이용되고 있다. 즉, DNA 분자 내부에서 일어나고 있는 변이의 종류와 변이 발생의 메커니즘을 밝히고, 그것이 형질발현에 어떤 영향을 끼치는가를 구명하는 등 생명 현상의 형질 탐구에 유용하게 쓰인다.

실용적인 측면에서는 자연돌연변이 및 유발돌연변이가 농식물의 육종에 유용하게 쓰여왔다. 육종의 소재로서 또는 직접 이용할 수 있는 유전자원으로서 돌연변이체는 육종에서 소중한 자원이 된다. DNA 재조합기술이 개발된 이후 유전자 돌연변이는 새로운 기능을 가진 생명체를 개발하는 데 더 유용하게 쓰이고 있다.

제3절 생식 수단으로의 종간교잡

1. 서론

농작물에 있어서 종·속간 교잡의 중요한 것은 한 작물에서 다른 작물의 특징들을 매우 다양하게 개량할 수 있기 때문이다(신품종, 신종을 창설). 스토크(Stalker, 1980)는 토마토 야생종으로부터 엽고병 저항성을 가진 푸사리움(*Fusarium*)이 발견되어 세계의 모든 장소에서 대량 생산되는 재배품종이 점점 더 많아졌다. 굿맨(Goodman et al., 1987)은 내염성, 내충성의 특성이 근본이 되는 잠두(*faba bean*)에서 한편 누에콩(*Vicia faba*) 범위 내에서 선택 교배를 통하여 거의 순수한 것들이 개량되었다. 이 농작물에서 다른 종의 유전자를 들여오기가 쉽지 않다. 종·속간 교잡으로 쉽게 생산될지 쉽게 생산되지 않을지 육종가의 영향을 받을 것이다. 한 작물에서 성질이 다른 극세포질을 이용하여 할런(Harlen, 1971)이 유전자풀(gene pool)의 개량을 소개했다. 육종가는 작물의 유전자원을 이용한 실험이었다.

1차 유전자풀(gene pool)의 획득 종은 교잡이 쉽고, 종자를 얻기 쉽다. 2차 유전자풀(gene pool) 종의 작물교배는 어렵고, 잡종의 일부는 종자를 얻지 못한다. 3차 유전자풀(gene pool)의 종은 배수체를 유지하는 것과 같이 특별한 기술을 사용하여 교배할 수 있으며, 그 잡종은 부분 혹은 전부가 불임이다. 육종가(breeder)는 종·속간 교잡 때문에 얻어지는 것이 어렵다고 하였다. 그래서 F_1 그 후에 여교잡(backcross)으로 유전자 재조합을 이따금 정확하게 조절할 수 있다. 전체 염색체, 염색체 분절조차도, 단일유전자(single gene)가 아니고, 작물의 유전자형(genotype) 속에 종종 나타난다. 불필요한 야생형(wild type) 유전자를 없애고, 중간치의 질을 관련시킨 유전자형(genotype)을 만드는 데에는 매우 긴 시간이 필요할 것이다.

야생종 토마토에서 선충류의 저항성을 가진 것을 분리하는 데 12년이 걸렸다. 이것의 유전자를 성공적으로 도입하여 생산하는 데 필요로 하는 선발과 교배에 더 많은 시간이 걸릴 것이다. 그러므로 때때로 종간교잡을 통해 한 발달은 종내육종(intraspecific breeding) 프로그램보다 더 긴 시간이 필요하다. 상업적인 회사들은 사전 육종 프로그램으로부터 생식질(germplasm)을 높였으며 경작물을 발전시켰다. 종·속간 교잡을 택하면 돌연변이 육종, 형질전환으로 생산될 수 있다. 하지만 모든 작물이 가능한 것은 아니다.

2. 종간교잡의 장벽

종·속간 교잡에는 각각의 교배에 영향을 주는 많은 종류의 장벽요인을 가진다. 그러므로 종·속간 교잡을 하기 위해서는 특정한 기술이 필요하다. 화분관은 성질이 다른 암술머리를 관통할 수 없으며, 꽃가루관의 생장을 향상하게 시킬 어떠한 기술이 필요하다. 열매는 이종 간의 수분으로 자랄 수 있는 종자가 결핍될지도 모른다. 수정되더라도 종자가 수정 후에 퇴화하기도 한다. 배주배양은 자랄 수 없는 종자로부터 배를 보호하여 생장할 수 있게 할 수 있으며, 수정작용으로 배를 보호하여 초기산물(first)을 생산한다.

1) 주두와 암술대의 장벽

이종 간의 수정은 자주 실패한다. 꽃가루관에 암술에서 자가수정이 불가능하고, 그들이 배주에 도착하기 전에 생장이 멈춘다. 종간 불화합성은 두 가지 다른 점이 보인다. 판데이(Pandey, 1982), 호겐본(Hogenborn, 1984)에 의해 각각 설명되었다. 판데이(Pandey, 1981)는 S 유전자(super gene)의 다양한 영향이라고 하였다. 불화합성의 조절은 이것에 의하여 조절된다고 믿었다. 한편 호겐본(Hogenborn, 1984)는 다른 종의 암술과 꽃가루가 또 다른 것으로 적절히 보충되지 않았을 때 대립화분은 거절된다고 하였다. 이것은 자체 화분의 적극적인 거부와는 다르며 그는 단시간 이용을 주장하였다. 암술머리에 꽃가루가 발생하는 것이 장애로 연속적으로 수반된다. 전송로(transmitting tract)에서 꽃가루관의 신장은 꽃가루관이 아래로 신장하는 암술대(style), 유전자 조절은 따라서 복잡하다고 생각하고, S 유전자로부터 간단하게 조절에 어울리지 않는 것은 판데이(Pandey)에 의해 가정되었었다.

(1) 주두의 구조와 기능

암술머리 위에 꽃가루가 발달하여 지기 전에, 점착되어서 화분에 흡수돼야 한다(헤슬롭-해리슨, Heslop-Harrison, 1987). 가지과(*Solanaceae*)에서처럼 젖은 암술머리는 쉽게 수화가 되어 꽃가루가 타화수정에 쉽게 유동적인 분비물에 덮여 있다. 겨자과(*Cruciferae*) 수분이 쉽지 않은 마른 암술머리를 가지고 있다. 표피(cuticle)에서 끊어져 암술머리로 물이 회수되어 외관적으로 꽃가루가 타화수정 된다. 때때로 암술머리는 물기가 있거나 건조한(wet or dry)의 범주에 정확히 고정되어 있지 않다. 콩과의 개화는 열매가 되기 전에 트리핑(tripping, 꽃이 핀

후 암술대와 꽃실집이 꽃에 눌러 있다가 곤충이나 환경변화로 수정이 되는 현상)을 요구한다. 적화 강낭콩(*Phaselus vulgaris*)와 누에콩(*Vicia faba*)의 재배변종 대부분은, 꽃이 개화해 열매를 맺기 위해서는 곤충에 의지해야 한다. 예를 들면 곤충류의 마찰로 큐티클(cuticle)이 파열되고 배출됐을 때 큐티클(cuticle) 아래의 암술머리가 있는 분비물에 붙는다. 단백질(protein)은 농작물의 꽃가루의 벽에 옮겨지고 작물의 수화물에서 배출된다. 그리고 암술머리 위에서는 단백질의 인지 반응에 영향을 받을지도 모른다. 만약 꽃가루가 타화수분에 이용되지만, 암술머리에서 화분관이 신장한다. 타화수분의 경우에는 수분이 쉽다고 하더라도 암술머리에서 신장하는 것은 실패할지도 모른다. 암술머리의 안쪽에서는 꽃가루가 계속 신장하고 이동을 한다. 전송로에서 세포는 꽃가루관을 통해 배주로 계속해서 자란다.

(2) 주두에 의한 장벽 극복에 관한 기술

효과적인 수분은 교배 실험에서의 화분은 정상적인 수분이 아니라 교배자에 의하여 이동된다. 꽃가루는 첫째 적당한 장소로 이동이 돼야 한다. 배추속(*Brassica*)에서처럼 암술머리가 크다면 이것은 문제가 되지 않는다. 하지만 어떤 종은 작은 암술머리를 가지고 있어서 받아들여지는 장소가 적어 정확한 수분이 어려울지 모른다. 둘째, 적당한 수분 시기에 이동이 돼야 한다. 암술머리는 약 몇 시간에서 열흘 정도까지 적당한 수분 시기가 있다(세질리와 그리핀, Sedigley and Griffin, 1989). 적당한 시기만큼 적당한 장소에서 가수분해나 에스테르 합성에 촉매 역할을 하는 효소의 총칭으로서 에스테라아제(esterase) 활동이 나타나는 것이 보일지 모른다.

병아리콩(chickpea)은 투라노 등(Turano et al, 1983)에서 녹색 새싹의 암술머리에서는 에스테라아제의 활동은 잘 나타나지 않는 것으로 보인다. 새싹의 흰색단계(white bud stage)에서 암술머리의 말단에는 작은 돌기가 있지만, 개화 시간이 충분하지 않으며 에스테라아제의 활동은 쇠퇴하게 된다. 새싹의 흰색단계에서 교차수분은 완전히 개화한 것보다 더 효과적이다. 셋째, 꽃가루는 적당하게 수화돼야 한다. 젤라틴 캡슐(gelatin capsule) 혹은 다른 것들에 둘러싸여 있어서 암술머리에서 수분 되는 것을 막는다. 암술머리에서 수화물이 적당히 나와 파열돼야 하며 수분하는 동안 적당한 습도가 유지되어야 수분 발달이 향상된다. 여기에 물, 화분 배양액을 적당히 뿌려주는(spray) 것도 도움이 될지 모른다.

제4절 체세포잡종

1. 원형질체 융합

근본적인 성적장벽(sexual barrier)을 제거함으로써 새로운 잡종을 생산할 수 있게 하는 방법으로 원형질체 융합이 제시되었다. 종내 불화합성은 발아 후에 유목이 되어서 뿐만 아니라 수정 과정 동안과 그 후에도 즉 모체조직(maternal tissue)인 배와 배유에 서로 다른 데서도 나타난나는 섯이 연구뇌었다. 최근 고능식뷸의 원형질체는 세포융합에 의한 체세포잡종 작성의 연구 재료로서 많이 이용되고 있다. 또 원형질체(protoplast)는 DNA virus 등의 고분자물질을 받아들이는 성질을 가져 유전자 도입의 숙주계로서 기대되고 있다. 식물 원형질체에는 이와 같은 유전 육종학적 응용이 기대되며 EH 세포 생화학의 기초적 연구 재료로서도 종종 이용되기 위해 먼저 목적으로 하는 식물의 조직이다. 배양세포 등에서 원형질체를 대량으로 조제하는 기술이 필요하다. 효소는 크게 셀룰로스(cellulose) 성분을 분해하는 효소류 즉 셀룰라아제(cellulase)와 헤미셀룰라아제(hemicellulase) 그리고 펙틴(pectine) 질을 분해하는 펙티나제(pectinase)가 있다. 삼투압 조절제는 만니톨(mannitol)이 빈번히 이용되며 농도는 0.4~0.8M이다. 무기염류 KNO_3, KCl, $CaCl_2$가 쓰이기도 한다.

배양(incubation)의 조건은 담배 배양세포를 이용하면 22~37℃의 온도에서는 원형질체의 수량에 유의한 차가 인정되지 않았다. 조건은 조직이나 세포의 종류에 따라 다르다. 짧은 것은 토마토의 엽육 원형질체로 2시간 긴 것은 12시간 이상 배양하는 것도 있다. 세포의 배양단계(stage)에서는 담배의 배양세포를 사용하는 경우 새로운 배지에 심은지 4~5일째의 세포분열 초기의 세포가 적합하다. 그 외의 효소의 종류, 농도, pH 세포증량과 효소액의 비율, 온도, 진동의 여부 등과 각각의 사용 재료에 대해서도 검토할 필요가 있다. 식물체의 생육조건은 온실 또는 생장상과 같이 균일한 환경하에서 식물체를 키우는 것이 좋다. 얻어진 원형질체의 80% 이상이 형태적으로 안정된 것을 배양에 이용하는 것이 바람직하다.

액체배양법은 극히 소량의 배지라도 원형질체가 배양된다. 배양 혈의 웰에 극히 미량(약 1 ㎕)의 원형질체 현탁액을 분주하여 1개의 이질핵(heterocaryon)만을 배양할 수 있는 이점이 있다. 한천 플레이트(plate) 법은 액체배지에 현탁한 원형질체를 45℃ 정도로 보이나 한천배지와 혼합하여 페트리디시에 도말하여 한천배지의 가운데 원형질체를 넣어 배양하는 방법이다. 콜로니(colony) 형성 등을 눈으로 관찰하기 쉬운 이점이 있다. 피더(Feeder) 법은 세포 상호간의 작용이 있는 것으로 생각된다. 미리 X-선을 처리한 담배 엽육 원형질체를 여양으로 하여 한천배지에 도말하고 그 위에 X-선을 처리하지 않은 원형질체를 심어서 103-104 원형질체/ml의 농도에서도 콜로니를 형성하는 것을 보고 했다. 세포층 보존(Cell layer-Reservoir) 법은 페트리디시의 대칭이 되는 두 곳에 저장소가 되는 배지를 넣고 나머지 두 곳에는 세포층(cell layer) 배지를 넣는다. 이 위에 한천에 현탁한 원형질체를 도말한다. 체세포교잡은 먼저 원형질체가 손상되지 않게 분리한다. 분리된 원형질체는 융합한다. 선발되어 재분화된 개체의 융합 산물의 지속적인 분열·재생산된 개체에서의 세포게놈 들은 그 부모 개체로부터 각각 다른 세포 게놈들을 받는다. 예를 들어 핵(nucleus), 색소체(plastome), 콘드리옴(chondriome, 세포내 미토콘드리아의 총괄적 명칭)의 혼합체들이다.

2. 식물 원형질체 분리

세포벽의 보호로 세포가 삼투압에 대한 압력을 견딜 수 있다. 그러나 세포벽이 제거되면 액포의 높아진 삼투압을 견딜 수가 없어서 터져버린다. 따라서 세포벽이 제거된 개체에서의 배지는 삼투압(osmotic potential)을 인위적으로 맞추어 주어야 한다. 농도를 맞추기 위하여 각각 0.5M 마니톨(manitol)과 소르비톨(sorbitol)을 사용한다. 원형질체 분리의 각기 다른 단계에서의 무기용액은 칼슘과 염화칼륨(potassium chloride)가 영향을 미친다. 높은 이온 농도의 적용은 단기간 사용되어야 하고 확실한 세포대사와 세포막(plasmalemma) 구조의 확립에 작용한다. 원형질분리의 효과는 세포벽으로부터의 원형질분리와 소화(digestion)하는 과정동안의 셀룰로스 분해 효소(cellulolytic enzyme)의 기능을 높이기 위한 것이다. 최적의 삼투압은 쓰이는 식물체에 따라서 다르다. 젊은 조직과 높은 광도 및 일정하게 물을 준 재료가 가장 이상적인 재료라고 여겨진다.

세포벽(cell wall)에서는 순수한 셀룰로스가 20~30%이다, 그리고 헤미셀룰로스와 펙틴 성분으로 구성되어 있다. 이러한 성분들은 상업적으로 시판되고 있는 효소들에 의해서 제거될 수 있다. 셀룰로스(cellulose), 헤미셀룰로스(hemicellulose), 펙티나제(pectinase), 드리셀라제(driselase), 펙톨리아제(pectolyase), 카일라제(caylase) 등이 사용되고 있다.

3. 원형질체 분리

담배 엽육 세포를 사용하여 25℃ 정도의 차양이 되는 온실에서 자란 재료의 상위 1/3은 좋은 잎 재료를 70% 에틸알코올에 몇 초 담그거나 5% 차아염소산칼슘(calcium hypochlorite, $Ca(OCl)_2$)에 5분 적시어 소독후 증류수로 헹군다. 무균처리된 핀셋을 이용해서 하부 표피(lower epidermis)를 분리하여 침용(maceration) 배지 위에 놓아둔다.

4. 침용 배지 농도(Maceration Medium Concentration)

배지는 0.1% 셀룰라이제(cellulase), 0.02% 마세로자임(macerozyme), 0.05% 드리셀라제(driselase)가 혼합된 용액 16시간 담근다. 침전물들은 50~80㎕의 여과지(filter)로 걸러낸다. 연속적으로 100G에서의 원심분리 2번하고 효소가 없는 신선한 배지에서 시행한다. 참고로 기내현탁배양에서의 재료로도 사용할 수가 있다. 배아 세포 현탁액(embryogenic cell suspension)은 계속 세포분열과 식물 재생산이 가능하고 암상태에서 배양하는 것이 세포분열에 효과적이다.

5. 원형질체 융합

원형질체는 반발력에 의해서 자발적인 융합이 일어나지 않는다. 빠른 형성을 위한 환경 설정은 이온환경이 중요하다. 체세포잡종은 질산나트륨(sodium nitrate)의 등삼투압 용액(isomotic osmotic solution)이 첨가된 배지에서 생성된다. 두 번째 방법은 50mM Ca^{2+}, 0.4M 만니톨(mannitol), pH 10.5에서 세포질 융합(cytoplasmic fusion)이 되고, 20~40% PEG(polyethylene glycol)에 담가두면 원형질체에서 접착력을 보인다. 하지만 높은 Ca^{2+}과 높은 pH에 용해 시킨 PEG에서 실제 융합(fusion)이 일어난다. 독성 물질은 때때로 식물에 독성성분으로 작용한다. PEG를 탈이온화 시키거나 낮은 농도의 DMSO(dimethylsulphoxide)의 첨가로 극복할 수 있다. 전기융합(electrofusion)은 500~1,000V/cm로 마이크로초에 50% 이상 효과의 증대를 가져온다. 엽육 원형질체가 캘러스나 뿌리 원형질체보다 융합의 재료로 좋다.

6. 원형질체 배양과 식물체 재분화

초기에는 삼투압이 중요하게 작용하며 배지의 성분에는 크게 차이는 없다. 만니톨(mannitol)과 소르비톨(sorbitol) 같은 생장물질이 필요하다. 높은 성장물질로 필요하다. 담배에서는 3mg/l(15μM) NAA(naphthalene acetic acid)와 1mg/l(5μM) 벤질아데닌(BAP)이 적당하다. 세포분열은 특이적인 배지에서만 가능하다. 세포밀도는 혈구계산기(haemocytometer)에 의해서 계산할 수 있다. 세포 크기와 상관이 있다. 담배에서는 60,000개/ml가 보통이며, 반수체 담배는 이배체 원형질체 세포 밀도의 50% 정도이다. 재분화는 품종에 따라서 다르지만 2~6일 정도 소요된다.

개별적 원형질체 관찰을 위한 방법으로 아가(agarose)를 넣은 고체배지에 치상하나 처음 분열은 적다. 그러나 다음 분열과 원형질체로부터 떼어낸 미세콜로니의 성장에서 더 나은 결과를 관찰할 수 있다. 미세액적(microdroplet)에서 개별적 원형질체를 키울 수 있다. 세포 밀도와 옥신을 낮춘 배지에 계대 배양한다. 담배에서는 1 cell/㎖ 정도에서 변이체의 화학적 선발을 가능하게 한다. 형질전환체는 세포질 잡종에 대한 긍정적인 영향을 보여준다.

원형질체에서 완전한 개체로의 두 가지 형태 발생 경로(morphogenetic pathway) 있다. 엽육 원형질체는 옥신이나 정신전기반사(psycho-galvanic reflex) 없이 콜로니에서 눈(싹)의 새로운 형성이 이루어진다. 배발생(embryogenic) 능력을 지녀 배를 형성하여 유지하는 콜로니를 얻을 수가 있다. 원형질체에서 시작되어서 얻어진 식물체의 유전적 적합성은 최적화 된다. 그래서 배나 생장점은 3~5주 후에 형성한다. 최적이 아닌 상태에서는 염색체 숫자가 가장 큰 차이점이다. 이배체 감자 원형질체의 재생산성은 약 10% 정도이고, 나머진 4배체(tetraploid)가 된다.

7. 원형질체 융합 생산물의 선발

이형핵형(hetero karyocyte)는 원형질체 융합으로 엽록체(chloroplast), 미토콘드리아(mitochondria)의 핵(nuclei)인 양쪽 형태를 가지는 것을 기본으로 한다. 이상적인 이형핵형은 각각의 부모로부터 하나의 핵(nucleus)을 받는 것이다. 핵융합(nuclear fusion)으로 이형핵형이 생긴다. 잡종 개체의 재생산성을 높이는 방법에는 이형핵형의 증식과 잡종세포 선발이 있다.

표지유전자(marker gene)는 유전자이동(gene transfer)이나 돌연변이유발(mutagenesis)에 의해서 융합하고자 하는 부모 개체에 넣을 수가 있다. 유전자이동에 의해서 도입된 제초제 내성이나 항생제 내성 혹은 영양요구성 돌연변이(auxotrophic mutation)의 유전자형의 조화로 융합된 개체는 후에 제초제나 항생제 저항성이 있는 배지 사용으로 선발할 수 있다.

8. 핵 잡종

1) 균형 잡힌 잡종

이수성의 무균배양 때문에 잡종이 얻어진다. 잡종 캘러스로부터의 슈트(shoot) 분화는 한 종에의 염색체(chromosome)가 완전히 없어질 때까지 생기지 않는다. 그러나 양배추(*B. oleracea*)와 모리칸디아(*Moricandia arvensis*, 보라색 꽃이 피는 배추과 식물의 일종) 그리고 C_3와 C_4 과도기적 식물 종에서 생긴다. 성적 교잡과 자방배양(ovary culture)에 의해서 유사한 잡종이 나온다.

체세포잡종의 예로서는 포마토(pomato, 토마토와 감자 융합), 3배체 양배추(*Brassica oleracea*)는 흑색의 갓(*B. nigra*), 배추(*B. campestris*)의 C, B 그리고 A는 에티오피아 겨자(*B. carinata*)의 선구물질이다. 삼기종(trigenomic species, 3개의 다른 게놈으로 성립된 종)은 융합으로 가능하고 순무(*B. napus*)와 흑색의 갓(*B. nigra*)에서 가능성을 보여준다. 종래의 방법에 의해서는 불가능한 완전히 다른 이질이배체(heterozygous diploid)에 대한 시도는 체이스(Chase, 1963)에 의해서 행해졌으며 이것은 체세포잡종에 의한 동질사배체(autotetraploid)에 가능성을 제공한 것이다.

2) 비대칭융합(Asymmetric Fusion)

대칭융합(symmetric fusion)의 반대되는 개념으로 몇 개의 염색체(chromosome), 아염색체(sub-chromosome) 혹은 극소수의 염색체가 공여(donor) 종에서 수령자의 배우자로 옮겨지는 것이다. 비대칭적유전자도입(asymmetric gene transfer)은 공여세포(donor cell)가 광선조사를 받는다. 공여세포의 광선조사와 돌연변이체(mutant)가 선택표지(selectable marker)로 사용되어 진다. 공여가 아그로박테륨(*Agrobacterium*) 계통에 의해 조작되고 융합되기 전에 cell에 광선조사가 있었다. 공여가 동위효소(isozyme) 작용을 잃음으로써 비대칭잡종(asymmetric hybrid)이 나타난다. 그리고 대칭적융합염색체(symmetric fusion chromosome) 숫자의 감소가 있다. 비대칭적유전자도입은 광선조사와 생화학 표지(marker)에 관련이 있다.

어느 세포나 핵이 없는 세포질체를 융합하는 방법인데 세포질 잡종(cybrid) 형성법이라고 하며 만들어진 세포는 세포질 잡종(cytoplasmic hybrid)이라고 불리며 이 방법에 따라 어느 세포는 자기의 핵 밑 세포질 외에 새로 융합된 세포질을(동종 또는 이종)을 획득한다. 핵체를 분리하거나 핵체 표본 내의 정상세포(intact cell)이나 다수의 파편을 정제할 필요가 없다. 세포질 잡종(cybrid)에서는 세포질체의 분리를 충분히 하면 좋다. 그러나 세포질 공여세포는 클론선별을 위해 여러 가지 유전적 마커 특히 세포질 유전변이 마커를 갖는 세포를 이용하는 것이 많다. 따라서 자기의 실험 목적에 맞는 세포로 또 유전적 마커를 이용하면 여러 제약이 생긴다.

9. 원형질체 융합과 세포질 교환

만약 실험의 목적이 한 부모의 핵(nucleus)을 다른 부모의 세포질(cytoplasm)과 결합하거나 핵 잡종의 빈도가 높다면, 공여세포질(donor cytoplasm)에 X선이나 감마선(gamma ray)를 융합 전에 조사한다. 이렇게 조사 후에 원형질(protoplasm)의 후대에는 돌연변이유발효과(mutagenic effect)가 없는데 이것은 식물세포에서 원형질체(protoplast)의 복제(replication) 수가 많기 때문이다.

조사된 부모 개체 세포질의(cytoplasmic) 소기관의 유지를 위해서 포유류 세포 유전공학에 쓰인 대사 저해(metabolic inhibition) 방법이 제안되었는데 이것은 다른 부모 개체의 소기관을 제거하기 위해서이다. 화학적으로 요오드아세트산(iodoacetate)이나 요오드아세트아미드(iodoacetamide)가 이러한 목적에 사용되었으며 세포질 공여친(cytoplasm donor parent)의 조사 방법과 핵(nuclear) 수령이나 양친의 대사비활성화(metabolic inactivation)이 합쳐진 방법이 쓰이고 있다.

10. 원형질체 융합 및 색소체 게놈의 재조합

융합 생산물에서의 혼합된 색소체 집단의 최고의 빈도는 계속 세포세대(cell generation)에서의 부모 타입의 부분적 분리를 의미한다. 종래의 섞여진 색소체 게놈(plastid genome)의 집단(population)은 오랫동안 양친 색소체 승계(biparental plastid inheritance)와 같은 의미로 쓰였다. 또한 감귤류(*Citrus*)와 감자속(*Solanum*)에서는 항생제 혹은 독성 저항성과 백색증(albinism)에 대해서 특이하였다. 분자색소체 게놈(molecular plastid genome)의 형태학적 분석은 높은 빈도의 가지과(Solanaceae)의 담배속(*Nicotiana*)에서 재조합은 교차(crossover)로부디 게신됐다.

11. 원형질체 융합과 미토콘드리아 게놈의 재조합

세포질 웅성불임(CMS) 조합은 넓은 종에 걸쳐서 발견되는 특징이다. 미토콘드리아 게놈에 의해서 엔코딩화 되어 알려진 유전자 표지이다. 원형질체 융합에서 미토콘드리아 게놈의 실험을 위해서 쓰인다. 부모간 재조합(interparental recombination)은 높은 빈도로 나타난다. 피튜니아와 배추속(Brassica)에서 미토콘드리아 제한 단편(mitochondrial restriction fragment)는 세포질 잡종 혹은 세포질 잡종(cybrid)를 통해 부모간 DNA(interparental DNA) 교환의 확실한 증거를 보여준다.

그 결과 각각 재생산된 후대의 세포질 잡종에서는 미토콘드리아 게놈이 새로운 부모체의 순서를 보여준다. 즉 미톤콘드리아 게놈 간의 이러한 재조합의 형태는 종간의 진정한 미톤콘드리아 게놈의 교환을 보여준다.

12. 체세포 융합의 응용, 작물 종의 유기적 조작

색소체 게놈(plastid genome)은 단세포에서 색소체 게놈이 섞인 재조합이 진행 중이거나 세포분열을 위해서 분열을 하는 것은 제외한다. 때때로 어떤 것은 부모형과 비교해서 경쟁적이고 어떤 것은 비경쟁적인 것이 있다. 미토콘드리아 게놈은 자주 부모간 재조합이 있고 다음에 분리(segregation)이 있다. 재생산된 체세포잡종 식물이나 혹은 그것의 산물에서 가끔 찾아진다.

1) 웅성 불임 세포질을 다른 품종으로 이전

원형질체 융합은 웅성불임 세포질에서의 전이는 다른 불화합성 종류와 성적방법(sexual method)이 필요한 여교잡의 여러 단계를 줄일 수 있는 도구로 생각한다. 예를 들면 벼에서는 불임 종의 핵과 양쪽 부모로부터 세포질 웅성불임(CMS) 기질을 가진 개체에서 떼어낸 미토콘드리아의 체세포잡종 재생산 성공으로 양(Yang)과 아카기(Akagi, 1989)가 있다. 담배에서 새로운 세포질 웅성불임(CMS) 형을 생성하고, 꽃담배(*Nicotiana tabacum*) 원형질체와 조사된 담배의 일종(*Nicotiana africana*) 원형질체를 교배하여 성적 불화합성이 있는 것을 만들어 내었다. 감귤(*Citrus* 종)에서는 웅성불임 감귤 종에 적용이 된다면 씨 없는 감귤(*Citrus* 종) 생산에 한몫할 것이다.

2) 십자화과의 세포질 웅성불임계 개선

배추속(*Brassica*)는 기름 생산과 경제적으로 아주 중요한 작물이다. 팜과 콩은 그 다음으로 기름 생산의 중요성을 보인다. F_1 잡종들은 자가 불화합성을 이용해서 생산되었지만, 그 양이 한정되었다. 그래서 세포질 웅성불임(CMS)의 방법이 사용된다. 세포질 웅성불임(CMS)는 오구라(Ogura, 1968)가 무에서 발견되었다. 이것은 양배추(*Brassica oleracea*)와 유채(*Brassica napus*)에 적용된다. 낮은 온도에서의 엽록소 부족과 꽃 형성이 좋지 못했다. 체세포 융합이 배추속(*Brassica*) 원형질체와 배추속(*Brassica*) 소기관을 포함하는 것을 융합시켜 정상적인 엽록체를 형성하게 한다.

제5절 유전자 클로닝과 동정

1. 서론

생명과학에서 재조합 DNA 기술(recombinant DNA technology)의 응용은 우리가 생명체에 대한 이해를 혁신적으로 바꾸어 버렸다. 유전자를 분리하고 분석하여 조작하는 힘은 생물학 실험의 모든 분야에 영향을 미치게 되었다. 이 시기는 생체내(*in vivo*)와 시험관내(*in vitro*) 기술에 적용할 수 있었다. 유전자 조작은 박테리아의 형질전환(bacterial transformation), 제한(restriction), 변형효소(modification enzymes), DNA 모니터(monitor DNA) 절단 기술들과 관여 반응의 발견으로 시작되었다. 진핵생물로부터 특정 유전자를 분리하기 위해 박테리아 또는 효모모델시스템을 이용한다. 분리한 DNA 단편의 많은 복사체를 생산하기 위해 유전적 요소를 공격할 필요가 있다. 이런 요소들로는 운반체(vector)나 클로닝비히클(cloning vehicle)로 알려져 있다.

플라스미드와 박테리오파지는 지금까지는 가장 유용한 운반체(vector)로 이용된다. 세포 내에 이들을 유지하기 위해서 숙주(host) 게놈과 융합할 필요가 없고, 이들의 DNA는 숙주 게놈에서 독립적으로 분리될 수 있다. 가장 간단한 형태로 분자클로닝(molecular cloning)은 다음 단계들이 필요하다. 운반체 DNA(vector DNA)는 정제되어 제한효소들에 의해 절단되어야 한다. 외래 DNA는 vector에 공유결합되어야 한다. 이렇게 만들어진 재조합 분자들은 증폭될 수 있는 박테리아 숙주세포(bacterial host cell)에 도입되어야 한다. 원하는 염기서열을 가진 클론 들을 선택해야 한다. 유전자의 분리와 조작에 있어 두 번째 기본적인 단계는 주어진 생물체의 게놈을 구성하는 목적의 거의 모든 염기서열 유전자의 확인을 위한 정보와 전략이다. 이 장에서는 여러 형태의 클로닝(cloning) 운반체와 유전자 라이브러리의 구성을 위한 몇몇 필수적인 단계뿐만 아니라, 유전자의 동정과 분리하기 위한 몇몇 전략들을 설명할 것이다.

2. 게놈 라이브러리(Genomic Library)의 구조 라이브러리

핵산의 분리와 분석 기술들은 유전자의 분리뿐 아니라, 유전자의 물리적 구조와 발현을 위해 근본적으로 필요하다. 이 분야의 연구를 달성하기 위해서는 목적의 유전자 분리가 필수적이다. 첫 단계는 유전자 또는 cDNA 라이브러리의 생산이다.

1) 게놈 DNA 라이브러리

식물의 게놈은 매우 복잡하고 목적으로 하는 DNA 단편이 전체 게놈 중 아주 작은 일부분에 불과한 경우도 많다. 그러므로 가능한 한 많은 종류의 클론을 포함하여야 좋은 게놈 라이브러리가 된다. 게놈 라이브러리는 한 생물에 존재하는 모든 DNA가 포함하는 재조합 클론들의 전부를 말하며 게놈의 모든 유전자 각각에 대하여 최소한 하나 이상의 단편을 포함하고 있어야 한다. 원칙적으로 목적의 시퀀스(sequence)는 게놈 라이브러리에 존재하지만, 실제로 클론이 어렵고 세균계(bacterial system)에서 증식하는 어떤 진핵 시퀀스(sequence)에서 발견된다. 목적의 클론을 얻기 위해서는 얼마나 많은 클론이 필요한지는 다음의 것에 따른다. 유전자 라이브러리에 필요한 클론 수는 게놈의 크기와 클로닝 운반체 형태에 따르며, 유전자 라이브러리를 성공적으로 작성하기 위해서는 사용될 DNA의 질 또한 중요하다.

(1) 식물조직에서 전체 DNA 준비

DNA는 단백질과 RNA 등과 함께 복합체를 이루고 세포막, 세포벽 등에 둘러싸여 있으므로, 이를 파괴하기 위하여 강력한 방법들이 필요하다. 이 방법은 매우 다양하게 존재하는데 세포벽이 존재하지 않는 동물조직은 조직을 갈아 균질화시키는 과정만이 필요하지만, 식물이나 곰팡이의 경우 여러 종류의 용해 처리(lytic treatment)를 통해 단단한 세포벽을 파괴하여야 한다. DNA-단백질 복합체를 용해시키기 위해서는 세정제(detergent)를 포함하는 완충액이 이용되며, 단백질을 DNA로부터 분리하고, 변성시키기 위하여 페놀 등을 처리한다. 세정제는 세포파괴 때 빠져나온 핵산분해효소들을 변성시키는 역할도 한다. 분리 방법의 3단계는 세포벽과 세포막을 파괴하여 DNA-단백질 복합체 또는 염색질(chromatin)을 추출하는 단계이다. 그 다음은 표면처리제, 변성처리제, 또는 단백질 분해처리 등으로 DNA-단백질 복합체를 녹이고 분리하는 단계이다. 다른 거대분자들로부터 DNA를 분리하는 단계로 분리된다. 분리된 DNA의 크기에 영향을 미치는 두 가지 요인은 기계적인 절단과 핵산분해효소의 활력이다. 세포파괴 과정을 조절함으로써 절단을 줄일 수 있으며, 핵산분해효소의 활성을 억제하기 위해서는 조직을 급격히 얼린 후, 세정제와 고농도의 EDTA를 함유한 추출 완충액에 녹인다. 이 방법에 따라 50kb 범위의 식물 DNA를 분리할 수 있으며, 분리된 DNA는 제한효소에 의해 잘 절단될 뿐만 아니라 영양(cloning) 운반체에 효과적으로 삽입될 수 있다.

(2) 핵 DNA 분리

단순히 에탄올 침전, 유기용매를 이용한 처리, 리보뉴클레아제(ribonuclease) 또는 프로테아제(proteases)의 처리, 수산화인회석(hydroxylapatite) 또는 다른 수지(resins)가 있는 크로마토그래피(chromatography), 그리고 염화세슘밀도구배(cesium chloride density gradients)를 이용한 원심분리 등이 있다.

2) cDNA(complementary copy-DNA) 라이브러리 구축

cDNA 라이브러리를 구성하기 위해 잘 발달된 mRNA를 분리하여 염기서열의 cDNA를 합성한다. 이 새로운 분자를 상보적 DNA(complementary DNA, cDNA)라고 하며, 이는 플라스미드(plasmid) 또는 파지벡터(phage vector)에서 클로닝될 수 있다. 따라서 cDNA 라이브러리는 한정된 성장조건 또는 발육단계 아래에서 유기체, 조직, 세포주(cell line)에 존재하는 모든 mRNA를 포함하는 재조합 분자들의 모임이다. cDNA 라이브러리는 주어진 유기체의 모든 유전자(gene) 들을 나타내는 것이 아니라, 분리한 mRNA의 세포(cell) 형태에서 기능적으로 표현되는 유전자(gene) 들만을 나타낸다.

(1) 전체식물 RNA의 분리

순도가 높고 크기가 완전한 RNA 분리를 위하여는 다음과 같은 점을 고려하여야 한다. 세포 및 조직의 효과적인 파괴, 핵산으로부터 핵산-단백질 복합체의 효과적인 변성 및 유리, 세포 내 리보뉴클레아제(RNase)의 불활성화, 그리고 DNA 및 단백질의 효과적인 제거 등이다. 이중 특히 중요한 것은 세포가 파괴될 때 세포소기관에서 유출되는 리보뉴클레아제(RNase)를 불활성화시키는 것이다. 전통적인 RNA 분리 방법에서는 구아니딘 티오시아네이트(guanidine thiocyanate)와 베타-메르캅토에탄올(β-mercaptoethanol)이 분리 초기 단계에서 리보뉴클레아제(RNase)를 불활성화시키는 역할을 한다. 변형된 방법에서는 추출액의 pH를 높이고, EDTA 등을 사용하여 RNA 손상을 방지하고 있으며, 초기 분리 단계 시 액체질소에서 미세분말화된 냉동조직을 페놀(phenol)과 추출용액의 혼합액으로 녹여 리보뉴클레아제(RNase)를 억제하는 방법도 있다.

어떤 종류의 식물, 특히 임목은 많은 양의 페놀 화합물과 다당체를 갖고 있어 핵산 분리에 많은 어려움이 있다. 페놀 화합물이 페놀 산화효소에 의해 산화되면 핵산과 불용성 복합체를 형성하게 되고, 다당체의 경우는 에탄올 침전 때 핵산과 함께 침전된다. 이를 방지하기 위하여 여러 방법이 고안되었는데, 2-부톡시에탄올(2-butoxyethanol)을 사용한 방법, 세슘-삼불화염소(cesium-trifluoride)를 이용한 원심분리 방법, CTAB(cetyltrimethyl ammonium bromide, 탄수화물 제거를 위해 양이온세제) 침전법 등이 개발되었다.

(2) poly(A)+mRNA의 분리

cDNA 유전자도서관을 만드는 첫 단계는 세포로부터 전체 RNA를 얻는 것이다. 이로부터 대부분 mRNA를 지닌 분획을 분리한다. 대부분 진핵생물의 mRNA분자를 3' 말단에 poly(A) 꼬리라 불리는 긴 아데닌 염기를 갖고 있다. 그 기능이 무엇이든 간에 상당량의 rRNA와 tRNA를 지닌 전체 세포 RNA로부터 mRNA를 분리해내는데 poly(A) 꼬리는 매우 편리한 방법을 제시해 준다. 데옥시티미딘(deoxythymidine)으로만 구성된 올리고 뉴클레오티드(oligo(dT))를 셀룰로스와 결합해 만든 올리고 셀룰로스(oligo(dT)-cellulose)를 작은 칼럼에 채운다. 준비된 전체 세포 RNA를 칼럼을 통과시키면 mRNA 분자는 자신의 poly(A)에 의해 poly(A)와 결합하고 나머지 다른 RNA 종류는 칼럼을 통해 빠져나온다. 다음에 결합한 mRNA를 칼럼으로부터 용출시킨다.

(3) cDNA 합성

Poly(A) RNA를 Poly(A) 꼬리와 잡종화할 수 있는 짧은 데옥시티미딘(deoxythymidine)을 지닌 올리고 뉴클레오티드(oligo(dT))와 배양하면 역전사효소의 준비된 주형을 이루게 된다. 이 반응의 결과로 mRNA-cDNA 잡종체가 만들어진다. cDNA 분자를 클론 하기 위하여 RNA 사슬은 파괴되고, DNA로 치환돼야만 한다. 이를 위한 한 가지 방법은 RNA-DNA 잡종체를 절단하여 틈을 만드는 리보뉴클레아제(RNase) 효소를 이용하는 것이다. 이 RNA 절편은 첫 cDNA 사슬과 잡종 된 채로 남아있기 때문에 원래의 cDNA를 주형으로 삼아 상보적인 DNA 사슬을 합성하는 대장균 DNA 폴리머라제Ⅰ(polymeraseⅠ)의 프라이머로 사용된다. 결국에는 이 과정으로 RNA의 5' 말단의 극히 작은 부위만 제외하고는 원래의 RNA가 DNA로 완전히 바뀐다. 이 새로운 DNA 사슬은 완전히 연결된 것이 아니라 부분적으로 "틈"이 있는 것이다. 이 틈은 DNA 리가아제(ligase)의 작용으로 연결되어 이중사슬 DNA 분자가 만들어진다. 특정 서열을 지닌 cDNA를 준비하기 위해서는 특정 올리고 뉴클레오티오 프라이머를 사용하여 cDNA 클론의 상실된 5' 말단 부위를 얻기 위한 목적에 흔히 사용된다.

3. 벡터 복제

DNA 분자가 유전자 클로닝을 위한 운반체로써 작용하려면 여러 가지 특성을 가져야 한다. 가장 중요한 것은, 숙주세포 내에서 복제할 수 있어야 하며, 수많은 재조합 DNA 분자의 복사체를 생산함으로써 딸세포로 전달되어야 한다는 것이다.

1) 플라스미드 벡터(Plasmid Vectors)

플라스미드는 세균 세포 내에서 독립적으로 존재할 수 있는 환상 DNA 분자로, 크기는 1부터 200kb 이상까지 이르며 진핵 DNA의 기내 조작과 cDNA 라이브러리의 구조 유도를 위해 흔히 사용되는 운반체이다. 모든 플라스미드는 적어도 복제원점(origin of replication)으로 작용할 수 있는 DNA 염기서열을 가지고 있어서 세균의 염색체와는 별도로 세포 내에서 증폭할 수 있다. 실험실에서, 플라스미드는 형질전환(transformation)이나 전기천공법(electroporation)을 통해 박테리아 내로 도입시킬 수 있다. 플라스미드를 지닌 박테리아 세포를 확인하기 위한 항생제 저항성을 지닌 유전자는 대부분 플라스미드 클로닝 운반체 내에 존재한다. 가장 흔히 이용되는 선택표지(selectable marker)는 암피실린(ampicillin), 테트라사이클린(tetracycline), 클로람페니콜(chloramphenicol), 카나마이신(kanamycin)에 대한 저항성을 지닌 유전자들이다. 플라스미드 운반체는 일반적으로 작고, 다양한 조합의 제한효소들에 이용되는 DNA 단편들의 클로닝을 촉진하는 몇몇 유용한 제한효소 절단 부위를 포함하고, 거의 모든 운반체는 다중복제부위(polylinker, multiple cloning site)라고 하는 합성 클로닝 부위에 배열된 연결체를 지니고 있다.

2) 박테리오파지 λ 유래 벡터

박테리오파지(혹은 파지)는 흔히 알려진 바와 같이 특이적으로 세균을 감염하는 바이러스이다. 모든 바이러스와 마찬가지로 파지의 구조는 매우 단순한데, 여러 개의 유전자를 가지고 있는 DNA(어떤 경우는 RNA) 분자로 구성되었으며 파지의 복제에 관여하는 몇 개의 유전자가 포함되어 있고, 외부는 단백질 분자로 구성된 방어막인 캡시드(capsid)로 둘러싸여 있다. 모든 형태의 파지에 있어서 같은 일반적인 감염양상의 3단계 중 1단계는 파지 입자가 세균 외부에 흡착하여 세포 내로 DNA 염색체를 주입한다. 2단계는 파지의 DNA 분자가 복제되는데, 이 과정은 파지 염색체 위에 있는 유전자에 의해 암호되는 보통 특수한 파지 효소에 의하여 일어난다. 3단계는 다른 파지의 유전자는 캡시드 단백질 성분합성을 명령하며 새로운 파지 입자가 조립되어 세균으로부터 방출된다. 어떤 파지 형태에서는 모든 감염과정이 매우 빨리 진행되어 20분 미만이 걸리는 일도 있다. 이와 같은 빠른 감염을 용균성 생활환(lytic cycle)이라고 하며, 특징은 파지 DNA의 복제 후에 즉시 캡시드 단백질이 합성되고 파지 DNA 분자는 절대로 숙주세포 내에서 안정한 상태로 유지되지 않는다는 것이다. 용균성 생활환과는 반대로 용원성(lysogenic) 감염은 숙주세포 내에 있는 파지 DNA 분자가 수천 세대의 분열 동안에도 안정하게 보존된다. 박테리오파지에는 많은 다른 형태가 있지만 λ와 M13만이 클로닝 운반체의 역할을 할 수 있다. 파지 λ는 50 kb 길이의 선상 이중가닥 분자로, 15개 염기들의 단일 시퀀스(sequence)로 끝나며 이는 서로 상보적이고, 환상의 파지가 된다. 숙주 박테리아에 도입된 직후, λ의 선상 게놈은 환상이 된다.

3) 코스미드 벡터(Cosmid Vector)

코스미드 벡터(cosmid vector)는 DNA 포장에 필요한 람다(λ) 박테리오파지(λ bacteriophage)의 사이트(cos site)를 가진 변형된 플라스미드(plasmid)이다. 코스미드 벡터(cosmid vector)는 DNA의 큰 단편을 수용할 수 있는 능력과 프라이머로서 숙주 염색체를 독립적으로 복제하는 능력을 겸비했기 때문에 클로닝(cloning)에 유용하다. 길이가 약 35~45 kb인 외래 DNA 단편은 코스미드 벡터(cosmid vector)에서 클론 되고 증식할 수 있다.

4. 중합효소연쇄반응(Polymerase Chain Reaction, PCR)

중합효소연쇄반응(PCR) 기술은 1980년대 중반에 멀리스(Mullis)에 의해 고안되었다. 이는 DNA 염기서열 분석 1 법과 마찬가지로 유전자 연구와 분석에 새로운 접근을 가능하게 함으로써 분자유전학의 혁신을 가져왔다. 10만 개 이상의 유전자를 지닌 복잡한 게놈 중에서 표적이 되는 유전자들은 아주 드물다는 것이 유전자 분석의 주된 문제점이었다. 분자유전학에 사용되는 많은 기술은 이 문제의 극복과 관련이 있다. 이 기술들은 클로닝과 특정 DNA 서열을 찾는 방법을 포함하여 매우 많은 시간은 소모하는 것들이다. 중합효소연쇄반응은 클로닝으로 재선발하지 않고 어떤 특정 DNA 서열을 증폭함으로써 이들을 변화시켰다.

1) PCR 원리

PCR은 DNA 복제의 한 단면을 나타낸다. DNA 중합효소는 DNA 한 사슬을 주형으로 사용하여 새로운 상보적 사슬을 합성한다. 이 한 사슬 DNA 주형은 이중사슬 DNA를 단순히 비등점까지 온도를 높이는 열처리로 얻을 수 있다. DNA 중합효소가 DNA 합성을 시작하기 위해서는 이중사슬 DNA의 적은 일부분이 있어야 한다. 그러므로 DNA 합성의 시작점은 그 부위의 주형과 결합할 수 있는 올리고 뉴클레오티드인 프라이머를 제공해 줌으로써 특정 지울 수 있다.

이것이 PCR의 중요한 첫 번째 특징으로 DNA 중합효소가 특정 DNA 부위를 합성하도록 지시힐 수 있다는 깃이다. DNA의 긱 사슬에 싱응하는 올리고 뉴클레이티드 프라이머를 제공함으로써 DNA 양쪽 사슬은 합성의 주형으로 이바지할 수 있다. PCR을 위한 프라이머는 증폭할 DNA 부위를 포함하도록 선택하여 새로이 합성된 DNA 사슬이 각 프라이머로부터 시작하여 상대편 사슬의 프라이머 좌 너머까지 합성되도록 한다. 그러므로 새로운 프라이머가 결합하는 자리가 새로 합성된 DNA 사슬에 만들어질 수 있도록 한다. 이러한 반응혼합물을 다시 원래 사슬과 새로이 합성된 사슬이 분리될 수 있도록 다시 가열하여 프라이머 결합, DNA 합성, 사슬 분리의 사이클이 가능해질 수 있게 한다.

PCR의 최종 결과는 n번의 사이클을 거침으로써 프라이머 사이의 DNA 서열이 복제된 이론적으로는 최대치로 2^n개의 이중사슬 DNA 분자를 포함한 것을 얻게 된다. 이것이 PCR의 중요한 두 번째 특징으로 특정 부위의 "증폭" 결과를 얻게 된다는 것이다. 내열성 세균인 더무스 아쿠아티구스(*Thermus aquaticus*) 박테리아에서 분리한 taq DNA 중합효소의 사용은 PCR 기술의 적용을 매우 촉진했다. 원래 PCR에는 대장균 DNA 중합효소를 사용하였는데, 이 효소는 열에 민감하여 이중사슬 DNA를 분리하는 데 사용한 온도에서는 그 기능을 잃어버리므로 신선한 효소를 매 주기 첨가해야만 하는 지루한 과정이었다. 그러나 *taq* 중합효소에 의해 중요한 기술상의 진보를 가져왔다. 태그(*taq*) 중합효소의 적정온도는 72℃나 94℃에서 상당 기간 안정하며, 반응 초반에 한 번 넣으면 증폭 주기 전 기간에 활성을 유지하고 있을 것이다. PCR을 위한 시간과 온도 주기가 프로그램된 가열대를 지닌 열주 기계를 사용하게 됨으로써 PCR을 위한 시간과 온도 주기가 프로그램된 가열대를 지닌 열주 기계를 사용하게 됨으로써 PCR의 자동화가 개발되었다. 이제 PCR을 위한 재료를 열주 기계에 넣기만 하면 반응은 아무런 인력의 개입 없이 일어날 수 있다.

2) PCR을 사용한 미지 서열의 클로닝 전략

PCR(polymerase chain reaction, 중합효소연쇄반응) 기술은 기본 PCR(Basic PCR), 고정 PCR(Anchored PCR), 역 PCR(Inverse PCR) 등이 있다.

3) 시퀀싱에 PCR 사용

모든 DNA처럼 PCR에 의한 이중사슬 DNA 산물도 서열분석을 할 수 있다. 그러나 한 사슬 DNA가 생어(Sanger)의 종합종결법(dideoxy method)인 사슬 종결법에 좋은 주형이기 때문에 비대칭적 PCR이라 불리는 기술이 고안되어 한 사슬 DNA를 만드는 데 사용된다. 두 개의 프라이머 농도 차를 100배 정도가 되도록 하는 것을 제외하고는 통상적인 PCR로 실험을 시행하였다. 이중사슬 DNA 절편은 제한적인 프라이머가 완전히 소모될 때까지 계속 생산된다. 나머지 프라이머는 접합과 DNA 합성을 계속하여 두 사슬 중 오직 하나만을 만들게 된다 이 사슬의 집합은 지수함수적이 아닌 선형함수적으로 늘어나지만 충분한 양의 한 사슬 DNA가 서열분석을 위해 만들어진다.

4) PCR에 대한 몇 가지 고려 사항

대장균 DNA 중합효소가 작용하는 낮은 온도에서는 프라이머가 표적 염기서열과 약간 다른 염기서열이 있는 위치에서 결합할 수 있다. 잘못 짝지어진 프라이머가 DNA의 반대편 사슬에 가까워졌을 때 증폭이 일어날 수 있다. 프라이머와 정확한 상보적 염기서열이 합성된 절편에 포함되기 때문에 프라이머와 정확하게 짝 지워지는 끝을 가진 필요치 않은 염기서열이 만들어진다. 이와 같은 PCR의 초기 주기에서 합성된 "부정확한" 절편은 계속되는 주기에 효과적으로 증폭될 수 있다. 다른 대부분의 생화학적 반응에서처럼 ENA 복제도 완벽한 과정은 아니고 간혹 DNA 중합효소가 복제 중인 DNA 사슬에 부정확한 뉴클레오타이드를 들어가게 한다. 정상 복제 중인 DNA 분자에서 이런 잘못은 약 10^9 뉴클레오타이드 중에 한 개가 생기는 비율로 나타난다. 이러한 정확성을 세포가 갖게 되는 것은 DNA 사슬에 생기는 부정확하게 들어간 뉴클레오타이드를 제거하는 DNA 복제기구가 있기 때문이다. 생체 외에서 *Taq* 중합효소는 이러한 "교정" 능력을 갖추고 있지 않다. 그러므로 PCR의 전형적인 온도와 염 농도를 사용하면 이 효소는 2×10^4 뉴클레오타이드 당 한 개의 잘못된 뉴클레오타이드를 포함하게 된다. 이것은 PCR

산물의 다량 분석에서는 심각한 문제는 아니다. 왜냐하면 부정확하게 들어간 뉴클레오타이드로 이루어진 같은 분자는 합성된 전체 분자의 총수에 있어서는 적은 부분을 차지하게 될 것이기 때문이다. 그러나 만약 PCR 절편을 클로닝에 사용할 것이라면 잘못 들어간 것은 심각한 문제를 일으킨다.

5) 유전자 지도 작성을 위한 PCR 사용

DNA 시퀀스(sequence)의 자연적 변이체를 몇 가지 방법으로 찾을 수 있는데, DNA를 직접 염기서열분석을 하여 비교하는 것, RFLP(restriction fragment length polymorphism) 분석법은 제한효소의 특성 즉 DNA의 특정 염기서열에 대한 인지 부위를 인식하는 능력을 이용하여 DNA를 절단하고, 전기영동 함으로써 DNA 단련을 크기에 따라 분리하는 방법으로 비교하고자 하는 DNA 간에 염기서열의 차이(염기치환, 결실 및 삽입 등에 의한 다형성)가 있다면 제한효소로 절단된 DNA 단편의 크기의 차이로 검출하는 방법이다. 그러므로 DNA를 특정 제한효소로 절단하여 생성된 단편들은 제한효소별로 각각의 DNA에 대한 특이성을 가지게 되며 특정 DNA에 대한 특이 지문 "DNA fingerprint"로 이용될 수 있는 것이다.

5. 유전자 식별

유전자 라이브러리는 어떤 클론이 어떤 특정 염기서열을 지니고 있는지를 알려주는 카탈로그가 없으므로 원하는 염기서열을 지닌 집락을 선발하는 단계가 있다. 우리는 이런 염기서열과 상보적인 핵산 프로브를 이용하여 이 염기서열을 지닌 것을 직접 선발할 수 있다. 이 염기서열의 일부는 이미 알려져 있을 수도 있고 또는 정제된 단백질의 아미노산 서열로부터 추론할 수도 있다. 한편 클론된 유전자에 의해 만들어지는 단백질의 선발은 이 단백질에 대한 항체를 사용하거나 단백질의 기능에 대한 분석을 수행함으로써 이루어질 수 있다.

1) 유전자 산물에 의한 식별

(1) 항체를 이용한 제품 검출

파지 입자가 만들어진 다음, 이 유전자 라이브러리를 박테리아 균총에 배양하는 것이 검출 과정의 첫 단계이다. 유전자 라이브러리를 배양한 결과로 한 벌의 한천 배지 판에서 클론된 DNA 절편을 지닌 수십만 또는 백만 개의 파지 플라크나 박테리아 집락을 얻게 된다. 유전자 라이브러리를 배양한 후에 니트로셀룰로스(nitrocellulose) 여과지나 나이론 막을 이용하여 모방물을 만든다. 이 과정은 각각 플라크나 집락을 니트로셀룰로스에 옮기는 것으로 원래의 배지 판에 있는 플라크의 형태가 여과지 상에서도 같이 나타나도록 하는 것이다. 이 니트로셀룰로스 모방물을 핵산 프로브나 항체와 반응시켜 검출되도록 한다. 검출의 가장 직접적인 방법은 잡종화를 위한 핵산 프로브를 사용하는 것인데 이는 찾고자 하는 것의 염기서열을 알고 있어야만 한다. 유전자 일부분이 이미 클론되어 있는 예도 있어서는 이것으로 시발 클론이 지니고 있지 않은 나머지 염기서열을 지닌 클론을 찾는 데 사용될 수 있다. 다른 예도 있어서, 즉 매우 유사한 유전자가 이미 클론되어 있다면 이것에는 찾고자 하는 유전자와 부분적으로 일치된 서열을 지닌 것이므로 잡종화할 수 있는 조건을 찾기만 하면 이를 프로브로 사용할 수 있다.

(2) 아미노산 서열을 사용하여 합성 올리고뉴클레오티드 프로브 생성

클론을 검색할 핵산 프로브가 없을 때는 이 유전자에 의해 만들어지는 단백질의 서열을 근거로 하여 디자인하고 합성할 수 있다. 올리고뉴클레오티드는 아미노산에 상응하는 코돈을 찾아 합성된다. 그러나 아미노산 대부분은 두 개 이상의 코돈을 가지고 있다. 예를 들면, 시스테인(Cys), 아스파트산(Asp) 및 글루탐산(Glu)은 두 개의 코돈에 의해 읽힌다. 그러므로 정확한 DNA 서열로 됐는지를 확인하기 위하여, 올리고 뉴클레오타이드는 이 모호한 위치의 모든 뉴클레오타이드 전구체를 지닌 혼합물로 합성한다. 그러므로 합성 올리고 뉴클레오타이드는 6개의 아미노산을 암호화하는 모든 가능한 서열인 서로 다른 8개의 올리고 뉴클레오타이드의 혼합물이다. 프로브의 혼합물의 복잡성을 덜기 위하여 18개 뉴클레오타이드 대신 17개의 서열을 사용하였는데 이는 마지막 코돈의 3번 위치는 퇴화성이기에 생략되었다. 이들 중 하나가 유전자와 완전히 상보성일 것이다. 계속되는 6개보다 많은 수의 아미노산을 알고 있다면, 다른 전략으로 더 긴 길이의 유일한 염기서열을 지닌 올리고 뉴클레오타이드인 게스머(guessmer)를 합성하여 사용하는 것이다. 이 서열은 코돈 사용 빈도와 다른 염기를 고려하여 선택한다. 게스머(guessmer)는 목적하는 서열과 완전하지는 않지만, 상당히 많은 상보성을 지닐 것이다. 만약에 상보성의 길이가 10~12kb처럼 길다면 게스머(guessmer)의 잡종화는 강하게 일어나 옳은 클론을 식별하기에 충분할 것이다.

2) 염기서열 특성에 따른 유전자 동정

(1) 이종 프로브(Heterologous Probes)를 사용하여 특정 서열 검출

일단 하나의 cDNA 절편을 지닌 플라스미드가 얻어졌을 때, 그것이 원하는 단백질을 코드하는지를 어떻게 하면 알 수 있을까? 한 가지 방법은 cDNA의 뉴클레오타이드 서열을 결정하는 것인데, 이 서열 결정법은 이제 기본적인 실험법으로 손쉽고 명료하게 할 수 있는 것이 되었다. 단백질 서열이 알려지면, 뉴클레오타이드 서열로부터 아미노산 서열로의 번역이 가능하므로 cDNA가 원하는 단백질을 암호화하는 것인지를 신속히 밝힐 수 있게 된다. 한편, 1차 아미노산 서열의 자료가 알려지지 않은 경우, cDNA 클론으로부터 뉴클레오타이드 서열의 결정은 이것이 원하는 단백질과 명확히 일치하지 않을 수도 있다.

(2) 차별적선발(Differential Screening)

분화 잡종 형성은 일반적인 조절 메커니즘과 관련이 있는 유전자군을 클론하는데 사용하는 기술이다. 그 유전자들은 구조적으로 다를 수 있지만 같은 세포 조건으로 모두 발현된다. 특이 조직에서 발현되는 유전자, 세포주기 중 어떤 특정 시기에 발현되는 유전자 및 성장인자에 의해 조절되는 유전자들이 예가 된다. 이 기술의 기본은 두 개의 세포 집단이 만들어내는 것에 의존하는데 하나는 유전자가 발현되는 집단, 다른 하나는 발현되지 않는 집단이다. 이대 개개의 유전자에 대한 특정 정보는 필요하지 않다.

예를 들면, 휴지상태의 세포에 혈청의 첨가로 자극을 두었을 때 발현되는 유전자군을 분리하는 데 사용된다. 혈청을 처리한 세포로부터 poly(A) RNA를 분리하여 cDNA 유전자 라이브러리를 하였고, 이 파지 유전자 라이브러리를 배양하여 두 장의 니트로셀룰로스 여과지에 옮겼다. 이 여과지 중 한 장은 혈청을 처리한 세포로부터 얻은 RNA를 역전사하여 준비한 방사성 동위원소로 표지된 cDNA 프로브와 잡종화하였다. 나머지 한 장은 처리하지 않은 휴지상태의 세포에서 준비한 표지된 cDNA와 잡종화하였다. 전자의 프로브와 더욱 강하게 잡종 형성이 이루어진 클론을 식별해낸다. 이들 클론이 혈청에 의해 유도된 mRNA들을 지닌 것으로 결정된다.

3) 유전자 산물의 기능에 따른 유전자 동정

원하는 단백질이 발현되는 클론을 정하는 또 다른 방식은 단백질의 기능을 분석하는 방법을 사용하는 것이다. 예를 들면 칼슘과 결합하는 단백질인 칼모듈린(calmodulin)과 강한 결합체를 이루는 단백질을 암호화하는 유전자는 이러한 방법을 사용하여 분리되었다. 생화학적 연구는 칼슘 존재하에서 칼모듈린이 수많은 효소와 안정된 복합체를 이룬다는 것을 보여주고 있다. 방사성 동위원소로 표지된 칼모듈린이 생체 외에서 칼모듈린과 결합할 수 있는 단백질을 발현하는 클론을 식별하는 프로브로 사용되었다. 이 방법으로 새로운 Ca^{2+} 칼모듈린은 의존성 단백질 인산화효소(protein kinase)의 한 소단위를 암호화하는 뇌 특이적 cDNA를 찾아냈다. 이 과정을 약간 변형시킨 방법을 사용하여 유전자 발현을 조절하는데 관여하는 DNA 서열과 결합하는 단백질에 대한 cDNA들을 찾아내는 발현 클로닝을 하였다. 단백질-결합 부위를 포함한 표지된 DNA 절편으로 cDNA 유전자 라이브러리를 검색하였다.

4) 유전자의 분자 태깅(Molecular Tagging of Genes)

코인터그레이션(cointegration) 방법이 T-DNA, Ti 플라스미드와 아그로박테륨(*Agrobacterium*) 계의 유전자 운반에 최초로 사용되었다. 이 방법은 Ti 플라스미드와 같은 대형의 DNA를 조작하는 문제점을 극복하기 위하여 고안된 것이다. 처음에는 T-DNA는 전형적인 대장균(*E. coli*)의 벡터의 첫 번째 위치에, 식물의 유전자는 두 번째 클로닝 위치에 각각 클로닝 한다. 이렇게 제조된 벡터를 안전한 Ti 플라스미드를 가진 아그로박테륨(*Agrobacterium*)에 도입하여 제조한 벡터와 안전한 Ti 플라스미드 간의 상동 부위에서 재조합이 일어난다.

이런 아그로박테륨이 식물체에 감염하면 재조합 플라스미드가 식물세포로 운반된다. 이 과정에 사용된 대장균(*E. coli*)의 플라스미드는 Ti 플라스미드의 일부가 되기 때문에 삽입 플라스미드라고 한다. 재조합 플라스미드를 가진 아그로박테륨(*Agrobacterium*)을 선별하여 식물세포에 감염시킨 후 T-DNA를 가진 식물세포의 선별은 카나마이신(kanamycin) 내성 NPT II 등으로 검색한다. 양성을 나타낸 세포는 클로닝 된 유전자를 가지고 있다.

6. 미래전망

DNA 재조합과 DNA 염기서열 분석 기술은 유전자를 클로닝하고 특성을 밝히는 도구가 된다. 단순히 염기서열 분석만으로도 게놈(genome) 유전자의 구성을 알 수 있고 전사 조절요소와 같은 기능서열도 여러 유전자의 염기서열을 비교하여 찾아낼 수도 있다. 그러나 유전자의 구조와 기능을 더 깊이 연구하기 위해서는 유전자의 염기서열을 변화시키고 변화된 서열이 유전자 기능에 미치는 영향을 알아내는 것이 필요하다.

재조합 DNA 기술 이전의 수 세기 동안 위와 같은 연구는 새로운 특징을 가진 돌연변이종을 이용하는 고전적 유전학에 따라 수행되었다. 돌연변이종의 유전적 특성으로부터 유전자의 구조와 기능에 관한 정보를 알아낼 수도 있었다. 그러나 이러한 연구 방법은 적용 범위가 국한되었다. 재조합 DNA 기술은 이와 같은 모든 문제를 변화시켰다. 즉 유전자의 분리, 유전자 서열의 변경, 변경된 유전자의 역할 등에 대한 조사 기술 능력은 종래 고등생물의 유전분석 방법에 대변혁을 가져왔다. 고전적 유전학과는 달리 현재는 복귀 유전학, 즉 유전구조에서 기능연구와 같은 새로운 연구 방법이 재조합 DNA 기술로 가능하게 되었다. 특히 농업에 중요한 식물체의 개발에 있어서 더욱 발전할 것이다.

제6절 형질전환

1. 서론

식물체에 유전자 전이는 다양한 생물학적 문제에 의해 제한된다. 식물체의 세포벽은 DNA 분자를 위한 완벽한 장벽이며 트랩(trap)이다. 사실상 난자세포(egg cell), 정자세포(sperm cell) 그리고 접합자(zygote)는 얻기 어렵다. 전배아(proembryo)는 매우 작고 딱딱한(solid) 조직 안에 둘러싸여 있다. 숨어 있는 분열조직의 작고 어린 세포들은 기능성유전자(functional gene)의 완성에 충분치 않을지도 모르는 생식세포계열(germline)에 기인한다. 조직 전체로 퍼지고 외부 DNA를 완전하게 보호하는 종양 바이러스는 알려지지 않았다. 우리는 단지 하나의 가능한 기능적인 생물학적 벡터시스템(vector system)을 가진다. 이것은 농업적으로 가장 중요한 그룹(group)들이나 작물의 재배종들과 함께 연구 되지는 않는다. 형질전환식물(transgenic plants)의 재분화는 대부분 체세포의 전체형성능(totipotency)에 의존한다. 그리고 어떤 식물세포가 전체형성능일지라도 대다수는 아닐지도 모른다. 의외로 이러한 형질전환 식물의 재분화를 방해하는 문제들의 긴 목록에도 불구하고 형질전환 식물의 생산은 효율적이고 상례적이다. 그러나, 불행하게도 일부 선발된 모델 식물 종과 품종에 제한된다.

식물육종에서 유전자기술의 효과적인 응용은 그들 품종동일성(varietal identity)를 유지하려는 독립적인 형질전환 식물의 충분한 수의 회복(recovery)을 위한 효율적이고 상례적인 절차(procedure)이 여전히 아쉽다는 사실에 의해 여전히 제한적이다. 그러나 발전된 새로운 방법이나 현존하고 있는 것에 대한 개량을 위한 노력이 계속되고 있어서 유전자기술은 미래 식물육종에서 상례적인 과정이 될 것이다. 달성된 성공은 만약 어떤 희망하는 작물의 어떤 주어진 품종에 쉬운 유전자를 전이하는 것 같은 이상적인 상황에 반하여 측정된다면 작게 고려될 것이다. 그러나 첫 형질전환 식물을 회복(recovery)한 이래로 그 진보는 인상적이다.

2. 식물육종과 생물공학 기술

농업에 있어서 기존의 육종방법은 멘델법칙에 기반을 두고 많은 발전이 있을 것이다. 그러나 기존의 육종방법은 육종 연한이 길고 생산비용이 많이 들며 육종에 이용되는 유전자가 적다. 그래서 기존의 육종방법으로는 육종의 큰 발전을 기대하기는 어렵다. 이러한 취약점을 보완할 수 있는 기술이 생명공학의 이용이다. 식물육종에서의 생물공학의 이용은 여러 분야, 예를 들면 내병, 내염, 내한성에 대한 유전자를 클로닝(cloning) 하여 이를 식물체에 직접 도입시킴으로서 저항성이 강한 품종을 단시일 내에 얻을 수 있다. 생산량 확대와 재배 지역 확대(환경극복), 노동력 감소, 경비 절감 등 농업 생산적 측면에서 유리한 조건을 제공함으로 육종에 생물공학 기술의 도입은 필요하다고 하겠다.

3. 식물육종에서의 생물공학 기술의 적용 분야

1) 저항성 품종

내병성, 내충성, 내염성, 내한성 들의 유전자를 클로닝(cloning) 하여 이를 식물체 내로 도입시킴으로서 생산량 확대, 환경극복에 의한 재배 지역 확대, 노동력 감소, 경비 절감 등 농업 생산적 측면에 많은 유리한 조건을 제공한다.

2) 새로운 신품종의 창성 가능

세포의 노화를 방지하거나 개화 시기 조절, 중금속오염방지, 과실 함유 물질 조절, 종자저장 단백질 조절에 관여하는 유전자를 클로닝(cloning)하여 식물에 도입하는 것이 가능하다면 새로운 신품종의 창성이 가능하다.

3) 조직배양기술 이용

조직배양기술을 이용하여 무병주 생산, 반수체의 육성, 인공종자의 개발, 대량 급속 증식, 유전자원의 보호를 할 수 있다.

4) 산업적 이용

자연계에서 클로닝(cloning)된 유전자의 2차 대사 산물을 이용하여 의약품, 식료품, 화장품 등 다양한 분야에 이용할 수 있다.

4. 식물체 형질전환

병원균이 기주에 감염되어도 바로 병이 나는 것이 아니라 상당한 잠복기를 거쳐야 하며 그 이후에도 기주의 건강 상태나 저항력에 따라 병 발생 양상이 다르며, 병원균과 함께 기주에도 병을 일으키는데 필요한 유전자가 있는 것은 유전자대 유전자(gene for gene)가설로 알려져 있다. 병원성인 폐렴쌍구균의 배양액을 고압 멸균시킨 뒤 비병원성 균주에 첨가하였더니 비병원성 균주에서 병원성 형질로 전환된 세균이 생성되었다는 그리피스(Griffith)의 발견이 1940년대 미국의 에이버리(Avery) 등에 의해 DNA에 의해 일어나는 것으로 확인되었으며, 이 DNA가 바로 유전물질이라는 것도 잘 알려져 있다. 외래유전자를 받아들인 세포가 그 유전자의 특성을 보이는 현상을 형질전환이라 하는데, 때로는 유전자를 받아들이는 것만도 형질전환이라고 한다.

1) 유전자 전달 프로토콜의 생물학

어떤 생물학적 제한은 세포 내에서 외부유전자의 운명과 인도에 영향을 미칠 것이다. 그들 한계에 대한 고찰은 어떤 접근을 위한 문제를 이해하는 데 도움이 될 것이다. 그리고 진보된 실험을 설계하는 데 도움이 될 것이다. 모든 식물체 세포들이 전체형성능이 아니다. 그리고 식물은 그들 트리거(trigger)에 응하는 재능이 다르다. 형질 전환된 식물은 완전한 형질전환 그리고 재분화 양쪽 모두에 알맞은 세포로부터 재분화한다.

식물조직은 많은 다른 반응에 적정한 반응을 하는 능력을 갖춘 세포들의 개체군이 혼합돼 있다. 상황에 따른 형질전환체의 복구를 위한 본질적인 능력 상태의 고려는 중요하다. 식물조직에서 매우 작은 소수의 세포는 형질전환과 재분화 모두에 알맞다. 조직에서 세포 집단의 상대적인 구성은 종과 표현형, 기관의 형태, 기관의 발달상태와 기관 안에 조직영역에 의해 결정되고 실험 식물의 특별한 히스토리(history)에 의해 결정된다. 유용한 상태에서 재분화를 위해 가능성 있는 알맞은 세포로 변하기 쉽게 하려면 가장 효과적인 트리거(trigger)는 기계적인 상처이다. 상처에 대한 반응은 아마도 체세포로부터 분열 증식과 재분화를 위한 생물학적 기초일 것이다. 같은 식물의 다른 세포에서 그러한 것처럼 그들의 상처에 대한 반응은 식물의 종마다 다르다. 벼과 식물 종 특히 곡류와 옥수수는 상처 반응에 매우 미발달되어 있다. 어떤 유전자형에 대해서 이 상태를 유지하기 위한 실험조건 아래에서 재분화를 위해 분열하고 있는 조직의 사용이 가능하다. 이러한 세포배양은 형질전환을 완전하게 하기 위한 능력과 재분화를 위한 세포의 능력을 포함한다. 식물조직은 기능성 유전자(functional gene)의 크기의 DNA 분자를 위한 효과적인 장벽과 트랩(trap)이 있다. 그러므로 유전자(gene)는 아그로박테륨, 바이러스, 미세주입(microinjection), 유전자총(biolistics) 방법에 의해서만 식물 세포벽 안으로 운반될 수 있다. 그러므로 형질전환 식물의 생산에는 형질전환과 재분화를 완전하게 하려면 세포 안으로의 효율적인 유전자 전이를 요구한다. 형질전환의 완전한 발현을 위해 분명하게 일시적 발현의 능력은 거의 관계가 없다. 비바이러스성 DNA(non-viral DNA)는 숙주 게놈(host genome) 안으로 통합될 수 있다. 세포 안에서 이것의 존재는 통합된 것을 확인시켜주지는 않는다. 이것은 세포에서 세포로 이동하지 않고 세포로 인도되는 데에 제한된다.

바이러스성 DNA(viral DNA)는 매우 높은 copy 수로 존재할지라도 숙주 게놈 안으로 통합되지 않는다. 바이러스성 RNA 같은 DNA는 세포에서 세포로 움직인다. 그리고 식물체 전 조직을 통하여 퍼진다. 이것은 분열조직(meristem)과 생식세포계열(germline)으로부터 차단된다. 형질전환 작물의 회복은 멘델법칙에 따라 유전되는 외래유전자의 형질전환 식물은 담배, 페튜니아, 애기장대 같은 모델 식물에서뿐만 아니라 작물에서도 많이 있다. 도입된 유전자들은 컬러 마크(colour marker) 또는 항생제 저항성을 조절하는 것 같은 모델 유전자뿐만 아니라 바이러스 저항성이나 제초제 저항성, 웅성불임, 과실숙성 등 농업적으로 흥미 있는 특성들을 포함한다.

2) 유전자 전달 방법에 대한 문헌 평가

형질전환 식물의 생산 방법을 기술한 문헌은 오히려 경험이 없는 독자뿐만 아니라 포장에서 작업하는 경험 있는 과학자들에게도 당황하게 하고 혼동케 만든다. 많은 저자들이나 편집자 발행인들은 형질전환 식물이 있다는 것 보다 효과적인 방법에 대해 더욱 요구될 것 같은 직설적인 증거와 인공물로 오해시키고 낙천주의로 혹하게 했다. 이 실험의 기본에서 완전한 형질전환에 대해 공식화하거나 믿기 전에 증거를 설립하는 것을 고려하여야 한다. 실제 형질전환 식물 다수의 예로부터 우리는 증거로 구성되는 것을 이끌 수 있다. 유전형이나 표현형 어느 것도 단독으로는 물리적 데이터(data)로 받아들여지지 않는다. 완전한 형질전환을 위한 증거로 다음과 같은 것을 요구한다. 처리와 분석을 위한 조절과 처리와 예견되는 결과와의 정확한 관련, 물리적인 자료와 표현형적인 자료와의 정확한 관련, 완벽한 서든 분석, 위양성 변환과 올바른 변환 사이의 구별을 허용하는 데이터, 성적 자손에게 전달되는 물리적 및 표현형 증거의 상관관계 (7) 자손 개체군의 분자 분석. 이들 증거를 바탕으로 유전자 전달(gene transfer)을 나타내는

데 단지 4가지 방법만이 성공하였다. 이들은 아그로박테륨 매개 유전자 전달(*Agrobacterium*-mediated gene transfer), 원형질체 기반 직접 유전자 전달(protoplast-based direct gene transfer), 미세주입(microinjection), 유전자총(biolistics) 방법이다. 이들 방법은 각각 그들의 특별한 장단점을 가진다. 이 방법 중에 모든 실질적인 문제를 풀기 위한 잠재성을 가진 단일의 방법은 없다. 식물체를 형질 전환하려면 이러한 유전자를 식물체 내로 도입시켜주는 식물유전자 운반체가 있어야 한다.

3) 식물유전자 운반체

식물체를 대상으로 한 유전자 운반체는 1980년대에 들어와서 개발되었으며 근본적인 요소들은 대장균 등의 미생물체를 대상으로 한 유전자 운반체와 맥락을 같이 한다. 그러나 식물체는 미생물체와 달리 뚜렷한 외부 보호기관을 가지고 있으며 세포 수준에서도 세포벽을 가지고 있는 등 유전자 운반체가 성공적으로 식물체 또는 식물세포에 도입되어 증식되기 위해서는 미생물체에 비해 더욱 까다로운 구조를 하고 있다. 그리고 식물세포에서는 아직 미생물체에 비해 더욱 까다로운 구조를 하고 있다. 그리고 식물세포에서는 아직 미생물에서와 같이 복제 시작점이 클로닝 되어 있지 않아 식물세포에 유전자가 도입된 후 스스로 복제할 수 있는 능력을 갖추는 플라스미드 형태의 유전자 운반체의 조립은 가능하지 않다. 이상의 이유로 인해 식물체를 대상으로 한 유전자 운반체는 더욱 광범위하게 정의되어야 한다. 식물유전자 운반체는 현 단계에서는 식물체 내에서의 복제 능력보다는 식물세포의 염색체 내로의 효율적인 삽입과 안정적인 유지 여부에 더 많은 초점이 맞추어지고 있다.

5. 식물유전자 운반체의 기능

유전정보는 DNA로 구성되어 있으며 DNA의 염기서열이 바로 유전암호로서 생물의 특성을 직접 지배한다. 유전자에는 이런 특성이나 형질을 지배하는 신호뿐만 아니라 유전자 자체의 복제에 대한 신호도 함께 있어서 세포분열 시 염색체 복제에 필요한 DNA 복제가 이루어진다. 따라서 목표 형질 유전자를 대상 식물세포 속에 넣어 주는 것만으로는 불충분하며 유전자 운반체는 대상 세포 내에서 복제에 필요한 신호 등을 갖추어서 삽입된 목표 유전자가 안전하게 유지되고 세포분열 후 발생 된 딸세포에서도 계속 유지되도록 해야 한다. 따라서 유전자 운반체와 결합(또는 삽입) 되어야 하며 또 결합한 재조합 유전자를 증폭시키거나 확인하는 것은 대장균을 이용하는 것이 대부분이므로 대장균 내에서 유지(복제) 기능도 있어야 한다.

6. 식물유전자 운반체의 구비조건

1) 유전자 삽입을 위한 제한효소 특정 클로닝 부위(cloning site)

특정 제한효소에 대한 절단 부위가 그 유전자 운반체에 1개만 있는 경우보다 가능하면 여러 가지 제한효소 절단 부위가 함께 모인 것(multiple cloning site, 다중클로닝 부위)이 이용에 편리하다.

2) 유전자 운반체 도입 세포를 확인, 선발하기 위한 선발 표지 형질

항생제 등 약제 내성 Gus(glucuronidase)나 이를 확인하기 위한 기질인 X-gal과 같은 발색 유전자, 영양 요구성 돌연변이체에 대한 비타민이나 아미노산 대사 관련 유전자로서 도입 세포의 특성과 구분되는 우성형질이 있어야 한다.

3) 유전자 복제 개시점

삽입된 유전자가 대상 세포 내에서 유지되기 위해서는 대상 세포의 핵, 엽록체 또는 미토콘드리아의 염색체 속에 삽입되거나 플라스미드나 바이러스와 같이 독립적으로 복제(replication) 기능을 갖추어야 한다. 독립적으로 존재하기 위해서는 복제를 위한 신호인 복제 개시점이 있어야 하는데, 복제 개시점에 따라 효율에 차이가 있어서 대상 생물 종에 따라 기능을 발휘하는 것이 다르며 세포 내에서의 복제 효율이 다르다.

4) 유전자 운반체의 크기

유전자를 운반체에 삽입시키려면 제한효소로 절개하여야 하는데 유전자 운반체의 크기가 작을수록 특정 제한효소 절단 부위를 만들기 쉽다. 같은 복제 개시점을 갖는 유전자 운반체의 경우 크기가 작을수록 세포 당 복제 수가 많다고 생각된다. 유전자를 분리하고 정제함에서의 조작 편이성과 안정성이 분자량이 적을수록 좋으며, 코스미드의 경우는 운반체가 작을수록 삽입할 수 있는 DNA의 크기가 커진다.

7. 식물유전자 운반체의 종류

식물세포 내로 삽입된 DNA가 안전하게 유지되기 위해서는 핵, 엽록체, 미토콘드리아의 염색체 속에 있거나 바이러스와 같이 독립된 복제단위(replicon, 레플리콘)로 존재해야 하므로 각각의 경우에 맞는 기능을 갖는 운반체가 이용되어야 한다. 핵 내 염색체로의 유전자 전환을 위해서는 아그로박테륨(*Agrobacterium*)의 Ti 프라스미드에서 유래된 운반체와 DNA를 대장균을 이용하여 증폭시킨 상태로 직접 이용하는 직접 전환용 운반체가 쓰이고 있다. 엽록체의 염색체를 형질전환 시키기 위해서는 엽록체에 대한 동형유전자 조합을 위한 타겟시퀀스(target sequence)를 갖는 Ti 프라스미드 유래 운반체나 직접 전환용 운반체가 쓰이고 있으며, 선발표지 형질이 개발되고 있다.

미토콘드리아의 형질전환을 위해서는 연구 중이긴 하나 아직 명확한 결과는 없는 것 같다. 독립적인 복제원으로서 존재하기 위해서는 바이러스의 기능을 이용하는 방안을 들 수 있으며 이를 위해 꽃양배추모자이크바이러스(cauliflower mosaic virus, CaMV)나 제미니(gemini, 식물에 감염하는 두 가지 바이러스 중의 하나로 여기에 속하는 바이러스는 일부 고등식물의 클로닝벡터(cloning vector, 목적 유전자를 삽입하여 복제가능한 벡터)로 이용될 가능성이 있음) 바이러스 등의 두 가닥 또는 단일 가닥 DNA 바이러스와 같은 RNA 바이러스가 연구되고 있다.

8. 식물형질전환의 방법

세포는 고유 유전자를 보존하기 위해 핵산 분해효소의 생산을 위시한 여러 가지 작용을 영위하고 있지만, 외부환경에 대한 적응을 위해 외래 유전자를 도입한 징후도 있다. 다만 외부유전자의 직접전환 예가 많고 좋은 것은 보존기능이 더욱 강화되어 있기 때문으로 생각된다. 형질전환 방법을 크게 나누면 세포의 외래 고분자 -흡착기능 인위적인 삽입으로서의 물리화학적처리 그리고 자연 상태에서의 감염 등을 들 수 있으며 현재까지 시도된 실례는 다음과 같다.

고분자 흡착기능 이용은 건조 종자나 배의 DNA 용액 내 침지배양, 조직, 세포의 DNA 용액

내 배양, 원형질의 DNA 용액 내 배양이다. 인위적 삽입처리는 화학적처리 PEG(polyethylene glycol) 처리, 리포솜(liposome) 처리, 리포솜(liposome) 주입, 물리적 처리로 마이크로레이저(microlaser), 조직으로의 전기영동, 유전자 총(biolistic, particle gun), 미세주입, 대량주사법(macro injection), 전기천공법(electroporation), 생물학적 방법(자연적 감염체), 아그로박테륨(*Agrobacterium*), 바이러스(virus) 등을 이용하고 있다.

1) 생물적 방법

(1) 아그로박테륨(*Agrobacterium*) 이용 형질전환

자연적으로 식물을 감염하는 뿌리혹병균, 근두암종병균인 아그로박테륨(*Agrobacterium*)은 쌍자엽 식물에 종양을 일으키며, 이 종양 형성이 아그로박테륨(*Agrobacterium*)의 고유 유전자를 식물의 세포 속에 전이시켜 식물의 유전자로서 발현시키기 때문에 일어나는 것이 확인됨에 따라 이 기능이 널리 쓰이고 있다. 유전자가 식물세포의 핵 염색체에 전이되며 Ti-plasmid의 T-DNA 부분이 거의 정확히 전이된다는 장점이 있다. 자연 상태에서 아그로박테륨(*Agrobacterium*)의 기주 범위가 단자엽 식물에 제한된다는 점이 제약되었으나, 최근에는 단자엽에 대한 이용보고가 증가하고 있다. 세포질 내 미소 기관인 엽록체의 염색체에 대한 형질전환에도 일부 보고되고 있으나 널리 받아들여지고 있지는 못하다.

(2) 바이러스

주로 2중 나선 DNA 바이러스인 CaMV와 제미니 바이러스(gemini virus)가 연구되었으나 RNA 바이러스인 담배모자이크바이러스(TMV)의 이용도 보고되고 있다. 바이러스의 전신 감염 기작과 세포 내 증식에 따른 카피 수가 많아서 유전자의 발현이 높으리라는 기대를 받고 있으나 종자를 통한 후대 전달 등에 문제가 있다.

2) 물리적 방법

대량의 DNA를 식물세포 속에 주입하게 시킨 뒤 자체 방어체계에 의해 파괴되고 남은 DNA가 세포 주기 중의 특정 시기에 세포 속의 염색체로 삽입되는 것을 기대하는 방법으로서 자연적인 감염체제가 확립되지 않은 식물 종이나 세포 내 미소 기관으로의 유전자 전환에 주목적이 있다. 목표 유전자 이외에 운반체의 DNA의 상당한 부분이 함께 전이된다는 점이 약점이다.

유전자 총, 전기충격, 미세주입법, 대량 주입법 등을 들 수 있으며 화학적 방법으로는 폴리에틸렌글리콜(polyethleneglicol, PEG), 리포솜 이용 등을 들 수 있다.

(1) 유전자총(Biolistics)

유전자총 방법은 짧은 역사와 유전자 도입에 의한 식물의 형질전환 기술 중에서도 가장 최근에 개발된 기술이나 많은 파급효과를 가지고 있다. 입자충격(particle bombardment) 기법이라고도 불리는 본 기술은 작은 금속 입자를 외래 유전자에의 내부 또는 외부에 덮어씌워 식물에 쏘므로 원하는 유전자를 식물세포 내로 도입하고 그 결과 식물의 형질전환을 이루고자 하는 기법이다. 1988년도에 처음 보고된 본 기법은 급격하게 기술적인 다양성을 이루고 있어 다른 기술로는 불가능했던 다른 종에까지 형질전환 식물체의 개발을 이룩하였다. 유전자총 방법은 사용되는 금속 입자의 여러 가지 성질과 피격(bombard)될 식물체의 상태와 성질이 성공적인 결과를 가져오는데 고려되어야 할 중요한 요소로 손꼽히고 있다. 금속 입자는 식물체를 뚫고 들어갈 수 있을 정도로 무거워야 하고, 활성이 약한 금속이어야 하고, DNA와 섞어서 DNA의 구조를 깨뜨리지 않아야 한다. 현재 적절하다고 판단되는 금속에는 금, 텅스텐, 백금, 팔라듐(palladium), 로듐(rhodium), 이리듐(iridium) 등이 있다. 금속 입자 표면에 DNA나 RNA를 씌우는 과정에는 스페르미딘(spermidine)이나 $CaCl_2$ 등이 보조효소로 사용되고 있다.

대상 식물체의 상태와 성질 또한 매우 정밀히 검토되어야 하며 의존적으로는 두 가지 성질을 가지고 있는 식물 세포들을 대상으로 하여야 한다고 할 수 있다. 첫째, 식물세포는 형질전환 능력을 갖춰야 하고 둘째, 재분화 능력을 갖춰야 한다. 그러나 현재 세포학적 측면에서 이들 성질을 세포 수준에서 구별하는 것은 거의 불가능하므로 조직 수준에서 일반적으로 위의 성질들을 가지고 판단되는 배 조직을 대상으로 하여 주로 시도가 이루어지고 있다. 아울러 적절한 식물조직에 유전자를 도입하기 위하여 유전자총 장치에는 금속 입자의 살포 속도가 정밀히 조절됨이 매우 중요하여 금속 입자 살포 장치의 개량에 큰 노력이 투여되고 있으며 현재로는 방전(electric discharge) 장치가 주로 활용되고 있다. 유전자총 기법은 아그로박테륨(*Agrobacterium*)을 이용한 형질전환 기법이 기능을 하지 못하는 많은 식물체, 특히 단자엽식물들의 형질전환을 이룰 수 있는 새로운 기법이다. 현재로는 도입되는 유전자의 수나 크기를 조절하지 못함으로써 형질전환체를 기내 재분화한 후 여러 번의 역교배를 수행하여야 원하는 형질전환체를 얻을 수 있는 어려움은 있으나, 벼를 위시한 많은 수의 주요 작물의 형질전환에 널리 사용되고 있고 더욱 많은 사용이 이루어질 기법이라고 생각되고 있다. 또한 본 기법은 학문적인 측면에서 유전자의 일시 발현을 목표하는 식물조직 내에서 확인하는 데에 매우 효율적으로 사용될 수 있어 유전자발현의 연구 과정에서 널리 사용되고 있다.

(2) 미세주입법과 미세주입

미세주입법은 동물체의 핵과 세포질과의 상호연관성을 연구하기 위한 노력으로 핵의 치환을 시도함으로써 처음 생물 현상의 연구에 이용되기 시작하였다. 미세주입법은 현미경에 부착된 미세조작기를 이용하여 매우 가늘게 뽑은 유리 모세관을 통해 소량의 물질을 세포의 특정 부위에 주입하는 과정으로서 동물체의 형질전환에는 널리 이용되는 기법이다. 식물체의 경우는 세포벽이라는 두꺼운 장벽이 일반적으로 매우 가는 유리 모세관의 침투를 막는 관계로 세포벽이 제거된 원형질체를 사용하여야 하는 어려움이 있다. 만일 꽃가루를 대상으로 효율적인 미세주사 기법이 완성된다면 그 파급효과는 상당할 것으로 판단된다. 미세주사 법은 비교적 굵은 관을 이용하여 다량의 유전자를 식물조직에 일시에 투여하는 방법으로 원형질체를 대상으로 하여서는 사용 가능한 방법으로 판단되나 세포벽을 가지고 있는 식물조직을 대상으로 하여서는 효용성이 의문시되어 원래의 의도를 성취하기 위해서는 많은 개량이 요구된다.

(3) 리포좀(Liposome)

지질 용액을 DNA나 RNA의 수용액에 떨어뜨리면 지질 간의 소수결합에 의하여 DNA나 RNA 수용액을 소량 함유한 지질소포체(lipid vesicle)가 형성된다. DNA 또는 RNA를 함유한 리포좀은 화학적 성질이 원형질막과 유사하여서 원형질체와 융합을 이룰 수 있으며 또는 미세주입법에 따라 식물세포의 특정 내부기관으로 주입될 수 있다. 따라서 본 기법은 유전자의 세포 내로의 도입 측면에서는 효율적인 기법이라 하겠다.

(4) 전기충격법

전기충격법은 식물 원형질체의 접합을 위하여 고안된 방법이나 식물 원형질체와 동물세포를 포함한 다양한 세포에 유전자를 효율적으로 도입하는 방법이다. 도입을 원하는 DNA가 녹아 있는 수용성 완충액에 식물 원형질체를 넣고 강하고 짧은 전류를 적용하면 순간적으로 DNA가 원형질 내로의 도입이 이루어져 식물 염색체 내로의 외래유전자 도입이 가능해진다. 폴리에틸렌 글리콜(polyethylene glycol, PEG)은 매우 강한 흡수력을 가지고 있으며 고농도의 PEG 용액에 세포가 위치되면 세포막의 변성을 가져다 산간 적으로 PEG 수용액에 첨가된 DNA가 세포 내로의 전달이 이루어진다. 식물세포의 경우는 역시 원형질체가 대상이 되어야 한다. 이 두 방법의 경우 공통적인 어려움은 유전자의 식물세포 내로의 도입이 아니라 원형질체로부터 식물체의 재분화이다.

(5) 식물조직 특성을 이용한 유전자의 도입법들

식물세포의 원형질체에 외래유전자의 도입은 전술된 화학적 방법, 미세주입법, 전기충격법, 식물바이러스를 매개체로 한 도입법 등 다양한 방법에 따라 비교적 쉽게 이루어질 수 있다. 그러나 원형질체로부터 식물체의 재생은 지난 30년의 엄청난 노력에도 불구하고 아직 매우 드물게 이루어지고 있으며, 특히 외래유전자 도입 후 형질 전환된 세포를 선별하기 위하여 기내 재분화 배지에 첨가하는 항생제 등의 선별 표지가 형질 전환된 원형질체의 식물체로의 재분화를 거의 불가능하게 만들고 있는 것으로 판단된다. 따라서 원형질체를 대상으로 한 외래유전자의 도입은 주로 일시 발현 연구에 활용되고 있으며 새로 형질전환 식물체의 개발에 널리 사용되기 위해서는 보다 효율적인 기내 재분화 기법과 선별기법의 발달이 요구된다.

식물체는 시기와 조직에 따라 매우 건조한 부위가 있으며, 이와 같은 건조한 부위는 강력하게 수용액을 빨아들일 수 있다는 현상에 근거하여 새로운 식물체의 형질전환 기법이 시도되었다. 건조한 종자, 특히 배 부위를 DNA 수용액에 담그면 DNA가 건조한 세포 내로 빨려 들어가며 그 결과로 염색체 내로 외래유전자의 도입이 가능하지 않을까 하는 판단하에 실험이 이루어졌고 일부의 성공사례가 보고되고 있으나, 다른 연구진들에 의하여 반복되지 않음이 확인되어 다른 많은 수의 잘못 보고된 형질전환체들과 같이 실험과정의 실수로 판단되고 있다. 식물체의 건조한 조직을 대상으로 외래유전자를 도입하고자 하는 시도는 식물세포벽을 DNA가 통과할 수 없음을 간과한 착상이라고 판단된다. 식물체는 수분과정에서 화분의 핵이 통과하는 경로인 화분관이 형성되어 정자가 난자와 접합이 가능하게 된다.

이와같은 현상에 근거하여 화분관이 형성되어 정자가 난자와 접합이 가능하게 된다. 이와같은 현상에 근거하여 화분관이 형성되고 있는 암술의 위 부위를 절단하고 접합자에 도입하고자 하는 목표 유전자 용액을 적용함으로써 화분관을 통한 유전자의 전달이 시도되어 성공사례가 보고되었으나 반복성 여부가 확실시되고 있지 않다. 화분관은 비어 있는 공간이 아니라 칼로스(callose, 포도당의 중합체)로 급속히 채워지는 관계로 DNA 용액이 통과할 여유가 별로 없을 것으로 판단된다.

제7절 작물육종에서 유전자 기술의 적용

1. 서론

최근 60년이 넘도록 식물육종가는 농작물 개량에 있어서 꾸준한 성과를 거두고 있다. 그 예로 밀, 벼, 옥수수의 약 50%가 수확량이 우수한 개량품종으로 육종되었다. 수확량증가 외에 화학비료와 농작물관리는 품종개량에 한몫한다. 최근의 재조합 DNA 기술은 게놈을 조작(genome manipulation)하고자 하는 육종가의 다양한 요구를 만족하여 기회를 제공한다.

따라서 식물 기술(plant technology)은 농작물 개량에 지대한 영향력을 행사할 것이다. 새로운 식물 기술은 농작물의 유전자풀(gene pool)을 확장하고 다양화시키고자 하는 육종가들의 현행 연구 활동에 추가 적용될 것이고 특정 유전자가 성적 호환성이 있는 유전자풀(gene pool)에서 가치가 있는지 없는지를 밝힐 것이고, 신품종과 잡종 생산에 걸리는 시간을 단축하게 될 것이다.

다시 말해 새로운 식물 기술은 종래에는 다른 품종 혹은 다른 계통 간의 교잡육종에 의해서 우수품종개량이 이루어져 왔기 때문에 점차 이용할 수 있는 유전적 변이가 고갈되어가고 있고, 인공교잡에 의한 품종개량은 성적 화합이었을 때에만 가능하므로 유용한 유전형질의 도입에 많은 장애가 되고 있고, 돌연변이를 이용할 때는 인위적이건 우연 발생적이건 간에 목적으로 하는 유용형질을 지닌 개체를 선발하는 데 어려움이 있으므로 그 필요성이 절실하다. 이장에서는 농작물의 개량을 위한 적절한 유전자 기술에 대해 알아본다.

2. 식물체의 유전공학

유전공학을 이용한 작물개량은 식물세포의 형질전환을 가능하게 하는 연관 유전자와 벡터의 분자적 조작을 기초로 한다. 유전자제어기술은 이미 원하는 수준에서 특정 조직에서 식물 발현 유전자를 분리, 조작, 획득을 위한 다양한 방법을 제시하고 있다. 아래는 키메라(chimeric), 영향력(impact)이 있는 유전자(gene)의 형질 전환된 세포나 딸 식물에 발현됨을 보여준다. 아래 표는 형질 전환된 식물 예를 보여주는 목록이다.

표 2-1 형질 전환된 식물들

작물명	방법	참고문헌
감자	At	Ooms et al(1987)Theor Appl Genet 73,744; Sheerman, Bevan(1988)Plant Cell Rep 7,47
개자리 일종	At	Deak et al(1986)Plant Cell Rep 5,97
꽃양배추	Ar	David, Tempé(1988)Plant Cell Rep 7,88
나팔꽃	Ar	Tepfer(1987)Cell, 37,959
녹두의 일종 (*Vigna aconitifolia*)	At	Köhler et al(1987)EMBO J 6,313
담배	At, FP, PG	Horsh et al(1984) Science 223,496; Paszkowski et al(1984) EMBO J 3,2717; Klein et al(1988)Proc Natl Acad Sci USA 85,8502
당근	Ar	David et al(1984)Bio/Technology 2,73
목화	At	Firoozabady et al(1987)Plant Mol Bil 10,105; Umbeck et al(1987)Bio/Technology 5,263
밀	FP, PG	Rhodes et al(1988)Science 240,204; Gordon-Kamm et al(1990) Plant Cell 2,603
벼	FP	Toriyama et al(1988)Bio/Technology 6,1072; Datta et al(1990)Bio/Technology 8,736
사과	At	James et al(1989) Plant Cell Rep 7,658
사탕무	At	Barnason, Fry, pers.comm
상추	At	Michelmore et al(1987) Plant Cell Rep 6,439
셀러리	At	Caltlin et al(1988)Plant Cell Report 8,100
아마	At	Basoran et al(1987) Plant Cell Rep 6,396; Jordan and McHughen(1988)Plant Cell Rep 7,281; Jordan, McHughen (1988)Plant Cell Rep 7,281
아스파라거스	At	Shäfer et al(1987)Nature 327,529
알팔파	At	Shahin et al(1986)Crop Sci 23,1235
애기장대	At	Lloyd et al(1986)Science 234,464
양고추냉이	Ar	Noda et al(1987)Plant Cell Rep 6,283
연	At	Hernalsteems et al(1984)EMBO J 3,3039
오이	Ar	Trulson et al(1986)Theor Appl Genet 73,11
오차드그라스	FG	Horn et al(1989)Plant Cell Rep 7,469
유채	At, MI	Fry et al(1987)Plant Cell Rep 6,321; Pua et al(1987) Bio/Technology 5,815; Neuhaus et al(1987)Theor Appl Genet 75,30
콩	At, PG	Hinchee et al(1988)Bio/Technology 6,915; McCabe et al(1988)Bio/Technology 6,923
토마토	At	McCormick et al(1986) Plant Cell Rep 5,81
페튜니아	At[1]	De Block et al(1984)EMBO J 31,681; Horsh et al(1984)Science 223,496
포플러	At	Fillatti et al(1987)Mol Gen Genet 206,192; Pythoud et al(1987)Bio/Technology 5,1323
해바라기	At	Evertte et al(1987)Bio/Technology 5,1201
호두	At	McGranahan et al(1988)Bio/Technology 6,800
호밀	IR	De la Peña et al(1987)Nature 325,274

[1] At(*Agrobacterium tumefaciens*), Ar(*Agrobacterium rhizogenes*), FP(free DNA introduction), PG(particle gun), MI(microinjection), IR(injection of reproductive organs)

농업형질과 연관된 특성을 정확히 규명하는 것은 유전공학(genetic engineering) 효과를 높이는 기본 단계이다. 수확량과 같은 많은 중요한 것들은 관련된 유전자를 이미 알고 있더라고 그 유전자와 그리 간단하게 관련되어 있지 않기 때문이다. 따라서 이러한 유전자들은 유전공학을 통해 쉽게 조작될 수가 없고 그 유전자의 유전적 조절에 대한 더 많은 연구가 있어야 할 것이다. 현재 유전공학에 의해 형질 전환될 수 있는 그것은 식물저장 단백질과 새로운 변성된 효소를 코딩하는 유전자의 형질전환을 일으키는 그 외의 것들이다.

콩류, 감자의 괴경 단백질의 종자저장 단백질은 규명되어 있어 세밀한 연구가 이루어지고 있다. 단일유전자의 사용이 제한되어있는 특정 식물의 특성을 개량하는 것은 클로닝(cloning)이 이루어진 유용 형질 유전자가 부족하기 때문이다. 이것은 모든 유전자가 질병에 대해 특정 종에 대한 특정 저항성을 부여하는 경우라 할 수 있다. 다시 말해 바닷속에 자랄 수 있는 해조류는 내염성 관련 유전자를 갖고 있으며 사막에 서식하는 식물은 내건성 관련 유전자를 병충해에 잘 견디는 식물은 내병성, 내 충성 관련 유전자를 갖고 있다는 것이다. 그러나 이런 유전자가 존재하고 있고 식물 대부분과 병원성 미소(micro) 기관들 사이에 상호작용을 배제한 상태에서 극적인 결과를 얻고 있음에도 불구하고 이 균은 병에 대한 저항성을 나타내는 대립유전자를 분리하는 것이다. 문제는 전략은 이미 세워져 있지만 이러한 유전자는 아직 분리되지 않고 있다는 것이다.

3. 분자간섭 및 육종

생명공학(biotechnology)의 목적은 전통적인 식물육종과 마찬가지로 작물개량에 있다. 즉 다양한 새로운 식물을 만들고, 작물의 수확량 및 내병성, 내충성, 제초제 저항성 등의 특성을 증가시키는 것이다. 게다가 재조합 DNA 기술이 고전적인 육종 프로그램과 접목될 때보다 나은 결과를 얻을 것이다. 식물유전자공학은 보다 차원 높은 기술로써 이미 원칙적이면서도 효과적인 해결법들을 농업 분야 문제점에 제공해 주고 있다. 개서(Gasser)와 프랠리(Fralev, 1989)는 유전자 변형(GMO) 쌀, 옥수수, 목화, 대두, 유채, 사탕무, 알팔파 품종 등이 1993~2000년에는 상업화될 것이라고 예측하였고 실현되고 있다.

1) 단일유전자의 이용

(1) 제초제 저항성

제초제는 현대농업에서 중요한 역할을 한다. 이것은 경제적으로 잡초를 억제하고 작물생산량을 증가시킨다. 새로운 제초제는 동물에는 저독성을 사용한 후에는 독성의 빠른 감소를 서로 결합하는 것이다. 그러나 제초제는 식물에 대하여 선택적이 아니기 때문에 사용 전에 숙지해야만 한다. DNA를 식물체로 유입하는 방법으로써 연구자들은 세 가지 전략으로 제초제에 내성을 넣은 작물을 만들려고 시도하고 있다. 특별한 제초제에 대한 표적 효소의 수준을 높이는 것, 화합물에 의해 영향을 받지 않는 돌연변이 효소를 발현시키는 것, 제초제의 독소를 제거하는 효소를 발현하도록 하는 것 등이다. 글리포세이트(glyphosate, 제초제 근사미 등)는 비 선택적 제초제로써 경작을 대신해서 심기 전에 사용된다. 그러므로 토양의 짧은 일생, 넓은 범위 잡초살생의 활성과 신속한 처리 등의 이점이 있다. 글리포세이트는 필수적인 방향적 아미노산의 생합성에 대한 과정에서 엽록체 효소인 EPSPS(5-enol pyruvylshikimate-3-phosphate synthase)를 억제하여 식물을 죽인다. 핵심적 요소는 그것이 매우 낮은 농도로도 광범위한 잡초를 억제하는데 활성적이기 때문에 현재 가장 널리 사용되고 있다. 그것은 토양미생물에 의해 신속히 분해되므로 초기의 제초제보다 환경오염에 더욱 안전하다. 피튜니아 잡종의 EPSPS를 암호화하는 클론화된 cDNA의 이식은 형질을 전환하지 않은 식물 내에서 밝혀진 그것보다도 약 20배로 효소활성도 수준을 증가시킨다. 효소의 과도한 발현은 전환된 피튜니아를 야생형 식물을 죽이는 제초제의 4배 정도의 존재에서도 자라게 한다. 그러나 처리된 형질 전환된 식물의 성장률은 처리되지 않은 식물의 성장률보다도 낮다. EPSPS의 효소는 식물과 박테리아의 방향족 아미노산 합성에 중요하나, 제초제의 활성 성분인 글리포세이트에 의해 활성이 억제된다. 박테리아에서 글리포세이트에 내성이 있는 EPSPS를 암호화하는 유전자가 T-DNA 발현 벡타로 클론되어지고 아그로박테륨(*Agrobacterium*) 중재 유전자 이식 때문에 담배로 도입된다. 식물에서 EPSPS는 세포질에서 합건된 후 엽록체로 전달되기 때문에 피튜니아 EPSPS로부터 72개의 아미노산 전이 펩타이드를 암호화하는 분절을 박테리아의 EPSPS서열의 아미노말단에 융합시켜 키메라 유전자를 형성했다. 키메라 유전자의 발현은

꽃양배추모자이크바이러스(cauliflower mosaic virus, *CaMV*) 35S 프로모터(promotor) 의해 통제를 받는다. 전환된 식물은 내부에 있던 식물 EPSPS의 유전자와 박테리아의 글리포세이트 내성 효소가 모두 발현되었다. 전이 펩타이드가 박테리아 효소를 적절히 엽록체로 이동

시켰다는 것을 생화학적 연구로 증명되었다. 전환된 식물은 박테리아 EPSPS가 제초제의 존재 하에서도 계속 기준을 나타내므로 야생형을 죽이는 양의 4배나 되는 글리포세이트 농도에서도 견딜 수 있었다.

해독하는 효소는 일반적으로 제초제 저항성 식물은 제초제를 무독화하는 효소들의 이용을 기초로 한다. 저항성 식물은 제초제를 비활성을 가진 유도체로 전환하거나 다른 화합물들로 전환함으로써 창출된다. 현재 가장 진보된 것은 SH 군에 의해 소수성 제초제의 친전자성중심(electrophilic center)에 글루타치온(glutathione)의 결합을 촉매하는 글루타치온 S-전달효소(glutathione S transferase, GST)의 그룹에 속하는 무독화 효소들과의 연결로 만들어졌다. 예를 들어 GST 들은 옥수수, 조, 사탕수수 등 많은 화본과 식물에 제초제 저항성을 부여한다. 적어도 세종류의 서로 다른 GST 동위효소(isoenzyme)들이 옥수수 조직에서 검출되었고 이 효소들은 총 용해성 S 전이효소 단백질의 1~2%로 구성되어 있으며 서로 다른 기질에 대한 특이성을 나타내었다. 동위효소(isozyme, 같은 생물에서 하나의 효소가 2종 이상의 구조형태를 가진 경우)의 하나인 GST는 제초제의 완화제를 식물에 처리함으로써 유도된다.

제초제 글루타치온의 접합과 더불어 무독화 반응은 또한 포도당(glucose)나 아미노산의 접합을 통하여 일어난다고 알려져 있다. 아미노산의 접합자로는 2,4-D와 글루타민산(glutamic acid) 혹은 아스파르트산(aspartic acid) 사이의 반응 산물로 알려져 있다. 실제로 이러한 접합을 촉매 화하는 단백질의 존재에 대한 생화학적 결과는 아직 밝혀져 있지 않다. 식물의 제초제 저항성에 대한 미생물의 제초제 대사에 관련된 효소들이 보고된 바 있다. 실제로 미생물의 니트릴효소(nitrilase) 유전자가 빛에 의해 조절되는 조직 특이적인 프로모터(promoter)의 조절하에 식물체 내에 도입되어 브로목시닐(bromoxynil)의 합성물에 대한 저항성 수준의 상승을 가져다주었다.

아트라진(atrazine) 종류의 화합물로부터 유래된 제초제는 PS2의 수용부(acceptor site)에 대한 플라스토퀴논(plastoquinone)의 감소를 방해한다. 서로 다른 구조를 가진 물질들은 엽록체의 틸라코이드(thylakoid) 막에 결합해서 광합성 전자(photosynthetic electron)의 수송을 방해한다. 광친화성 마커(photoaffinity marker)인 아지도아트라진(azidoatrazine)의 도움으로 틸라코이드 막에 존재하는 32-KDa의 단백질은 제초제와의 결합을 맡고 있다. 이 제초제 결합단백질은 32-KDa 단백질, Q 단백질 등과 같은 이름으로 알려져 있고 빛을 받았을 때 특정 부위가 뒤집어진다(turnover). Q 단백질의 전구체를 부호화(encoding)하는 유전자가 클로닝 되었고 이 색소체(plastid) 유전자는 *psbA*라 이름 지어졌다. 이 유전자를 부호화하는 34-KDa의 단백질은 C-terminal이 번역 후 처리(post-translationally process) 되어 32-KDa의 성숙한 형태로 된다. *psbA*는 제초제의 타겟(target)으로써 처음으로 동정된 유전자이다.

설포닐우레아(sulfonylurea)와 이미다졸린(imidazoline)의 아미노산 생합성에 대한 대사경로가 실질적으로 식물과 미생물에서 같아서 미생물의 아미노산 생합성에 대한 많은 정보가 설포닐우레아, 이미다졸, 글리포세이트에 대한 저항성 식물을 만들기 위해서 유용한 것으로 판정되었다. 식중독 균의 일종인 살모넬라(*Salmonella* Typhimurium)을 이용한 생리학적 연구로부터 설포닐우레아 제초제인 설포메튜론-메틸(sulfometuron-methyl, $C_{15}H_{16}N_4O_5S$)의 표적은 아세토락트산합성효소(acetolactate synthase, ALS)인 것으로 추정되었고 ALS는 또한 아세토하이드록시산 합성효소(acetohydroxyacid synthase, AHAS)로 알려졌다. 이 효소는 이소류신(isoleucine), 류신(leucine), 발린(valine)의 합성을 요구한다. ALS 동위효소들은 장내세균(enterobacteria)인 쥐장티푸스균(*Salmonella* Typhimurium)과 대장균에 존재하고(ALS2와 ALS3는 존재하고 ALS은 존재하지 않는다), 설포메튜론-메틸(sulfometuron-methyl)에 의해 저해된다. 효모, 완두, 담배, 클라미도모나스(*chlamydomonas*)로부터 정제된 ALS의 시험관내(*in vitro*) 상의 활성의 분석 결과 진핵생물의(eukayotic) 효소들은 설포메튜론-메틸(sulfometuron-methyl)에 아주 민감한 것으로 증명되었다(랄랑드(Laland), 1993).

(2) 잡종육종에서 자가불합성 형질 유전

잡종육종은 자가불합성 형질을 S 유전자에 의하여 조절되는데 이 S 유전자의 발현 때문에 자신의 화분이 주두에서 발아되어 성장하는 것을 저해하는 것으로 알려졌다. 담배의 경우 화분의 성장이 화주(style)에서 정지되며 배우체적 체계(gametophytic system)에서 반수체인 화분의 형질이 화주의 형질과 맞으면 화분의 발달이 정지된다. 예를 들어 S_1과 S_2 화분은 S_1/S_2 암술대(style)에서는 S_2 화분이 발달하며 S_1과 S_2 화분이 모두 발달하여 수정한다. 담배의 S 유전자가 리보뉴클레아제(RNase) 활성을 가지며, 이 효소는 화주에서 생산되어 화분관이 자라나는 통로로 분비됨을 밝혔다. 담배의 S 유전자를 *CaMV* 35S promoter에 연결하여 연구하여 본 결과 자가수정 능력의 아무런 변화를 가져오지 않았다. 리보뉴클레아제(RNase)를 이용한 키메라(chimeric) GMS의 경우 리보뉴클레아제(RNase) 억제유전자(inhibitor)를 임성회복친(restorer)으로 사용하여 웅성불임을 환원시킬 수 있다.

(3) 바이러스 내성-바이러스 외피 단백질 발현에 따른 내성

담배모자이크바이러스(TMV)는 단사(single stranded) RNA 바이러스로서 숙주세포 내에서 적어도 네 개의 단백질을 만들어낸다. 외부단백질을 식물체에서 다량 발현시키기 위하여서는 우선 강력한 프로모터가 필요하다. 현재 많은 실험실에서 손쉽게 구하여 사용하고 있는 것은 CaMV 바이러스에서 분리한 것으로 이 35S promoter는 다른 프로모터(promoter)에 비해 대체로 모든 식물세포에서 강하게 기능을 발휘한다고 알려졌다. 프로모터(promoter) 이외에 터미네이터(terminator)의 종류에 따라 유전인자의 발현이 수십 배 이상 차이가 생기는 것이 보고된 바 있다. 핵에서 만들어진 RNA가 제대로 과정을 거쳐 성숙한 mRNA로 바뀌도록 필요한 인자들이 부여되어야만 한다. 담배모자이크바이러스(TMV)의 U_1 균주로부터 분리해낸 피막 단백질의 cDNA 클론을 CaMV 프로모터(promoter)와 NOS terminator 사이에 삽입시킨 후 Ti plasmid를 바탕으로 한 유전자 운반체에 실어 아그로박테륨(*Agrobacterium*)에 넣어주었다. 이 운반체에는 피막 단백질 이외에 항생제 카나마이신(kanamycin)에서 식물이 살 수 있게 하는 선발마커가 함께 들어 있고, 원래의 Ti-플라스미드(Ti-plasmid)에 존재하여 암세포를 유발하는 유전인자들이 모두 제거되어있다. 이러한 운반체를 가진 아그로박테륨(*Agrobacterium*)을 담뱃잎의 절편과 섞고 2 또는 3일간 함께 키운 후, 운반체로부터 T-DNA를 전이 받은 식물세포들을 카나마이신(kanamycin) 배지에서 선발하였다. 다량의 피막 단백질을 발현하는 식물이 TMV의 감염에 상당한 저항성을 보인다고 발표하였다.

바이러스 안티센스 RNA(viral antisense RNA)를 발현하는 유전자변형 식물(transgenic plants)의 새로운 방법중 하나는 역배열 방법이다. 바이러스의 한 부위를 절단하여 그 반대 사선의 RNA를 강력히 표현하는 식물체를 얻는다. 역배열 RNA는 바이러스 RNA와 결합함으로써 침해를 줄일 수 있을 것이라는 가정에서 출발한다. 이렇게 다량의 역배열 RNA를 만들어내는 형질전환체는 어느 정도 저항성을 얻기는 하였으나, 위에서 기술한 피막 단백질 표현 방법보다 그 저항도가 매우 낮았다. 그러나 이러한 결과들은 아직 초기의 실험 결과이며, 바이러스의 어느 부위를 역배열로 만드느냐에 따라 실험 결과가 크게 다를 것으로 예상된다. 아직 어느 부위의 역배열 RNA가 가정에서 효율적으로 저항성을 부여할 그것 인제에 대한 체계적인 연구가 미흡한 실정이다. 바이러스 안티센스 RNA(viral antisense RNA)를 발현하는 유전자변형 식물(transgenic plants)은 위성 RNA는 도우미(helper) 바이러스에 의해 보존 및 전달되며 혼자의 힘으로 복사할 수 없고 도우미(helper) 바이러스에 의하여만 증식할 수 있다.

위성 RNA는 종종 도우미(helper) 바이러스의 병 피해를 감소시키거나 배제하는 것으로 보고되었다. 위성 RNA를 이용하여 오이모자이크바이러스(cucumber mosaic virus)와 담배둥근무늬바이러스(tobacco ringspot virus)에 대한 저항성을 가진 형질전환체를 얻는 실험이 보고되었다. 그러나 어떤 바이러스에는 위성 RNA가 발견되지 않는다는 점과 위성 RNA가 어떤 바이러스와 함께 식물을 감염하면 오히려 병의 증상을 심화시킨 경우가 보고되어 있어 이 방법이 광범위하게 쓰이기 전에 해결하여야 할 일들이 많다.

(4) 곤충저항

토양세균의 일종인 바실러스 튜링겐시스(*Bacillus thuringiensis*, BT균) 사람에게는 전혀 해가 없으면서 딱정벌레 등 해충에게만 선택적으로 독성을 나타내는 BT 독소(BT toxin)를 생산하나 생물농약 제제로써 BT균(*B. thuringiensis*)을 대량 배양해서 추출된 BT 독소(BT toxin)이 살충제로 사용됐는데, 이 독소 단백질을 합성하는 유전자가 분리되어 식물체에 도입됨으로써 내충성 작물을 만들게 되었으나, 생엽원판법(leaf disk assay)으로 담배에 도입 형질 전환된 담배가 내충성을 갖는다는 것이 보고된 이래 내충성 토마토, 목화, 옥수수, 감자, 벼 등이 개발되었다. 이들 미생물 독소 외에 여러 종류의 식물에서 만들어지는 단백질저해제(protein inhibitor) 및 아밀레이스억제제(amylase inhibitor) 등이 내충성 관련 물질로 알려져 있다. 이들 효소 저해 유전자가 수종의 식물에 도입되어 내충성 식물체가 개발되었다.

2) 단순 생화학적 경로의 유전공학

유전자를 깃물 세포로 도입하며 재분화된 식물을 얻는 능력과 함께 새로운 색깔, 모양과 성장특성을 가진 꽃들이 만들어질 수 있다. 그 첫 실험이 옥수수에서 자주색을 띠게 하는 색소인 안토시아닌(anthocyanin)의 생산에 대한 과정에서 효소를 암호화하는 유전자를 옥수수에서 피튜니아로 유입시키는 것이었다. 피튜니아의 변이체로 원형질 전환으로 이식된 cDNA는 그것이 색소 유전자 중 하나에 돌연변이를 갖고 있었기 때문에 색깔이 엷은 핑크를 띠었다. 다시 만들어진 식물 15개 중 2개는 단순한 붉은 벽돌 빛의 꽃이었고, 4개의 식물은 붉은 벽돌색 부분을 갖는 꽃이었다. 형질 전환된 식물에 대한 northern 분석은 옥수수의 유전자가 정말로 발현되었다는 것을 증명해주었다.

피튜니아 색소 유전자 제2의 복사체가 색깔을 띤 식물을 갖는 피튜니아 식물에 이식되어 실험이 수행되었다. 피튜니아 색소 유전자의 부가적 복사체의 도입은 내인성 대립유전자(endogeneous allele)과 전이유전자(transgene)의 발현을 억제한다. 칼콘합성효소(Chalcone synthase, CHS)는 꽃과 옥수수의 씨에서 발견되는 자주색 색소인 안토시아닌(anthocyanin)의 생합성 과정에 관여하는 효소이다. 실험은 클로닝 된 피튜니아 CHS 유전자를 피튜니아에 도입시켜 수행하였다. 과학자들은 유전자 양의 증가로 식물이 진한 자주색이나 아마도 새로운 색의 꽃을 만들 수 있을 것으로 생각했다. 놀랍게도 전환된 피튜니아는 현저한 비정상적 형태를 보이면서 무색의 부분으로 된 꽃을 만들었다. 몇몇 세포에서 부가적인 CHS 유전자의 존재는 CHS mRNA의 전사를 완전히 억제했다. 안토시아닌(anthocyanin) 형성과정에 있어 다른 유전자의 발현은 영향을 받지 않았다.

4. 분자생물학과 많은 유전자에 기반한 형질의 개선

개량된 식물의 특성은 일련의 복잡한 대사작용들 때문에 영향을 받는다. 그런데도 개량된 식물의 생물적이거나 항생물질 스트레스(antibiotic stress)에 대한 식물반응과 같은 복잡한 속성을 연구하게 된 것은 최근의 일이다. 이에 대한 전략은 바로 대조 구에서의 유전자의 다양한 반응을 밝히는 것이다. 대립유전자 분리, 형질 전환된 식물에서의 표현형에 따른 유전자들의 역할규명, 그리고 그 이후에는 유전자를 정확하게 이용해서 작물 또는 프로브(probes)를 만들고, 각 스트레스(stress) 단계를 표시하는 것이다.

1) 질병 저항성

저항성 유전인자가 세월이 지남에 따라 파괴되고 또한 농약에 견딜 수 있는 돌연변이 병충들이 생겨남으로써 저항성 유전인자의 클로닝과 새로운 저항성 형질의 개발이 시급해지다. 내병성을 가진 담뱃잎에 바이러스나 박테리아, 곰팡이 같은 병원체를 감염시키면 여러 가지 새로운 단백질이 축적된다. 분자량이 작은 이러한 단백질을 PR(pathogenesis related, 병원균 공격시 생체를 방어하는 단백질)이라 부른다. 담배, 토마토, 감자, 콩, 옥수수, 보리 등 여러 가지 작물에서 열 가지 이상의 산성 PR 단백질 및 염기성 PR 단백질이 발견되고 있다. 병원체의 감염으로 담뱃잎에 가장 많이 축적되는 PR 단백질의 하나는 PR -1이다. 따라서 PR -1의 순수

분리가 비교적 쉬워 아미노산 서열을 부분적으로나마 분석할 수가 있었다. 이 지식을 이용하여 올리고펩타이드(oligopeptide)를 만들어 cDNA 라이브러리로부터 PR -1에 해당하는 클론 들을 얻었다. 병원체에 감염된 잎과 감염되기 전의 앞으로부터 mRNA를 추출한 후 이를 방사성 동위원소가 들어있는 cDNA를 이용하여, 감염된 잎으로부터 나온 mRNA와는 강하게 결합반응을 나타내나 감염 전의 잎에서 얻은 mRNA와는 반응이 약하거나 없는 클론을 조사함으로써 PR 단백질에 해당하는 유전인자들을 얻을 수 있었다. PR 단백질 중 가장 잘 알려진 것이 갑각류 등의 키틴(chitin)을 분해하는 키틴분해효소(chtinase)이다.

콩의 키티네이즈(chtinase)를 분리하여 담배와 유채에 발현시킨 결과 잎집무늬마름병(*Rhizoctonia solani*)의 침입을 지연시켰음이 알려졌다. PR 단백질 외에도 병원체의 감염으로 세포 내에 축적되는 여러 가지 단백질의 일부가 직접 혹은 간접적으로 방어체계에 관여하리라 추측된다.

2) 스트레스 내성

실질적으로 수확량을 증가시키려는 계속된 노력에도 불구하고 작물은 여러 가지 환경적인 제한을 받고 있다. 가뭄과 수분스트레스는 가장 생산력이 높다고 할 수 있는 농업지역에서도 상해를 입고 수확량의 감소를 초래하고 있다. 환경적 스트레스(저온, 고온, 산소부족, 중금속, 염류, 수분 스트레스 등)에서 유전자 발현의 변화는 스트레스(stress)와 관련된 유전자를 분리할 수 있게 했고, 이런 유전자는 이미 클론 되어서 그 특성이 규명되어 있다.

이후에 추가되어야 할 사항은 스트레스 내성 상태에서 스트레스 단백질(stress protein)의 역할과 단백질(protein)의 구조와 이러한 단백질에 있을 수 있는 효소들의 기능, 그리고 서로 다른 환경적 구조하에서 스트레스 유전자(stress gene)의 발현 메커니즘 등을 명백히 설명하는 것이다. 진단은 육종 프로그램에 분자탐침(molecular probes)을 이용하는 것은 여러 번 제안되어왔다. 오언(Owens)과 다이너(Diner, 1981)는 육종 프로그램에 분자표지를 이용 감자걀쭉병(potato spindle tuber viroid, PSTVd) 내에서 병원체(pathogenic organism)의 실체뿐만 아니라 스트레스(stress) 정도와 질병의 제반 작용을 모니터했다.

3) 비료 효율 개선

최근 유전자 조작 기술이 발전되면서 식물 스스로가 공기 중의 질소를 바로 이용할 수 있도록 하기 위한 여러 측면에서의 연구가 진행되고 있다. 첫째로 미생물로부터 질소고정효소를 만들도록 하는 방법, 둘째로 콩과 식물로부터 공생 관련 유전자를 분리하여 다른 식물에 옮겨줌으로써 벼나 보리 등도 콩과 같이 공생 질소 고정을 할 수 있도록 만드는 방법, 셋째로 식물이나 미생물에 변이를 주어 협생질소고정 효율을 향상하게 시켜 비료 사용량을 절감시키는 방법 등이 연구되고 있으나 아직 실용화에 이르지는 못했다.

5. 미래 전망

세계 식량 생산량 증대가 절박함에 따라 기존의 유지 농업은 많은 요구사항을 가지게 되었다. 불과 수년 전에, 즉 식물유전자가 처음으로 분리되고(1979), 담배로의 외인성 DNA의 삽입이 이루어졌음에도(1983) 불구하고 생명공학의 적용과 활용은 이미 대규모 야외시험을 거쳐 유전공학적 변형식물이 존재한다. 따라서 식물 분야에서의 생명공학는 앞으로의 녹색혁명에 이바지하는 바가 클 것이다. 실제로도 신기술은 작물의 생산성과 저항성에 이바지하는 바가 크다.

광합성의 효과증진과 이외의 생리적 체계를 통한 생산량 증대, 질소고정 능력과 그 외 질적 향상과 생물학적, 생물학적 요인의 저항성 내지는 내성의 증대는 생명공학를 통해 더욱 촉진될 수 있다. 최초의 이식 유전자를 지닌 감자, 면화, 토마토, 담배, 메주콩이 이미 대규모 야외시험을 거쳤으며 특정한 제초제, 바이러스, 곤충에 대한 저항력이 강한 상업적으로 가치 있는 유전공학적 변형식물도 존재한다. 클론된 식물유전자 수의 증가 이외에 식물의 생장과 식물의 생화학적 경로 규명은 작물의 높은 수확량을 가능케 하고 더불어 환경적인 면에서는 현행 농업 시스템보다는 덜 해로운 효과를 가능케 한다. 게다가, 식물유전공학은 농화학, 식품 가공, 특정 화학 분야, 제약산업에도 많은 잠재력을 제공한다.

제3장 변이의 평가

제1절 집단의 생화학적 특성

1. 서론

작물육종은 야생종을 수집하여 농경을 시작한 이래로 오늘날의 사회개념과 경제사회에 맞도록 생산성이 더 높고 더 맛이 좋고, 더 좋게 보이는 개체들을 선발함으로써 작물개량을 수행했다. 또한 생물학의 발전과 더불어 유전자 조작기술의 발전으로 식물과학의 이해가 확대되어 작물육종의 새로운 전기를 마련하고 있으나 아직은 농업적으로 중요한 수량, 품질 등 실용성이 있는 유전자를 클로닝하고 전환하는 유전공학 기술이 일반화되고 있지 못한 실정이다. 이러한 원인은 유전공학 연구가 아직 시작 단계에 불과하여 연구성과의 집적이 적고 기술개발이 미진한 점을 들 수 있으며, 한편으로는 이러한 농업 형질들 대부분 복잡한 유전양식을 갖고 있으므로 유전적 특성이나 유전자 발현과정이 밝아지지 못한 원인도 있다. 작물육종은 지금까지 필요한 표현형을 선발하여 실용성 있는 품종을 개발 보급했기 때문에 유전적 배경의 규명이 현실적으로 이용하는 데 필요 불가결한 요인이 아니기 때문인 것도 이 분야 연구발전이 부진한 이유이기도 하다. 그리고 식물의 표현형은 유전자뿐만 아니라 그 식물이 자라는 환경의 영향도 무시하지 못할 정도로 작용하여 많은 경우 식물의 유전자가 환경적 효과에 묻혀 표현형의 검정이 불확실하다. 따라서 식물의 유전적 검정이 불확실하게 표현되고 있다. 이러한 문제점을 해결하기 위하여 통계학을 기초로 한 육종기술이 발전되어왔으나 노력과 비용이 많이 들기 때문에 새로운 품종을 육성하는 실제적 적용이 어려웠다. 따라서 대부분의 품종개발은 인공교배를 실시하여 유전적 변이를 확대하였고, 분리세대에 대한 지속적인 표현형 선발을 거듭함으로써 낮은 선발효율을 극복하였으며 결국 한 품종을 개발하는 데는 10년 이상의 오랜 기간이 소요되었다.

여기서 집단(population)이란 단어를 때때로 재배된 식물들을 위한 용어를 잘못 이해한다. 이 단어는 경작자들, 품종들, 심지어 수집의 취득을 위한 이름으로 더 정확히 되어 있을 것이며, 농업의 관점에서 그것은 이들 독특한 그룹들의 일반적 관계로 이 장에서 설명될 것이다. 집단에 가장 포함되는 정의는 보통 유전자풀(gene pool)로 나누는 독특한 군락이다. 이 정의의 의미로 예를 들어, 중국 봄밀(Chinese Spring), 텐더 그린(Tender Green) 콩, 또는 노던 브루어(Northern Brewer) 홉(hop)은 비록 그들이 어디에서 자란다고 하더라도 같은 각각의 집단들로 언급할 수 있다. 다른 유용한 정의는 집단이 같은 영토에서 같은 종류들로 나뉘는 독특한 그룹이고, 그것은 농업에서 포장(field)이나 수집이나 수확하는 지역으로 의미할 수 있다. 첫 번째 정의는 경작자들, 순수한 품종들과 클론에서 더 적합하고, 후자는 지역(local)과 지대(land)에 번성하는 우점종(race) 동물의 수집표본을 위해 더 적합하다. 집단의 유전적 변이의 특성은 집단과 종들 안에서의 적합한 진화의 비율과 전통적 작물 발달에 반응의 범위를 결정하는 유전적 다양성 그 이후에 관련된 임무이다. 보통 특성과 부 표본의 경작이 포함된 집단에서 변이(변화)의 형식의 용어로 이해하는 것은 어렵다. 이런 이유로, 숫자상의 분류학적 기술은 이들 복잡한 변이의 형식을 단순화할 필요가 있었다.

농업경영학의 특징은 활력, 병에 대한 저항과 추위 내성과 같은 관심이고, 보통 고등 유전형과 환경과의 상호작용의 교잡을 포함한다. 그와 같은 특징들의 집단 가치들의 확실한 평가는 단지 많은 환경의 복제나 표준조건들하에서 얻은 측정들로부터 얻을 수 있다. 집단 변이성의 형태학상과 농업경영학의 평가는 생화학적 마커들의 분석으로 게놈의 더 직접적인 연구로 보충되고, 일반적으로 능가할지도 모른다. 이들 마커들은 특별한 동위효소(isozyme)들이고, 집단들의 유전적 구성(합성, 성분)의 지식 향상과 식물집단들의 유전적 농업의 특성을 다양한 진화적인 힘들을 포함한 크기(양, 특성)를 결정하는 데 아주 유용하다. 이미 DNA 다형성 형태의 연구들은 더 나아가 있고, 그런 지식을 획득한 완성된 단계이다. 생화학적 마커 들은 일단 환경적 용인들과 막대한 자료에 의한다면 덜 영향을 주었고, 유전적 변화의 형식들의 용어에서 취급되고, 통계학적으로 분석할 수 있다. 적어도 이들 동위효소들의 여러 종류는 식물 집단들의 특성으로 사용되었다. 이들 마커 들은 3가지 부류로 나눌 수 있다. 페놀(phenol), 알칼로이드(alkaloid), 시아노겐(cyanogen), 비단백질 아미노산(non-protein amino acid)를 포함하고 있는 생화학적 화합물들의 다차원적풀(heterogeneous pool)과 저분자량 마크(low molecular weight marker)이다. 효소가 저장 단백질 양쪽을 포함하고 있는 단백들이 있다. PCR 기술과 기본 시퀀스(sequence)에 의한 제한효소를 가진 침지에 의해 얻어진 변화하기 쉬운 길이의 단편(fragments)을 포함하고 있는 DNA 마커들이다.

2. 생화학적 과정

집단 연구는 높은 각각의 다수를 분석해야 해서 간단한 확실한 기술들을 요구한다. 따라서 저분자무게와 단백질마커, 1차원과 2차원 크로마토그래피(chromatographic) 기술들을 사용한다. 대개 2차원 기술들은 더 높은 분석을 다룬다. 그러므로 다른 표현형들을 깨끗이 동정해야 한다. 어쨌든 크로마토그래피 플레이트나 겔에 대한 단지 단일샘플을 연구하고 있다. 그들은 또한 한 개의 샘플 시스템을 분석하는 그것보다는 오히려 복잡하고, 시간을 낭비했고, 그들은 집단 분석에 일반적인 목적을 위해 부적합하게 만들어 손해를 보았다. 1차원 기술들은 비록 분석은 낮아도 여러 샘플 들을 동시에 연구하기 위해 사용하고, 빠르고, 더 확실하다. 그러므로 1차원 방법들은 계속 변종의 동정과 집단 연구를 위해 가장 널리 사용된다.

1) 저분자량 마커(Low Molecular Weight Markers)

첫 번째 그룹은 이질의 생화학적 합성물들, 식물들의 2차 대사산물 생산의 계열을 포함한다. 이들 합성물은 비교적 저분자량 마커를 가지고, 페놀(phenol), 플라보노이드(flavonoid), 안토시아닌(anthocyanin), 비단백질 아미노산(non-protein amino acid), 시아노겐(cyanogen), 폴리아세틸렌(polyacetylene), 알칼로이드(alkaloid) 안에 그룹으로 분류된다. 이들 합성물의 대부분은 특별한 특성들을 가지고, 식물에 적합한 성질을 부여한다. 흔히 피토알렉신(phytoalexin)으로써 동물들에게 유독성을, 각종 스트레스에 대한 저항성에 관여하거나, 식물들에서 특징적인 냄새와(또는) 맛을 준다. 페놀(phenol) 화합물들은 식물화학들로 때때로 피토알렉신과와 폴리페놀 산화효소들과 함께 대부분 공통으로 저항성에 관여한다. 그것은 집단들이 유해 물질들과 질병들에 대항한 저항성 반응을 포함한 물질들을 이동하는 것을 확인하고, 독립된 것들 사이의 표현 빈도와 수준을 중요 시 한다. 어쨌든 이들 물질의 많은 것들은 동물들에게 독성을 또는 식용식물들에서 바람직하지 못한 맛이나 냄새를 준다. 그런 경우들은 물질이 주는 낮은 수준들을 가진 독립된 것들이나 집단들의 동정이 육종가들의 임무이다.

이들 물질은 화학적으로 매우 이질적인 성질을 가졌기 때문에 집단 수준으로 그들의 동정과 분석을 위한 여러 기술을 사용한다. 대부분 적합한 기술들은 크로마토그래피이다. 분류하면 얇은 층 또는 새로운 액체, 크로마토그래피(고압 또는 유동 압력, HPLC 또는 FPLC)이 있다. 유기용매들은 보통 식물 물질을 둘러싼 화합물들을 추출하는데 요구되고, 특별히 그들의 한화나 퇴화를 피하는데 주의해야 한다. 고 순수와 비싼 용매들은 HPLC 분석을 위해 요구된다. 집단 때문에 이들 기술의 불편한 연구들은 크로마토그래피에 앞서 샘플의 추출과 정제는 힘이 들고, 시간이 소비된다. 크로마토그래프는 그것 자체가 또한 매우 느리게 진행된다. 특별히 2차 얇은 층이 있다. 이들 기술의 이점은 질적일 뿐만 아니라 양적 자료를 산출할 수 있다는 것이고, 그것은 유독물질과 다른 물질들을 분석할 때 매우 중요하다.

3. 단백질 전기영동(Protein Electrophoresis)

단백질 전기영동 기술들은 식물집단들의 생화학적 특징을 짓는 기술들로 가장 넓게 사용된다. 그리고, 더 많은 종과 집단들과 어떤 다른 기술보다 샘플에 사용된다. 효소적, 비효소적 단백질들은 일반적으로 종자 저장 단백질이고, 이 목적을 위해 분석한다. 전기영동 기술들의 폭넓은 수들은 일반적으로 집단 샘플을 비용과 시간에 알맞게 분석할 수 있게 하려면 비교적 값이 싸고, 빠르게 이용한다. 전기영동(electrophoresis)은 전기장(electric field)에 용매를 통해 기본적으로 다르게 움직이는 분자들을 분리하기 위한 기술이다. 분자들과 용매는 일반적으로 분자들이 움직일 수 있는 비활성의 지지 배지(supporting medium)에 흡수된다. 생물학적 중합체(polymer) 때문에 적합한 지지 배지(supporting media)는 버퍼(buffer) 용액에 전분(starch), 폴리아크릴아마이드(polyacrylamide)나 아가(agarose)와 함께 겔(gel)들을 만들고, 가장 넓게 사용되는 기술을 띠전기영동(zone electrophoresis)이다. 첨가해서 겔(gel)의 이점은 지지 배지(supporting media)뿐만 아니라 분자체로서도 행한다. 그러므로 분자들은 그들이 크기와 모양에 결과로써 분리되고, 첨가해 순수 전하(net electric charge)는 이동성을 결정하는 중요한 요인이다.

전기영동(electrophoresis)은 튜브(tube)나 평판(slab)에 겔(gel) 형태로 수행할 수 있고, 후자는 수평이거나 수직이다. 단백질 전기영동(protein electrophoresis)를 위해 가장 일반적으로 요구되는 것은 전분(starch), 폴리아크릴아마이드(polyacrylamide)이다. 핵산은 따로 된 제한 파편들이나 시퀀스(sequence)를 파편으로 가질 때 폴리아크릴아마이드(polyacrylamide), 아가(agarose)를 사용하여 녹인다. 전분젤(starch gel)의 특성은 전분(starch) 한 묶음에 의존하고, 그 방법은 겔(gel) 제조하는 데 사용한다. 그러므로 이것은 기포 크기(pore size)에 결정되는 것은 아니다. 반면에 폴리아크릴아마이드 겔(polyacrylamide gel)의 기포 크기(pore size)는 버퍼(buffer, 완충용액) 안에 녹아 있는 폴리아크릴아마이드(polyacrylamide)의 총 % 에 의해 조정되거나, 가교제(crosslinker)의 양에 의해 미리 결정된다. 그리고, 물질의 분자 무게들의 범위가 넓을 때, 겔(gel)의 기포(pore)는 변화한다. 약간 다른 기술로 등전점 포커싱(isoelectric focusing, IEF), 또는 전기적 포커싱(electric focusing)이라 부른다. 이 방법은 단백질(protein)들을 그들의 등전점(isoelectric)의 위치에 의해 pH화 안에서 분리하는 것이고, 그들의 순수전하(net electric charge)의 pH는 0이다. pH의 변화는 폴리아크릴아마이드 겔(polyacrylamide gel)을 첨가한 저분자량(low molecular weight) 합성의 양쪽성 고분자 전해질(polyampholyte)에 의해 초래된다.

2차 겔 전기영동(gel electrophoresis)이 기술은 다른 단백질(protein)들을 분리하는 높은 분석을 두고, 그것은 전통적인 1차 전기영동(electrophoresis)의 가능성보다 더 많은 화합물 안에서 단백질들이 복잡하게 혼합된 그것을 분리하는 데 사용된다. 다른 특성에 의한 단백질들의 각 차원 분리들에서 첫 번째 차원은 튜브 겔(tube gel)에서 하고 다음은 폴리아크릴아마이드(polyacrylamide)이나 녹말 평판(starch slab) 위에 수평으로 놓는다.

1) 동위효소 전기영동(Isozyme Electrophoresis)

생체의 대사에는 여러 가지 효소가 관여하고 있는데 같은 생물 종에 있어서 같은 촉매반응을 하는 효소가 2종 있을 때 이것을 동위효소(isozyme)이라고 1959년 마르케르트(Markert)와 몰러(Moller)에 의해서 정의되었다. 이들은 구성 단백질의 1차 구조가 상호 간에 다르고 다른 유전자에 의해 지배되고 있다. 이 동위효소의 함유 비율이 그 생물 종의 군(생태형, 재래종, 지방종 등)에 따라 달라서 동위효소 분석이 품종군의 유연관계 추정에 이용된다. 저분자무게마커와 닮지 않은 동위효소과 저장 단백질 변이성의 유전적 기본은 왜 이들 마커가 그들이 개체군 특성을 얻기 위한 것만큼 널리 사용된 원인 중의 하나이다. 비록 특성과 동정이 전기영동 밴드 형태들의 다른 표현형 적 기본을 수행할 수 있다고 할지라도 동위효소의 이점은 이들 패턴(pattern)을 보통 자리와 대립형질의 용어로 해석할 수 있다. 특성과 비교하는 개체군들에 다가가는 표현형은 그것이 유전적 정보를 제공하지 않기 때문에 비난당하여지어 왔다. 그런데도, 동위효소은 평가하는 유전적 변이성과 특성 되는 식물 개체군들이 있을 때 유전적 마커로 이상적이다. 다른 생화학적 마커 이상으로 동위효소의 이점은 다음과 같다.

① 대립형질의 표현은 일반적으로 공우성(codominant), 상위성(epistatic)의 상호작용에 자유롭고 보통 환경적 영향에 의해 변하지 않는다.

② 다른 위치의 대립형질들은 일반적으로 구별할 수 있다.

③ 효소 체계를 연구하는 것은 보통 그들의 유전적 변이성 수준의 기술적 원인 독립을 위해 선택한다. 이것은 그들이 게놈의 무작위 샘플을 표현할 수 있는 결과이다.

④ 대립형질의 차이는 항상 유동적 차이로서, 기능의 독립과 각 효소 체계(system)의 변이성의 수준으로써 검출된다. 2가지 주요한 결점은 동위효소의 사용과 분석된 단백질(protein)들, 개체군과 발달적 연구들에 반대되는 논증을 사용하는 것이다.

DNA 수준에서 발생하는 유전적 변화들이 모두 단백질(protein) 수준에서 검출되는 것은 아니다. 유기체의 구조적 유전자의 단지 한 세트(set)는 이들 단백질(protein)에서 표현되고, 이 세트는 전체 게놈의 대표적이지는 않을 것이다. 이들 불이익을 발전적 연구에 단백질의 가치를 제한하지만, 그들은 개체군의 특성에 조금 관련되어 있다. 개체군은 단지 표현형, 형태학 또는 생화학의 기본으로 해서 특징될 수 있다. 그리고 그것은 단백질(protein)이 유전형의 생존 가능한 소개와 대립유전자의 특징과 개체군, 종들의 구별을 묘사한다. DNA 기술들에 이르기까지 개체군과 발전의 연구들, 단백질 전기영동(protein electrophoresis)의 소개는 가장 알맞은 기술이고, 그것은 매우 강력한 수단이었다. 개체군 연구들에 있어 동위효소 체계(systems)의 제한적인 특성은 그것이 겔 전기영동(gel electrophoresis, DNA나 RNA, 단백질 등의 거대분자를 크기 및 전하량에 따라 분리하는 방법)과 특별한 염색(staining)에 의해 실제로 관찰될 수 있는 수는 비교적 낮다. 식물에서 알려진 약 3,000개의 효소 이상에서 단지 약 60개만이 동위효소 다면발현(polymorphism)을 위해 분석할 수 있다. 그것의 한계에도 불구하고 전분젤 전기영동(starch gel electrophoresis)은 개체군의 효소적(isozymatic) 특성을 위한 방법으로 보통 공통으로 사용하였다. 그것은 대부분 용도가 넓고, 간단한 전기영동(electophoretic) 기술이다.

그러나 확실한 기술들은 개체군 연구를 위한 일을 결과로 나눈 비율로 표현된다. 보통 전분 젤(starch gel)은 여러 개의 얇은 평탄(slab)으로 나누기에 충분하고, 다른 동위효소 계(system)를 위해 각각 염색(staining) 한다. 이것은 각 식물 분석으로부터 여러 개의 자리에서 동시에 자료를 얻기 쉬운 방법이다. 이것은 많은 자리에 있는 정보에서 개체군의 유전적 구조에 있는 더 놓은 자료를 준다. 그리고, 이 구조가 개체군에 알맞은 중요한 규칙에 보존되고 행해지는 육종되지 않는 종들을 위해 특별히 관련이 있다. 식물 연구에 있어 주의는 많은 식물 종들의 배수체 성질 때문에 종종 필요하다. 그런 종들은 유전자들(genes)의 중복 때문에 모양의 유전적 연구들은 상동(homologous)과 대립형질들 사이에서 구별할 필요가 있고, 그러므로 결과에서 풍부한 유전적 이해를 얻을 수 있다.

동위효소는 형식의 유전적 연구들, 유전자지도작성(genetic mapping), 개체군과 발전의 연구들, 양적 및 특색 안에 유연관계, 경작과 변이의 동정, 유전적 자원들이 이용, 그리고 육종에 마커로써 사용된다. 여러 식물 종들은 나자식물들과 피자식물들에 속새와 양치류로부터 모든 주요한 계통을 포함한 동위효소 연구들에 지배를 받는다. 연구의 대부분은 작물 종들과 그들의 넓은 관계들, 산림 나무들과 잡초들로 구성했다는 것은 놀랄만한 일이 아니다. 이것들로 식물 동위효소에 다수를 보고하였지만, 작물 개체군 유전적 변이성이거나 그 특성들 또는 두가지 모두를 다루었다. 또 심슨(Simpson)과 위더스(Withers)에 보고에 의하면 동위효소 전기영동(electrophoresis)에 의해 식물 특성을 특별히 충당하였다.

2) 저장단백질 전기영동(Storage Protein Electrophoresis)

식물들의 비 효소 단백질을 이용하는 집단 전기영동 연구는 종자 저장 단백질을 가지고 수행한다. 대부분 전기영동 기술들이 겔에 구별된 밴드의 높은 수들을 산출하고, 대개 어떤 단일 동위효소 형식을 가지고 얻는 것보다 크다. 그러므로 저장 단백질들의 PAGE(polyacrylamide gel electrophoresis)는 유전적으로 독특한 식물 변화를 동정하기 위한 가장 힘 있는 단일 계(system)로 생각된다. 동위효소에 관한 기술은 분석을 위해서 충분한 단백질을 얻기 위해 조직의 작은 양을 단지 필요로 한다. 비교적 큰 종자들을 가진 이들 종 때문에 배유나 자엽의 부분에서 추출된 단백질들을 사용할 수 있다. 또 후에 사용하기 위해 종자에 저장시켜서 남겨둔다.

추출은 때때로 더 나은 정제없이 폴리아크릴아마이드 겔(polyacrylamide gel) 안에 끼워 넣는다. PAGE는 황산 도데실나트륨(sodium dodecyl sulfate, SDS)를 포함하거나, SDS를 포함하지 않고도 전도할 수 있다. SDS-PAGE의 이점은 단백질을 그들의 분자 무게에 의해 분리할 수 있고, 그것은 종자 저장 단백질 분리를 위한 기술이고 가장 널리 사용하는 것 중의 하나가 되었다. 효소적 활성이 약한 저장형 단백질은 일반적으로 단백질염색(protein staining) 기술에 의해 겔(gel)에 나타난다. 가장 큰 분석은 2D-PAGE와 IEF를 가지고 이룰 수 있다. 2차 전기영동은 더 높은 분석을 제공하지만, 그것의 사용은 일반적으로 단백질 성분이 주는 특별한 연구를 위해 보존된다. 등전점 포커싱(isoelectric focusing, IEF) 기술의 더 큰 밴드(band) 분석에도 불구하고, 그것은 PAGE만큼 사용되지 못했다. 아마도 그것의 높은 비용 때문일 것이다. 전기영동에 첨가해 RP(reserved-phase), 고성능 액체 크로마토그래피(high-performance liquid chromatography, HPLC) 기술은 곡물 단백질, 옥수수 종자의 저장 단백질, 그리고 수수 속 식물의 글루텔린(glutelin)의 변종 연구 사용을 위한 목적이 있다.

4. 핵산의 전기영동(Electrophoresis of Nucleic Acids)

전기영동(electrophoresis)을 이용한 핵산의 분석은 놀라운 발달을 보았다. 염색체(chromosome)만큼 긴 파편이나 뉴클레오티드(nucleotide, 핵산의 구성 성분)의 10배만큼 짧은 파편의 분리를 위해 이들 기술의 적용이 가능해졌다. 이들은 단일 뉴클레오티드(nucleotide, 핵산의 구성 성분)에 의해 길이가 다른 뉴클레오티드 배열(nucleotide sequences)의 분리를 정확하게 참작한다. 집단에서 유전적 변이의 특성과 평가 때문에 핵산(nucleic acid)의 전기영동(electrophoresis)은 단백질(protein)의 전기영동(electrophoresis)보다 더 힘들고 값이 비싼 기술이며, 적어도 분류하지 않았거나 단백질 추출의 정제가 낮은 것을 이용할 때 사용한다.

그러므로 그들은 핵산(nucleic acid) 기술들과 단백질과 핵산 전기영동(nucleic acid electrophoresis) 양쪽에 의해 되돌릴 수는 없다. 그리고 그들은 상보적인 기술들이고, 아마도 오랜 시간이 걸릴 것이다. 핵산은 분자에 따라 전기영동적 전하(electrophretic charge)의 균등한 밀도를 가진다. 그리고 전기영동(electrophretic)에 의한 분리는 그들의 길이를 기본으로 한다. 전기영동적 기술들은 RNA, 유전자 DNA(genomic DNA), cDNA에 적용한 수 있다. 집단 수준에서 가장 공통적인 기술들은 RFLP에 의한 분석이고, 유전자 DNA(genomic DNA), cDNA 시퀀스(sequencing)이다. 양쪽 경우 그것은 프로브(probe)로써 사용을 하거나 시퀀스(sequence)로써 사용을 하기 위해 알맞은 양과 순도 수준에서 DNA 조각의 획득이 필요하다. 이것에 앞서 단편은 플라스미드(plasmid)나 바이러스(virus)의 적당한 벡터(vector)에서 클론을 해야 하고, 그리고 보통 클로닝(cloning)이 된 벡터(vector)의 정화된 것으로부터 절단된 세균(bacteria)에 복제한다.

최근 PCR 기술은 클로닝 단계(cloning step) 없이 DNA 시퀀스(sequence)의 기내 증식을 따른다. 핵산(nucleic acid) 증식은 제한 엔도뉴클레아제(endonuclease, 핵산분해효소의 일종으로 작용양식에 따라 엔도뉴클레아제와 엑소뉴클레아제로 크게 나누어짐. 엔도뉴클레아제는 뉴클레오티드쇄(鎖) 내부의 3', 5'-포스포디에스테르결합을 절단하는 제효소의 총칭)의 사용으로 가능해졌다. 각 제한 효소들은 분리된 단편들 안에 유전체 DNA(genomic DNA)를 분열시키고, 그것은 클론과 분리(isolated)할 수 있다.

1) 폴리머라제 연쇄 반응(Polymerase Chain Reaction, PCR)

PCR은 1983년 미국의 시터스(Cetus)사의 멀리스(Mullis)에 의해 고안되어 DNA 중합효소로 클레노우 절편(Klenow fragment)은 DNA 복제시 DNA 주형가닥의 폴리뉴클레오타이드 염기서열을 3' → 5' 방향으로 읽어가면서 왓슨-크릭의 염기쌍 규칙이 정하는 상보적인 뉴클레오타이드를 하나씩 하나씩 5' → 3' 방향으로 붙여가는 효소)를 사용하여 실시하다가 1988년 사익(Saik)이 더무스 아쿠아티쿠스(*Thermus aquaticus*, Taq) 효소에서 열에 안정한 Taq 중합효소(Taq polymerase, 이 내열성 효소는 고온에서 사는 더무스 아쿠아티쿠스(*Thermus aquaticus*) 박테리아에서 기원한 DNA 중합효소로 열에 대한 안정성이 높아 PCR(polymerase chain reaction) 등에 많이 사용함)를 분리하여 중합효소 연쇄반응에 사용하게 되었다. PCR 방법은 식물 게놈 중에 어떤 특정 부위만(대개 2-3 kpb의 크기) 선택하여 증폭시키는데 사용될 수 있다. PCR을 이용할 때 약 20mer 크기에 올리고 뉴클레오타이드 프라이머를 사용하는데 이 프라이머는 우리가 원하는 염기서열 끝의 반대편 DNA 가닥과 상보적인 서열이 된다.

만약에 우리가 원하는 염기서열 부분이 이미 어떤 생물체에서 연구가 되었을 때는 프라이머 합성에 필요한 염기서열 정보를 쉽게 얻을 수 있다. 그리고 만약 다른 생물체에서 공통으로 남아 있는 염기서열 부위가 이미 밝혀져 있는 경우에도 이런 알려진 염기서열을 이용하기도 한다. 이상에서 기술한 것과 같이 얻어진 염기서열 정보로부터 PCR 프라이머로 사용될 가능성이 있는 올리고 뉴클레오타이드 프라이머가 선발된다. 프라이머가 얻어지고 나면 이것들을 이용하여 비교하고자 하는 식물의 특정 부위를 증폭시킨다. PCR을 통한 다형현상은 몇 가지 방법을 통하여 결정하게 되는데 만약 프라이머 사이의 염기서열 부위가 비교하려는 식물체 중 어느 하나에서 삽입이나 결실로부터 비롯된 부위를 포함하고 있을 때 최종 PCR 산물을 전기영동 함으로써 다형화 현상을 탐지할 수 있다. 증폭된 부위가 염기서열의 차이에서 비롯되었으면 여러 가지의 네 개의 염기를 인식하는 제한효소를 사용하여 PCR 최종산물을 잘라서 고농도 아가 젤을 이용한 전기영동을 통하여 다형화현상의 차이를 볼 수 있다.

PCR에 의한 증폭은 증폭하고자 하는 어느 특정한 DNA 단편의 양 말단부위와 결합하는 2개의 올리고뉴클레오타이드 프라이머(oligonucleotide primer)를 사용하는데 먼저 DNA를 변성(denaturation)시킴으로써 한 가닥이 된 DNA에 프라이머(primer)를 상보적인 DNA 시퀀스(sequence)에 붙이고(결합, annealing), DNA 중합효소(DNA polymerase)를 이용하여 풀어진(annealing) 프라이머(primer)로부터 다시 연장(extension)하는 것으로 이와 같은 사이클(cycle)을 반복하면 소량의 DNA가 다량으로 증폭될 수 있다.

2) 제한단편길이다형화(Restriction Fragment Length Polymorphism, RFLP)

최근에는 생물학의 많은 분야에서 기초적인 기술 발전이 급진적으로 이룩 되는 특히 유전자 클로닝(cloning) 기술은 염색체 DNA를 유전자 마커로 사용하여 대부분의 주요 작물에서 유용한 유전자를 직접 선발할 수 있는 RFLP 지도제작 체계(mapping system)를 개발하고 있다. 이 기술은 DNA 염기서열의 자연적 변이를 자료로 하여 핵 내 염색체를 특정 제한효소로 처리함으로써 크기나 길이가 서로 다른 DNA 단편을 만들고 이것을 마커로 하여 교배 후대를 검정함으로써 작물이 가진 모든 염색체상의 위치를 표지하는 RFLP 지도를 작성 이용하는 기술이다. 고등생물의 유전 분야에서 RFLP의 이용가능성에 대하여는 1980년 인체 유전연구 분야에서 주장되었으며 최근에는 인체에서 RFLP 지도가 처음으로 작성되어 발표되고 있다. 이 RFLP 지도는 유전학의 기초개념과 유전공학적 기술이 포괄된 것이다. 식물의 어떤 종이나 유전자 단편을 클론 하여 probe로 만들 수 있고 교배 후대의 분리, 개체들을 검정함으로써 유전양식을 쉽게 알아볼 수 있으므로 한 조합에서 수없이 많은 연관 관계를 검정할 수 있다. 그럴 뿐만 아니라 검정하는 유전자 단편을 얼마든지 얻을 수 있어서 유전자 지도를 세밀하게 작성할 수 있다.

RFLP 유전자 지도를 작성하는데 가장 기본적인 필수조건은 작물이 유성생식을 하여야 하고, 유전자 단편을 만들 수 있는 재료가 필요하다. 단일 염기쌍 변화나 다수의 염기쌍 변화는 역위, 전좌, 결실 및 전위 등에 의하여 일어날 수 있다. 고등식물 세포에는 수많은 양의 DNA가 있지만 어떤 식물도 DNA 염기배열순서(base sequence)가 똑같은 것은 없다. 자연군락 상태의 식물에는 막대한 양의 DNA 변이가 존재하고 있지만, 식물유전학에서 이들 변이를 이용할 수 있는 직접적인 방법은 없었다. DNA 시퀀스(DNA sequence)의 자연적 변이체를 몇 가지 방법으로 찾을 수 있는데 그 한 가지 방법은 물론 DNA를 직접 배열순서를 분석(sequence)해서 세부적으로 비교하는 것이다. 그러나 불행히도 이 방법은 매우 어려운 일이며 시간이 많이 소요된다. 이러한 변이체를 찾는 다른 방법은 제한효소라 불리는 효소의 특성을 이용하는 방법이다. 어떤 미생물이 생산하는 뉴클레아제(nuclease, 핵산을 가수분해할 때 촉매 작용을 하는 효소)들은 DNA에서 특정 염기서열에 대한 제한효소 인지부위(restriction sites)라 불리는 타겟 부위(target site)를 인식하는 능력을 갖추고 있다. 만일 필요한 염기서열이 target DNA에 존재한다면 제한효소는 타겟 부위(target site)에서 DNA를 전달할 것이다. 그래서 큰 DNA 단편들은 크기를 분류함에 따라서 본래 DNA의 제한효소인지 부위의 분포를 알 수 있다. 생성된 단편들은 제한효소인 각각의 타겟 DNA(target DNA)에 대한 특이성을 가지게 된다.

핵 DNA의 RFLP는 직접 조사하기 어려우므로 일반적으로 염색체 DNA의 작은 조각을 이용하여 각각의 제한효소 단편을 탐색하는 방법을 쓴다. DNA-DNA 잡종형성(hybridization)의 높은 특이성을 이용함으로써 그와 같은 탐침(probe)은 제한효소 절단으로 생긴 복잡한 핵 DNA 단편 혼합체에서 개개의 제한효소 단편을 찾아낼 수 있다. 이러한 기술을 이용하기 위해서는 한 세트의 염색체 DNA 단편들이 탐침(probe)으로써 이용할 수 있도록 준비되어야 하는데 이와 같은 탐침(probe)의 한 세트를 '라이브러리'라고 부른다. 분석하고자 하는 종으로부터 분리한 DNA를 제한효소로 처리하여 절단하여, 비교적 작은 2~5kb의 단편들을 DNA 하이브리디제이션 프로브(hybridization probe, 안정된 염기쌍을 가진 hybrid를 만드는 방법으로 상보적이거나 동일한 분자를 확인하는데 이용될 수 있도록 동위원소로 표지된 핵산분자)로 이용하게 된다. 각각의 제한효소 단편들은 탐침(probe)로써 이용될 수 있으나 순순한 형태로 각각의 단편들이 공급되어야 한다. 각각의 제한효소 단편들을 직접 분리한다는 것은 매우 어렵다. 그러나 다행히도 이렇게 하려고 할 필요는 없다. 대신에 우리는 유전자 클로닝(gene cloning) 기술과 매우 정확하게 DNA를 복제하는 대장균과 같은 박테리아의 능력을 이용할 수 있다.

이 기술로 제한효소 단편들은 박테리아 플라스미드 속으로 흡수 결합하며, 그 플라스미드는 박테리아 세포 속으로 형질전환(transformation)이 된다. 그런 후에 박테리아 자신이 자라서 분열함에 따라 플라스미드를 복제한다. 이들 형질전환된 박테리아를 배양해서 플라스미드를 분리함으로써 우리는 식물의 하이브리디제이션 프로브(hybridization probe)로 이용에 적합한 단일 DNA 제한효소 단편을 대량으로 얻을 수 있다. 유용 제한효소 단편을 지닌 박테리아 스트레인(strain)은 장기간 보존될 수 있으며, 반복적으로 이용하거나 다른 실험자가 이용할 수 있도록 분양할 수 있다. 핵 DNA의 RFLP를 탐색하기 위하여 클론된 DNA를 사용하는 방법은 다음과 같다. RFLP 차이를 비교하기 위하여 식물에서 DNA를 분리하여 제한효소로 절단한 다음에는 아가 젤(agarose gel, 전기영동법에 사용되는 한천을 이용하여 제조하는 3차원 구조의 겔) 상에서 전기영동에 의하여 분류된 수백만의 제한효소 단편들의 형태로 존재하는데, 특정 단편들을 찾기 위한 DNA-DNA 잡종형성(hybridization)을 하기 위해서는 probe DNA와 gel의 DNA가 단일 가닥(single strand) 상태로 변성(denature) 되어야만 한다. DNA를 변성시키고 서던 블롯(Southern blot) 전이라 불리는 방법에 따라 DNA가 겔(gel)로부터 멤브레인 필터(membrane filter)로 전이되는, 즉 교잡(hybridization)을 쉽게 하기 위해서는 NaOH와 같은 염기성 용액에 겔(gel)을 침지시킨다. 겔(gel)과 같은 크기로 필터(filter)를 잘라서 직접 겔(gel)에 올려놓으면 DNA는 겔(gel)로부터 필터(filter)로 용출되어 나오게 된다. 따라서 겔과 필터가 직접 접촉되므로 겔에 있는 제한효소 단편의 전기영동 패턴(pattern)이 그대로 필터로 옮기게 된다. 변성된 DNA는 매우 단단하게 필터(filter)와 결합하게 되며 그 필터는 잡종형성(hybridization) 실험에 반복해서 사용할 수 있다.

서던 블롯 전이(southern blot transfer)에 의하여 준비된 필터는 라이브러리로부터 클론된 프로브들 중 하나와 RFLP를 탐색할 수 있는데, 기본적으로 이 과정은 클론된 탐침(probe)의 변성(denaturing)과 핵 DNA 단편이 결합한 필터(filter)와 혼합(hybrdize)하는 과정으로 구성된 것이다. 적당한 온도와 염(salt)의 농도조절하에서 변성된 프로브는 필터에 결합한 제한효소 단편 중에서 상동성(homology)이 있는 특정 단편과 특이성으로 잡종형성(hybridization)을 하게 된다. 그러나, 프로브(probe)가 혼합(hybridize)된 것을 관찰하기 위해서는 일정한 방법으로 프로브를 이름을 붙여야(label) 한다. 가장 일반적인 방법은 32P 동위원소로 프로브(probe)를 이름을 붙여야(labeling)이라는 방법이 이용되고 있다. 이름을 붙인(label) 프로브의 DNA 필터를 혼합(hybridize)된 제한효소 단편을 관찰할 수 있도록 자기방사법(autoradiography)을 한다. 이러한 방법으로 고등식물 DNA의 복잡한 단편들 속에서 개개의 제한효소 단편을 찾을 수 있다. 최근에는 동위원소를 사용하지 않는 프로브 라벨화(probe labeling) 기술을 개발하고 있다.

3) 무작위 증폭 다형성 DNA(Random Amplified Polymorphic DNA, RAPD)

RAPD 기법은 유전체 DNA(genomic DNA)를 주형(template)으로 하여 9~12bp의 작은 프라이머(primer)를 이용하여 DNA를 증폭시키는 방법으로써 반응 산물을 아가젤(agarose gel) 상에서 전기영동을 한 후 EtBr로 염색하면 증폭된 DNA 밴드 패턴(band pattern)을 엿볼 수 있다. RAPD에서 증폭된 DNA의 변이는 합성 프라이머(primer)의 염기배열을 임의로 바꾸어 이용함으로써 다양한 DNA 밴드 패턴(band pattern)의 변이를 얻을 수 있다. RAPD 기법은 작은 게놈을 대상으로 할 때 적당한 방법으로 알려져 있는데 이러한 RAPD 기법에 따른 다형성(polymorphism)은 다른 품종에서 나타나더라도 한 품종에서는 나타나지 않거나 동일 품종에서도 재현성 변이가 있을 수 있다. 따라서 RAPD를 이용할 때 반응 용액 중에서 완전한 게놈이 주형(template)으로서 포함되도록 DNA 추출 때 유의하여야 하며 일단 다형성(polymorphism)이 찾아지면 그 재현성을 2~3회의 반복 실험을 통하여 검증하여야 한다.

표 3-1 RFLP와 RAPD 비교

항목	RFLP	RAPD
원리	유전자형에 따른 제한 엔도뉴클레아제 부위의 위치 변화에 근거	염기 치환의 변화에 기초합니다. 삭제 및 기타 변경 사항
분석	서던 블롯(Southern blot)	겔 전기영동
프로브 종류	식별용 방사성 동위 원소 및 비 식별용 방사성 동위 원소	증폭된 DNA 조각의 동일한 크기의 프라이머
검증자료	유전적 유사성으로 해석되는 다른 유전자형의 제한 단편의 동일한 크기	소량의 DNA만 필요
필요 조건	많은 양의 DNA가 필요	Taq 및 PCR 기계가 필요
다형성 감지시간	수 일	수 시간
표지	프로브 수 만큼 필요	임의의 프라이머만 필요

4) DNA 시퀀싱(DNA Sequencing)

DNA의 염기서열을 알아내는 것은 분자생물학 연구에 있어서 가장 기본적인 정보를 제공해 주는 실험이다. DNA의 시퀀싱(sequencing)은 1977년에 이르러 거의 동시에 개발된 두 가지 방법에 따라 비로소 가능하게 되었다. 그 두 가지 방법은 생어(Sanger)와 쿨손(Coulson)이 개발한 연쇄 정지반응(chain termination) 방법과 막삼(Maxam)과 길버트(Gilbert)의 화학적 강등(chemical degradation) 방법이다. 초창기에는 화학적 강등(chemical degradation) 방법이 더 많이 사용되었으나, 점차 연쇄 정지반응(chain termination) 방법을 선호하게 되었다. 그 이유는 연쇄 정지반응(chain termination) 방법이 발전됨에 따라 훨씬 긴 염기서열을 바른 시간 내에 읽을 수 있게 되었기 때문이다.

연쇄 정지반응(chain termination) 방법의 원리는 다음과 같다. DNA 중합효소(DNA polymerase)가 주형(template) DNA에 상보적인 DNA를 합성할 때 사용하는 기질은 dNTP이다. dNTP의 3'위치 탄소에는 -OH기가 붙어있는데, 이 -OH기의 산소 원자에 다음 dNTP가 연결되어 이어지게 된다. 그런데 만약 3' 위치에 산소 원자가 없는 디디옥시뉴클레오티드(dideoxy NTP, ddNTP)를 넣어주면 다음 dNTP를 붙일 수 없으므로 DNA 합성이 정지된다. 이 원리를 이용한 것이 연쇄종결 반응(dideoxy chain termination)을 이용한 방법이다. 즉, 기질로 dNTP(dGTP+dATP+dTTP+dCTP)외에 ddGTP를 조금 섞어 사용하면 dGTP가 들어갈

자리 중 일부(보통 40번에 한 번)에 ddGTP가 들어가게 되고 반응이 정지된다. 따라서, G 자리에서 반응이 정지된 다양한 길이의 DNA 조각들이 만들어지게 되는 것이다. 마찬가지로 A, T 혹은 C 자리에서 반응이 정지된 DNA 조각들을 얻을 수 있고 이 DNA 조각들을 전기영동 하여 길이 순서대로 분리한 후, 순서대로 읽으면 그것이 곧 합성된 DNA의 염기서열이다.

5) DNA 다형성(DNA Polymorphism)

분자생물은 단백질 전기영동(protein eletrophoresis)을 포함하고 있는 모든 이전의 실험 방법들보다 더 큰 분석을 가진 유전적 변화(변이)연구를 위한 더 힘 있는 수단들을 제공했다. 어쨌든 식물 개체군과 종들의 분자 변화(다양성)의 현재 지식은 아직 부족하다. 흔히 다중 복제 유전자(multicopy genes)는 소수의 종과 유전자(genes)에 제한되어 있다. 주요한 원인으로 DNA 방법들에 있어 기술들의 비교적 새로운 첨가는 시간 소비와 상대적인 비용이고, 그것의 의미들은 자료 샘플의 크기 분석이 개체군 관점에서 작고, 그러므로 통계상 시험가설의 능력이 제한되어 있다. 그러나 환경은 빠르게 변화하고 자료는 점점 축적된다.

핵산(nucleic acid) 기술들의 주요한 이점은 시퀀스(sequence)에 어떤 종류의 정보를 주고 동위효소뿐만 아니라 저장 단백질들과 같은 비아이소자임 틱(non-isozyme tic)의 높은 표현이다. 지금 전체 게놈과 그것의 성분들에 관한 정보를 얻는 것은 가능해졌고, 단백질 전기영동(protein eletrophoresis)의 우수한 한계는 단지 시퀀스(sequence) 번역의 정보를 준다. 분자의 유전적 방법들은 변이의 검출이 코딩(coding) 지역의 제한이 아니라 특별히 돌연변이의 결과들의 모든 범주를 검출할 수 있어서 단백질 전기영동(protein eletrophoresis)의 2가지 주요 한계들을 극복할 수 있다. 정보는 프로브(probes)를 이용하고 제한효소들을 사용할 수 있는 수들에 의존하는 RFLP 기술을 얻었다. 각기 다른 프로브(probes)는 유전체(genomic) DNA 단편들의 다른 셋트(set)를 가진 잡종들이고, 각 효소는 다른 위치에 있는 유전체(genomic) DNA 단편들을 잘라낸다. 제한 위치들은 유전적 위치에 저장하고, 자료를 해석한다.

개체군 분석 대부분은 유전체(genomic) DNA로, 반복성의 또는 단일 복사, 또는 cDNA에서 복사할 mRNA로부터 얻은 익명의 프로브(probes)들을 가지고 수행한다. 각 무작위 유전체(genomic)나 cDNA probe는 단일 위치에서 표현한다. 위치의 공평한 선택과 할당은 개체군과 종들의 유전적 변이의 수준이 직접적인 평가를 준다. 유전체(genomic) DNA로부터 클론된 mRNA와 상대되는 난코딩(non-coding, ncRNA) 파편의 다수는 자연적으로 선택적이고, 표현되는 시퀀스(sequences)는 cDNA 클론 들보다 더 빠르게 갈라진다. 자리에 놓인 어떤 것들은 밀접하게 관련된 변이와 경작의 구별이 알맞다. 반면에 cDNA 탐침(probe)들은 보존된 시퀀스(sequences)가 매우 공정하게 표현되고, 그들에게 이 가능성을 교잡이 덜 연관된 분류학적 그룹들의 마커로써 사용된다. 여러 가지 수학적 모델들은 개체군과 발달의 수준이 RFLP 자료 분석으로 사용될 수 있다. 시퀀싱(aequencing) 기술들의 주요한 이점은 그들이 우리에게 수와 뉴클레오티드(nucleotide) 수준에서 유전적 변화의 종류를 정확히 알게 하게 시키는 것이고, 유전적 변이의 안에서와 개체군과 종들 사이에 확실한 측정보다 더 가까이 존재한다. 시퀀싱(sequencing) 기술들은 값이 비싸고, 힘이 들고, 시간을 소모한다. 이런 이유로 그들의 힘과 유전적 정보를 얻는 능력과 식물 유전자 시퀀스(plant genes sequenced)의 수의 계속 증가에도 불구하고, 그들은 단지 소수의 개체군 인구들을 사용한다. 즉, 같은 유전자(gene)는 개체군이나 종들의 독특한 의미 있는 수에서 시퀀스(sequence)를 한다. PCR은 다수의 DNA 시퀀스(sequence) 변화를 검출하는데 충실한 분자 DNA 분석에 매우 유망한 기술로 표현한다.

다른 방법으로 지금까지 RFLP는 개체군이나 변이를 동정하는 가장 효과적인 DNA 기술이고, 비록 RAPD의 사용이 증가할지라도 이 상황에서 영향을 의심하지 않아도 될 것이다. RFLP에 대해 RAPD의 이점은 RAPD는 아주 빠르고, 매우 쉬운 기술에 의해 분석되고, 그것은 몇 년 안에 아마도 개체군과 발달의 연구들에 RFLP보다 더 많은 마커로 공헌을 할 것이다. PCR에 의한 다형성(polymorphism, 같은 종의 생물이지만, 모습이나 고유한 특징이 다양한 성질) 분석은 이미 곡류들과 콩과 식물들의 동정에 그들이 유용하다는 것을 증명하였다.

제4장 유전체계의 조작

제1절 웅성불임(Male Sterility)

1. 서론

넓은 의미에서 불임성은 제대로 결실하지 못하여 다음 세대를 계승할 식물이 생길 수 없는 모든 경우를 말한다. 그러나 좁은 의미의 불임성은 화아분화 이후 어떤 결함에 의하여 일어나는 생식만을 식물의 불임성이라고 한다. 불임성이 생기는 원인에 따라 이것을 분류하면 환경적 원인에 의한 불임성, 유전적 원인에 의한 불임성 등으로 나눌 수 있다.

1) 환경적인 원인에 의한 불임성

불임이 되는 환경적 요소로는 영양, 광선, 수분, 온도, 병충해 등을 들 수 있다. 영양이 관계하는 불임에는 영양분이 과할 정도로 좋은 나머지 생식 작용이 억제되는 경우와 그 반대인 경우가 있다. 광선이 불임성에 영향을 끼치는 것은 주로 C/N율에 의하여 좌우되는 것으로 알려져 있으며, 콩이나 목화의 경우에는 수분이 불임의 주요 원인으로 되어 있다. 온도에 의한 불임성은 벼에 있어서 15℃ 이하가 되면 꽃가루가 해를 받아 불임이 되는 경우가 있는데 이러한 환경에 의한 불임성은 환경조건만 개선이 되면 극복할 수 있다.

2) 유전자 웅성불임(Genetic Male Sterility, GMS)

불임에 관여하는 유전자에 의한 불임, 교잡에서 볼 수 있는 불임 등이 여기에 속한다. 유전자에 의한 불임은 자성불임(female sterility)과 웅성불임(male sterility)으로 나눌 수 있는데, 실제로 웅성불임이 보다 큰 문제가 된다. 정상적인 양친한테서 나온 F_1에서 나타나는 불임으로는 같은 종내(intra species) 잡종으로서 벼의 자포니카×인디카(*Japonica*×*Indica*)에서 나타나는 불임과 종외(inter species) 잡종으로서 속간잡종인 밀(*Triticum vulgare*(n+21))×호밀(*Secale cereale*(n=7))에서 나온 F_1의 불임 등이 있으며, 같은 종류에서도 염색체의 차이에 의하여 불임이 일어나는 일도 있다. 또한 생식기관의 성적결함(impotence)이 있는 것이 원인이 되어 나타나는 경우를 배우자 불임성(gametic sterility)이라 하며, 접합체가 배나 종자의 형성과정 중의 어떤 시기에 퇴화하여 발아력을 가진 종자를 얻을 수 없게 되는 경우, 즉 접합체불임성

(zygotic sterility), 그리고 세포질 불임성(cytoplasmic sterility) 등이 있다. 특히 웅성불임(male sterility)은 웅성기관의 형태적 또는 기능적 이상 때문에 수분, 수정, 종자 형성이 이루어지지 않는 현상을 말한다. 웅성불임은 환경적인 일시적 변이로서 발현하는 경우와 유전형질로서 발현하는 경우가 있다. 전자는 영양 조건의 불균형, 온도, 일조 등의 이상에 의해서 나타나는 것이지만, 후자는 화분불임성, 웅예불임성, 수정 불능에 등에 의해 나타나는 것이다. 웅성불임은 핵 웅성불임성(nuclear male sterility, NMS), 세포질 웅성불임성(cytoplasmic male sterility, CMS), 유전적인 것이 아닌 화학적 유도에 따른 웅성불임으로 나눌 수 있다.

2. 핵 웅성불임(Nuclear Male Sterility, NMS)

핵(유전자적) 웅성불임은 자연적인 현상으로 옥수수, 토마토, 보리 같은 종에서 이러한 돌연변이체(mutant)들이 빈번하게 나타난다. 두빅(Duvick, 1996)에 의하면 이는 모든 2배체(diploid) 종에서 발견된다고 한다. 모든 식물이 웅성불임개체군을 만드는 것은 아니고 웅성불임이 생길 확률은 50%이며, msms×MSms 여교배에서 획득된다. 핵웅성불임에서 이 돌연변이의 결과가 몇몇 중요한 곡식 작물에서 유도되었고, 이 핵웅성불임은 여러 개의 열성유전자에 의해서, 폴리진(polygene)에 의해서 또는 우성유전자에 의해서 조절된다는 것이 발견되었다.

3. 세포질 웅성불임(Cytoplasmic Male Sterility, CMS)

식물 자체가 유전적인 결함으로 임성의 화분을 만들지 못하는 것이 웅성불임인데, 세포질에 있는 미토콘드리아 유전자에 의하여 웅성불임이 되는 현상을 세포질 웅성불임(CMS)이라고 한다. 식물의 웅성불임성에 대하여 많이 연구되고 있는 것이 이 웅성불임을 이용하여 잡종종자의 생산이 편리하며 경제적으로 이용될 수 있기 때문이다. 세포질 웅성불임 식물들은 돌연변이에 의하여 주로 나타나지만, 교배 과정에서도 종종 나타난다. 연속적인 여교배(backcross)는 한 종의 핵 DNA를 다른 DNA로 대체시키는 결과를 가져오게 되는데, 때때로 이것이 세포질 웅성불임 식물체를 유도하기도 한다. 이러한 현상은 원래 유전자형에 존재하는 임성회복유전자(fertility restorer gene)가 제거됨으로써 나타난다. 세포질 웅성불임은 멘델(Mendel)의 유전양상을 따르지 않고 모계유전이 되며, 140여 종 이상이 식물에서 발견되었다.

CMS는 동형질(autoplasmic) CMS와 이형질(alloplasmic) CMS로 나눌 수 있다. 자가질(autoplasmic) CMS는 대부분 미토콘드리아 게놈 같은 세포질에서 자연적인 돌연변이(mutation) 변화의 결과로서 한 종 내에서 일어나는 것을 말하는 것이고, 반면에 이형질(alloplasmic) CMS는 종간(interspecific)이나 때때로 종내(intraspecific) 교배 때문에 만들어지는 것을 말한다. 이 범위는 종외 원형질체 융해 생산에서의 CMS 또한 포함된다. 1972년에 140여 종의 CMS가 알려졌는데 자연적인 동형질(autoplasmic)로는 56%가 분류되었다. 자연적인 동형질(autoplasmic) CMS는 자연적인 NMS 빈도의 1/4이라고 한다. CMS의 핵 유전조절은 하나 또는 그 이상의 열성유전자에 의해 현저한 지배를 받지만, 우성유전자와 폴리진(polygene) 역시 CMS를 지배한다고 보고된 바 있다. CMS의 원인에 관한 몇 가지 이론들이 있는데 아타나소프(Atanasoff, 1964)는 CMS의 원인이 바이러스에 의한 감염이라고 했다. 이는 그 당시에 동형질(autoplasmic) CMS를 그럴듯하게 설명했고, 피튜니아에서 접목전염(graft transmission) CMS의 보고에 적합했지만, 최근 실험에서 바이러스 감염가설이 정확하지 않고 피튜니아에서의 웅성불임은 변이 미토콘드리아 DNA의 배열과 관련되어 있다는 것이 밝혀졌다. 드물지만 예외로 잠두(*Vicia faba*)의 CMS '447'은 바이러스 감염과 관련이 있는데 이는 아주 불안정하고 바이러스입자의 함유량에 많은 영향을 받는다.

세포질에서 미토콘드리아의 위치변화가 CMS를 일으킨다고 처음 로이드(Rhoades, 1950)에 의해 처음 제안되었는데, 이는 분자기술(molecular techniques)이 실용화되었을 때 CMS의 미토콘드리아 기원설의 뒷받침이 되었다. 다른 mtDNA 제한핵속핵산분해효소(restriction endonuclease digestion) 형식이 미토콘드리아 게놈에서 변이체의 내외부(intra or inter) 분자 DNA의 재조합에 영향을 미친다는 것이 분명해졌다. 이것은 변형되어 존재하고 있는 유전자 또는 새로 만들어진 유전자가 웅성불임의 표현형과 관계가 있다는 것을 말한다. 또한 페튜니아(*Petunia*)와 배추속(*Brassica*)에서 CMS 체세포잡종의 미토콘드리아와 엽록체(chloroplast) 게놈분석과 옥수수의 T와 S 웅성불임 세포질의 임성회복 연구로부터의 증거가 CMS는 미토콘드리아의 불균일과 미토콘드리아 게놈을 가진 CMS의 조합에 기인한다는 결론을 뒷받침하고 있다. 그러나 확실한 증거인 미토콘드리아 게놈에 연관된 CMS는 몇몇 종에서만 존재하고, 때때로 CMS는 cpDNA에서 변화에 연관되어 있다는 것을 제외할 수는 없다. 따라서 적어도 cpDNA는 담배속(*Nicotiana*), 목화속(*Gossypium*)과 수수속(*Sorghum*)에서의 CMS에 이바지한다.

4. 화학적 유도 웅성불임(Chemically Induced Male Sterility)

경제적으로 중요한 작물에서 적합하고 기능적인 웅성불임 체계(system)의 부족으로 잡종 변이를 개발하는 데 어려움이 많다. 따라서 화학물질을 이용, 웅성불임을 유도하는데, 이러한 화학적 교합제(chemical hybridizing agents, CHA)를 성공적으로 생산하려면 적합한 수의 적용과 알맞은 환경조건이 요구된다. CHA 생산의 중요한 문제점은 웅성불임 효과의 부족과 부분적인 자성불임(female sterility)이 영향과 식물의 독성이다. 또 다른 제한 인자는 발육단계의 간격인데, 이 간격이 좁거나 불리한 날씨 조건이 되면 이것에 의해 방해를 받는다. 35년 전 화학적 불임으로서 웅성번이를 처음으로 시도한 이래 많은 연구를 하고 있지만, 아직도 만족스러운 결과가 나타나지 않고 있다.

5. 식물육종에서 웅성불임의 이용

식물육종에서 웅성불임의 중요한 역할은 잡종종자의 생산과 집단의 쉬운 개량 도구, 여교잡(backcross, 교잡으로 생긴 잡종을 다시 그 양친의 한쪽과 교배시키는 것), 속간잡종과 다른 육종 결과를 중재하는 것이다.

1) 잡종종자생산(Hybrid Seed Production)

잡종종자는 전통적인 종자에 비해 여러 가지 환경적인 조건에 우수한 형질을 나타내어 생산량의 증가를 가져온다. 잡종 옥수수에서 성공한 잡종 육종방법은 이제 사탕수수, 사탕무, 해바라기, 토마토, 홍당무, 양파, 그리고 몇몇 그 밖의 밭작물과 채소, 장식용 작물에서 이용되고 있다. 잡종강세를 효과적으로 이용하는 것은 양적인 면에서 잡종종자를 생산할 수 있게 했고 직접 재배자가 F_1을 기를 수 있게 했다. 지난 50여 년 동안 식물육종학자들은 식물 개체군에서 다른 웅성불임을 도입했고 꽃 형태학과 육종 체계(system)에 의해 부과된 큰 규모의 조절된 잡종에 대한 제한을 피하려고 웅성불임을 이용해 왔다.

(1) 핵 웅성불임

① 열성 핵 웅성불임(NMS)

잡종종자의 생산에서 핵 웅성불임(NMS)은 이들의 이용이 매우 제한되는 단일화된 웅성불임 개체군의 생산을 인정하고 있지 않은데, 큰 규모의 잡종종자생산에서 열성(recessive) NMS의 이용이 인정되는 이유는 msms×Msms의 여교배로부터 생겨나는 50%의 웅성가임 식물을 솎아낼 필요성 때문이다. 웅성불임 식물과 가임 식물의 안전한 분류는 개화 전까지는 알 수 없으므로 잡종종자의 대규모의 경제적인 생산에서 이를 분류하는 것은 어렵고 비용이 많이 든다. 이 문제는 몇 가지 의미가 있는데, 영양번식과 선발을 돕는 마커로, 수정능력의 일시적인 회복과 기능적인 웅성불임으로서의 이용이다. 잡종종자생산에서 웅성불임 식물의 영양번식은 주로 장식식물에서 이용되는데 이 식물의 종자는 가격이 비싸다. 하지만, 미세번식(micropropagation, 기내 번식과 거의 동일하게 쓰이며 유리 시험관이나 일회용 샤일레(petri dish) 등을 이용하여 줄기 정아나 절간 조직에서 다량의 줄기를 연속 생산하는 번식법)의 값싸고 유용한 방법의 개발과 함께 잡종종자 생산은 영양번식 된 이형접합자 웅성불임 유전자형에 기본을 둔 것으로 이는 특히 채소 작물의 증식에 중요하다.

약 60년 전 싱글톤과 존스(Singleton & Jones, 1930)이 옥수수에서 마커로써 사용되는 색깔 유전자가 웅성불임 유전자와 연관되어 있다고 제안했다. 이런 마커와 함께 가임 식물에서 종자 결실은 파종 전에 제거되어야만 웅성불임 식물의 순수한 계통의 생산이 인정된다. 따라서 옥수수에서 흰 배유와 보리에서 보이는 주름진 내배유 같은 종자 형질을 포함하는 마커-지원(marker-assisted) 선발의 몇몇 비슷한 시스템이 발달하였다. 이것은 퍼듀 대학(Purdue Univ. USA)에서 나온 새로운 토마토 계통을 제외하고 종자 마커가 열성 웅성불임과 가깝게 연관되어 있음을 보여준다.

최근에 요르겐센(Jorgensen, 1987)은 유전적 전이를 통한 연관의 합성을 제안했는데 여기에서 알맞은 웅성불임 유전자를 운반하는 수많은 식물의 각각에서 무작위적인 위치에 적당한 마커 유전자의 도입이 인정되며, 변형된 식물의 후대 연관분석에서 마커와 웅성불임 유전자 사이의 연관이 인정되었다. 어떤 잡종 육종 프로그램에서도 확실한 웅성불임 유전자와 적절한 마커, 유용한 형질전환-재분화 시스템을 전제조건으로 한다. 염색체상의 선택할 수 있는 분열조직과 함께 조합 웅성불임 유전자인 세포유전학적 방법은 순수한 웅성불임 개체들은 생산할 수 있게 했다.

처음에 래미지와 위베(Ramage & Wiebe)에 의해 제안된 삼차삼염색체성(Balanced Tertiary Trisomic, BTT) 시스템에서 이것은 전이된 예외적인 염색체를 통해 열성 웅성불임 유전자에 상응하는 정상적인 두 개의 염색체가 운반되는 동안 수행되는데, 이는 우성 웅성불임 유전자와 가깝게 연관되어 전좌의 구분 점이 되는 곳으로 운반된다. 처음 BBT 시스템의 조절로 과잉염색체(extra chromosome)는 웅성불임 유전저좌(locus)의 우성대립유전자와 열성치사 마커 유전자를 운반하는데, 이는 서로 가깝게 연관되어 있고 전좌의 구분 점이 된다. trisomic 식물 같은 자가수분식물에서 과잉염색체(extra chromosome)는 난세포(egg cell)를 통해 그 계통의 생존할 수 있는 수정된 자손의 결실과 보존을 전달한다. 삼염색체(trisomic)가 msms 암꽃에서 수분자로서 이용될 때 과잉염색체(extra chromosome) 전달되지 못하고 따라서 자손은 100% 웅성불임이 된다. BTT 시스템은 잡종 보리 변이 생산을 위해 개발되었고 이는 제한된 범위에서만 사용되어왔다.

옥수수를 위한 다른 시스템이 개발되었는데, 열성 웅성불임 유전자는 염색체 결핍과의 반발 작용과 연관되어 있으며, 웅성 배우자의 운송 결핍으로 기능을 하지 못하면 BBT 시스템과 비슷한 결과를 초래한다. 또 밑에는 더 복잡한 XYZ-시스템이 있는데, 이는 외부 염색체(chromosome)의 첨가를 포함한다. 이 두 개의 어느 것도 실용적인 사용에 대해서 언급된 시스템은 없다. 어떤 환경 아래서 자가수분을 통한 순수한 유전자 웅성붕임(nuclear male sterile) 계통의 육종이 가능하다. 그러나 이것은 식물은 어떤 환경 아래에서 다른 환경 아래서는 아니지만, 화분(pollen)이 불임일 것을 요구한다. 따라서 한스와 가벨만(Hansche & Gabelman, 1963)은 당근에서 부분적인 웅성불임을 발견했는데, 이는 다른 환경에서 특이한 침투성을 가지며, 한 위치에서 종자를 증가시키는 것과 다른 곳에서 잡종종자를 생산하기 위해 웅성불임 방어벽을 기르는 것이 가능하다.

이와 유사하게 양(Yang, 1988) 등은 민감한 광주기(photoperiod)에 있어서 부분적인 웅성불임의 이용에 대해 언급을 했는데, 이는 잡종 쌀의 상업적 생산을 위해서였다. 그러나 어떤 환경적인 조건에서 증진된 화분(pollen)의 수정능력은 화분(pollen) 발달의 불안정한 시기 동안 얼마 정도 나타나는데, 이는 잡종종자생산에 있어서 포장(field)에서 불임 분석상 위험하다. 또는 몇몇 화학적 물질이 다양한 종류의 웅성불임 식물에서 일시적으로 수정능력을 회복시키는 데 이용되었는데, 즉 지베렐린(GA_3)는 옥수수의 변이인 콘 그라스(corn grass)에서, 토마토의 수술이 없는 변이에서, 또한 보리의 NMS에서 화분(pollen)의 수정능력을 회복시킨 것으로 보고되었다.

웅성불임의 화학적 회복의 장점은 완전한 수정능력 회복을 이룰 필요가 없다는 것이다. 또한 식물의 측면에서 보면 화학적 처리의 효과가 잡종종자가 자라는 데 이용되지 않기 때문에 심각한 문제가 없다. 잡종종자 생산에서 일시적인 화학적 수정능력 회복으로 제공된 이 가능성 때문에 몇몇 학자들은 이것을 포장(field)에서 보충 조사할 것을 권한다. 시험관내의 옥수수에서 두 종류 NMS의 발달과 회복에 대한 GA_3를 포함하는 다른 12개의 식물생장조절제의 효과를 파레디(Pareddy, 1990)가 보고했다. NMS의 회복에 있어서 생장조절제에 더해서 영양적인 면과 환경적인 요인이 아마도 포함되었을 것이라고 결론을 내릴 수 있다.

잡종종자 생산에서 웅성불임의 기능적인 이용에 대한 시도 또한 이루어졌는데, 즉 로에버(Roever, 1948)는 토마토에서 열성유전자에 관해 설명했다. 이는 종피가 터지지 않은 약(anther)에서 정상적인 화분(pollen)을 생산하는 것으로 보통은 종피가 터지지 않으면 자연적인 수분을 방해한다. 그러나 이 변이는 손으로 약(anther)의 터짐을 유발하게 하여 수정시킬 수 있다. 따라서 이 웅성불임변이가 쉽게 유지될 수 있고 거세 없이 잡종종자생산에 이용될 수 있다. 이런 유사한 변이가 옥수수, 가지, 콩에서 발견되었다.

이상에서 기술한 변이의 몇몇은 잡종종자생산을 위해 가능성이 있어 보이지만, 상업적으로 이용된 것은 없다. 그러나, 최근에 기능적인 웅성불임 모계 계통과 티아민 의존성(thiamine-dependent) 부계 계통을 포함하는 잡종 토마토 종자의 생산을 위한 방법이 설명되었다. 이 시스템은 헝가리(Hungarian) 토마토 육종에 도입됐다.

② 우성 핵 웅성불임(NMS)

우성 핵 웅성불임(NMS) 유전자는 당근, 면화, 밀과 서양 유채를 포함하는 몇몇 곡류에서 나타난다. 우성 NMS가 주기적인 선발 프로그램에서 교잡을 촉진하는 데 이용된다고 할지라도 잡종종자생산에 이것의 이용은 정상적인 유전을 방해한다. 그러나 최근에 벨기에(Belgium)와 캘리포니아 대학의 식물유전계(Plant Genetic System)에서 약벽(anther tapetum) 유전자(TA29)와 리보뉴클레아제(ribonuclease) 유전자(RNase)로 구성된 가공의 유전자를 가진 담배와 서양 유채를 형질전환 시켰다. 이 가공 유전자의 표현은 약(anther)의 융단세포를 파괴해 웅성불임 식물을 유발한다. 영향을 받고도 변형되지 않은 자성가임 식물은 모든 다른 항목에서 정상이다. TA29-RNase 유전자는 우성 제초제 저항 유전자에 대한 연관 때문에 웅성불임 식물의 단일화된 개체를 생산하기 위해 상응하는 제초제로 이용할 수 있다. 이 같은 그룹은 또한 리보뉴클레아제(RNase) 유전자의 효과가 억제된 복귀 유전자와 동일시된다. 따라서 우성 제초제 저항성(Hr) 유전자에 연관된 PGS-우성 Ms유전자를 기반으로 하이브리드종자 생산 시스템 단계에서 잡종종자 개발을 위한 이 우성 NMS 시스템의 이용이 인정된다. 유전적으로 조작된 우성 NMS 시스템의 패턴을 정리했다. 4개의 시스템 즉 USDA 농업연구소(Agricultural Research Service), 캘리포니아 대학 식물유전자발현센터(Plant Gene Expression Centre)와 뉴욕주 알바니(Albany)에서 발달한 것은 필요할 때 스스로 파괴되는 화분(pollen)을 가진 식물의 생산을 목적으로 한다.

(2) 세포질 웅성불임(Cytoplasmic Male Sterility, CMS)

어느 정도의 예외를 제외하고 CMS는 잡종종자생산에 있어서 가장 중요한 시스템인데, 잡종종자를 효과적이고 경제적 양면에서 생산할 수 있다. CMS의 유전은 핵에서 조절되는 양파에서 설명할 수 있는데 이는 단지 하나의 열성유전자에 의해 수행된다.

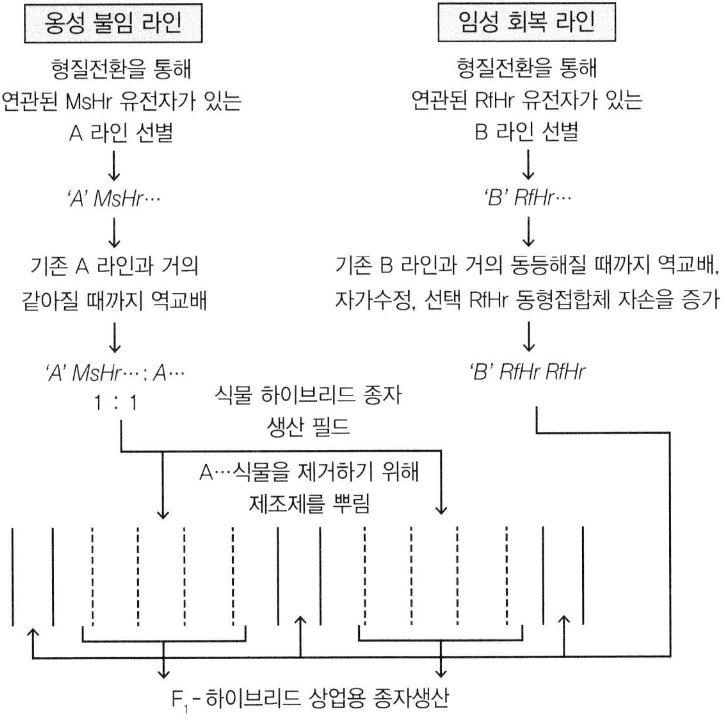

그림 4-1 하이브리드 종자 생산 시스템

세포질 웅성불임에 기반한 잡종 종자 생산 시스템의 개발 단계. 역교배에서 Rf유전자를 쉽게 추적할 수 있도록 임성회복 라인은 일반적으로 여기에 표시된 N-세포질이 아니라 S-세포질에서 발생에서 보는 것처럼 이것은 단지 불임 세포질과 열성유전자 rf,(S) sfsf인 동형접합체의 조합이다고 웅성불임의 결과이다. (N) rfrf구조의 인자형은 웅성불임 식물이 이 인자형에 의해 수분이 될 때 같은 웅성불임 자손을 생산할 수 있어서 유지자라고 불린다. 양파의 CMS의 경우에서와같이 회복(restorer) 유전자는 아마도 열성 유지자 유전자의 우성 대립유전자일 것이고 따라서 회복(restorer) 유전자 형태는(N) RFRF이다. 그러나 이 회복(restoration)은 빈번히 다른 핵(nuclear) 유전자의 내포와 심지어 미토콘드리아 게놈에서의 변화의 수반까지 요구한다. 잡종 육종과 종자생산은 다음에 오는 물질과 절차를 요구한다.

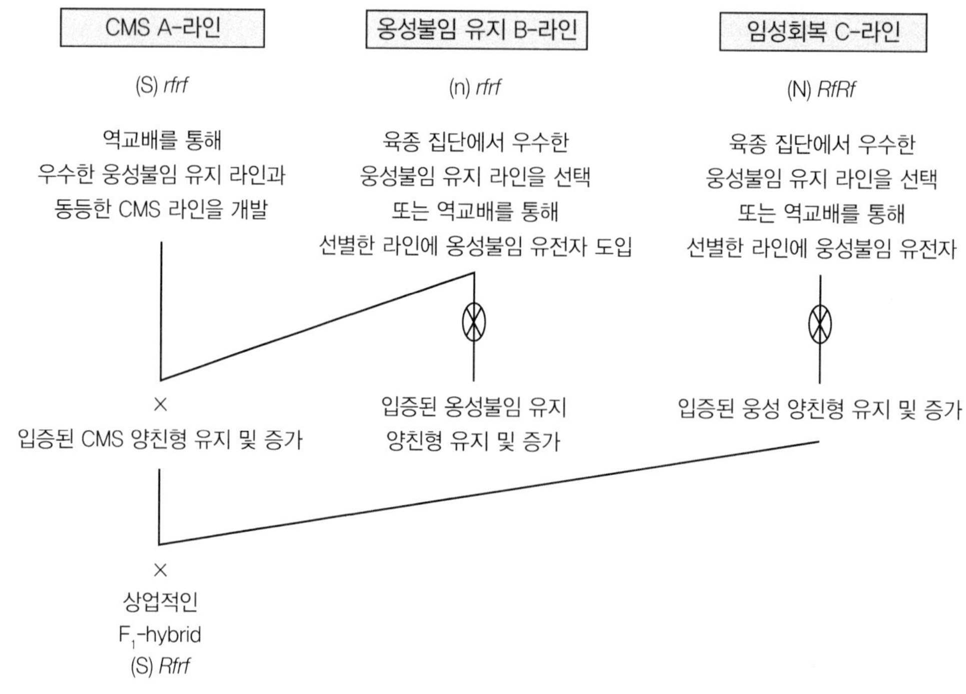

그림 4-2 웅성불임과 회복 시스템

① 유지자 유전자형(N)

잡종 육종에서 CMS의 이용을 원한다면 유자지 인자형을 발견하거나 그 자신의 육종재료에서 도입해야 하며 그리고서 그들의 핵 인자형을 불임 세포질로 바꾼 것을 교배하고 여교배를 한다. 종종 B-라인(line)이라 불리는 유지자 인자형은 N-세포질(cytoplasm)과 함께 어떤 정상인 수정능력을 가진 인자형과 비슷하게 보인다. 따라서 유지자 인자형을 검정하기 위해 수정능력이 있는 식물과 각각의 CMS 식물을 검정교배 할 필요가 있고, 웅성불임을 위해 자손을 분류할 필요가 있다. 다만 100% 웅성불임 식물로 구성된 자손의 특수한 검정교배가 있다면 그 검정교배에서 사용된 것은 유지자 인자형이다. 또한 유지자 식물의 인자형은 보통 자가수분을 통해 보존되는데, 이것은 또한 유지자 계통 개발의 일부분이고 그 목적은 항상 동족 번식된 CMS 계통의 개발을 위한 것이다. 유지자 인자형의 빈도는 한 종 내에서의 다른 불임 세포질에서뿐만 아니라 종과 종으로부터 상당히 다르다. 따라서 옥수수 동족 번식계통의 70%는 T 세포질이 유지자이고 40%는 S 세포질이다. 비교적 대부분의 사탕무 개체군에서 식물의 단지 2~5%만이 오웬(Owen)에 의해 개발된 CMS를 유지자로 한다.

② 동등한 CMS 계통(S)

한때 새로운 유지자 계통으로 평가됐고, 그것의 육종 가치가 증명되었으며, 이것의 핵 인자형은 교잡과 되풀이된 여교배 과정을 통해 불임 세포질에 옮겨졌다. 그 결과 CMS 계통(A-라인)은 소기관 게놈을 제외하고 크게 다른 유지자 계통이 되었다. 이것은 그것의 유지자 대조물과 더 먼 교배과정에 의해 쉽게 번식될 수 있다.

③ 회복친(Restorer) 유전자형

양파와 사탕무 같은 영양번식 하는 2년생 작물은 잡종 작물에서 웅성가임이 요구되지 않는다. 그러나 수확물이 종자인 사탕수수와 해바라기 같은 작물에서는 수분 친이 CMS 모계로 사용된다. 그러나 CMS에 기반을 둔 잡종의 육종은 종종 지루하고 비용이 많이 들고 때로는 실용성이 떨어진다.

(3) 화학적 잡종화제(Chemical Hybridization Agent, CHA)

잡종종자생산을 위해 CMS가 이용될 때, 유지자의 개발과 동등한 CMS 계통과 복원자는 잡종 육종을 위해 선행되어야 한다. CHA로 조합능력의 검정교배를 할 수 있고 이것으로 잠재적인 잡종친의 조절이 가능하다. F_1 잡종 결과의 성과가 아주 충분하다면 상업적인 생산은 단순한 비율증가의 문제이다. 따라서 화학적 잡종화제(CHA)는 적당한 조합을 찾기 위한 육종 도구로서 대규모의 잡종종자생산의 도구로서 양쪽 모두에게 관심을 가질 수 있다. 지난 30여 년 동안 수많은 화학적 잡종화제(CHA)가 생산되어 왔다. 몇몇 예외를 제외하고 이것들 또한 자성가임의 손실 또는 그 밖의 약화를 가져왔다. 이런 화학적 잡종화제(CHA)들은 여전히 중간(intermediate) 육종목적을 위해 유용하지만, 이들은 잡종종자와 확실한 발아의 대규모 경제적인 생산 면에서는 아직 그 효과가 미비하다. 그러나 최근 몇 년간 새롭고 개선된 화학적 잡종화제(CHA)가 개발되었고 검증되고 있다. 매우 효과적이고 안전한 CHA가 이용 할 수 있게 된다면 주요 작물의 변이 개발에 아주 유용하게 사용될 것이다.

2) 중간 육종 절차(Intermediate Breeding Procedures)

잡종종자생산에 더하여 웅성불임은 여교배의 촉진, 조합능력 검정교배, 이종 간 잡종 등에서와 같은 식물육종 프로그램에서 매우 유용하게 사용된다. 방대한 유전자풀(gene pool)이 성공적인 육종작업에 필요조건이라고 하더라도 육종자들은 대개 매우 제한된 수의 유용한 유전적 변이만을 이용했다. 즉 미국 옥수수 육종 노력의 90%는 130종 속의 복합체 중에서 단지 3개에 바탕을 두고 있고, 유전적 변이성의 2% 미만이 보리의 육종에 이용된다. 그러나 타가수정종에서 새로운 유전적 변이성을 쉽게 육종 개체군으로 도입할 수 있고 이것은 다양한 반복선발의 방법을 통해 개선된다. 자가수분 작물에서 이런 방법의 이용은 각각 선발 cycle에서 요구되는 교잡 사이에서 선발된 인자형을 많은 수로 만드는 문제에 있어서 제한을 받는다. 그러나, 길모어(Gilmore)에 의해 처음으로 제안되었던 것처럼 NMS는 자가수분 작물의 육종을 위한 유효한 반복선발에 익숙해져 있다. 미국의 보리 육종가 에슬릭(Eslick)은 이 과정을 웅성불임 이용 순환선발(Male Sterile Facilitated Recurrent Selection, MSFRS)로 이름을 붙였다. 래미지(Ramage)의 RSFRS에 따르면 목적 형질과 웅성불임을 위한 개체분리로부터 선발된 식물(여기에는 웅성가임과 웅성불임 모두 포함된다), 선발된 식물의 상호교잡(intercrossing), 교잡 종자의 크기와 성숙, F_1 세대의 수확을 포함한다. F_2 세대의 결실은 다음 선발 주기에서 만들어질 개체를 제공한다.

세포질의 새로운 출처는 선발된 웅성불임 식물상에서 교잡된 어떤 주기에서 개체군을 도입시킬 수 있다. 이 과정은 사탕수수, 보리, 대두, 해바라기, 벼, 밀 등의 육종에서 적합한데 이것은 누에콩 같은 다른 작물에서도 제안되었다. 작물과 육종목적의 MSFRS에 의지하는 것은 다른 방법 면에서 제공된 것이다. 일반적으로 이용되는 시스템은 반건조 기후에서 새로운 보리 변이의 개발을 위한 것으로 그림 4-3과 같다. 기본적인 개체군은 NMS 공여자(donor) 계통을 가지는 선발된 인자형의 교배(cross)로부터 형성된 것이다. 멀티플(multiple) F_2 세대에서 작물의

25%는 웅성불임일 것이고 재조합된 다음 두 세대에서는 웅성불임에 대한 가임의 비율이 1:1로 분리된다. 이 개체군으로부터 웅성불임과 가임이 선발되고(0년), 반복선발 과정이 시작되는데 이는 다음과 같이 구성된다. 1년차에서 웅성불임 후손 사이에서 재조합이 일어나고 여기서 우수한 웅성불임 식물이 선발된다. a와 동시에 b로 선발된 가임 식물 자손의 검정이 포장에서 수행된다. 2년차 즉, c에서 웅성불임은 a에서 선발된 웅성불임으로부터 분리한다. b로부터 포장에서 검정된 우수한 계통과 교배되고 같은 해 웅성불임을 위한 분리 획득을 위해 번식시킨다(d). 동시에 e와 우수한 가임 식물은 a로부터 나온 웅성불임의 자손들 사이에서 선발한다.

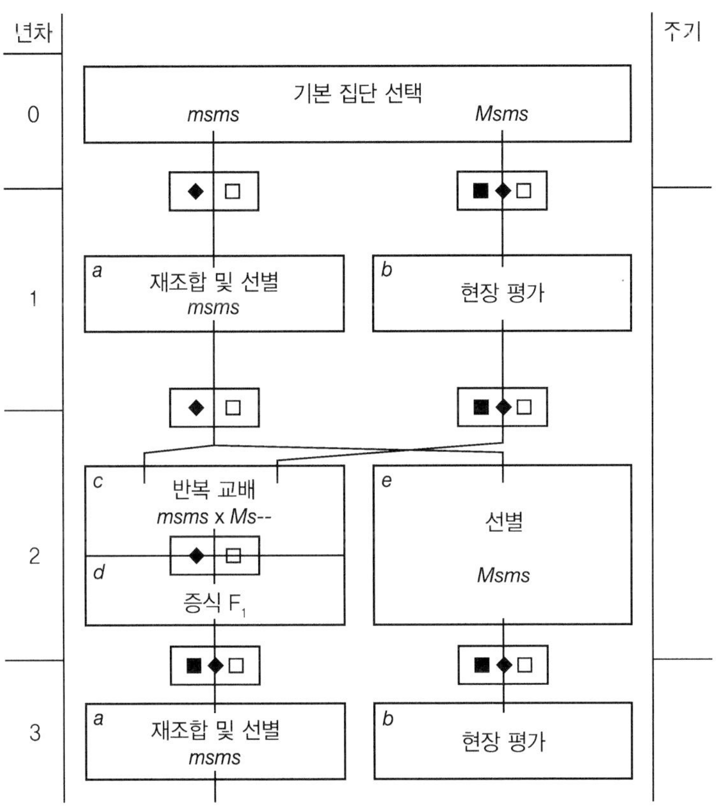

그림 4-3 종자 선별과 평가 시스템

새로운 변이체는 개체군과 선발된 세포질로부터 나온 웅성불임 사이에서 교배에 의해 도입될 수 있으나, 이는 후에 포장에서 검정 돼야 한다. 변이체는 가계선발, SSD 또는 반수체-이배체화 기술(haploid-diploidization techniques)에 의해 개발된다(b). NMS의 결합과 같은 방법에서 자가수분 작물의 육종은 타가수분 작물의 육종계통분류법 개발을 위해 행해지는데 이런 시스템의 예가 사탕무 개발을 위한 것으로 자가수정, 단일체(monogerm), 열성 핵 웅성불임 유전자 a_1이 분리되어 웅성불임(SFSF, mm, xxzz)인 사탕무 집단에서 웅성불임은 반복전인 S_1 선발을 촉진하고 3년 주기로 계통을 선발할 수 있는 특성을 보여준다.

1년차에서 반형매(half-sib) 계통의 재조합과 생산은 선발된 웅성불임 분리로부터 나온 종자의 수확 때문에 획득된다. 2년차에서 S_1 종자는 반형매(half-sib) 계통에서 생산된 가임 식물로부터 획득된다. 3년차에서 S_1 계통은 반복된 산출 시도에서 검정 되며 선발된 계통은 선발 다음의 주기를 위한 반형매 계통으로부터 4년째에 재조합된다. MSFRS 시스템은 또한 개량하는데 이용되고 외래 물질을 결합해 개체군에 순응시키고 새로운 유전적 변이를 정선된 육종 개체에 도입시킨다.

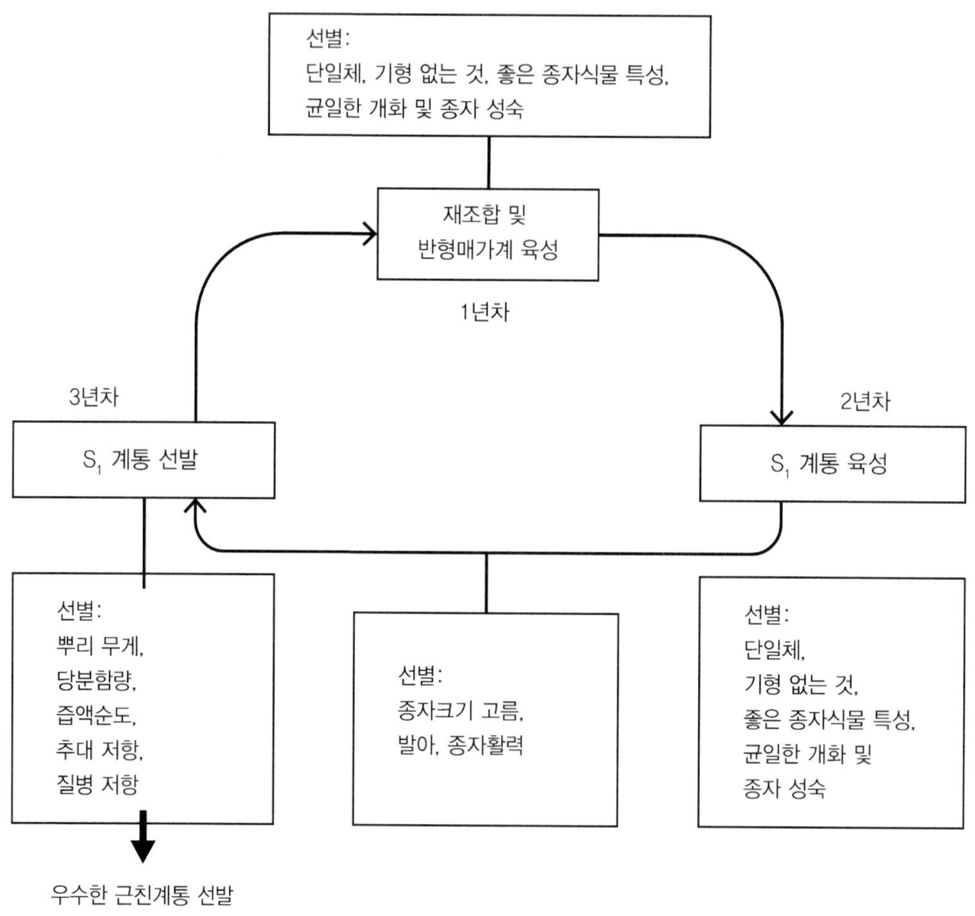

그림 4-4 근친 계통 선별 시스템

제2절 무배생식

1. 서론

생물이 후대를 만드는 것을 생식(reproduction)이라고 하며, 여기에는 여러 가지 방법이 있다. 생물의 번식법은 유성생식과 무성생식(asexual reproduction)으로 분류한다. 유성번식은 고등생물과 같이 암수 두 생식세포가 접합하여 다음 대를 만드는 것을 말하며, 무성생식은 다시 영양번식과 무수정생식(apomixis)으로 나눈다. 또한 영양번식은 생물의 영양기관 일부를 분리하여 후대를 만드는 것으로서 분열법과 출아법으로 나뉜다.

2. 무배생식의 형태와 정의

양성혼합(amphimixie, 유성생식)에 있어서 접합체는 두 배우자의 융합으로 생긴다. 이에 반해 무배생식은 무성생식 양식으로, 이 양식은 여러 다른 형태를 취할 수 있고 식물육종에서의 이 양식의 개발은 폭넓은 전망을 보인다. 성에 가장 근접한 형태는 수정되지 않은 난구(oosphere)의 배로의 발달로 이것이 단위생식(parthenogenesis)이다. 이 경우 웅성 배우자로부터 배가 유도되는 웅핵발생과 대립적으로 말하며 자성발생이라 불러야 할 것이다. 단위생식이나 웅핵발생에서 형성된 배는 반수체이다. 또한 주두의 수분과 배의 형성 없이 과실이 발달하는 단위결실(parthenocarpy)는 전혀 다른 현상으로 보며, 종자를 만드는 것이 자성배우자가 아니고 배낭의 어떤 세포(세포, 난핵, 반족세포)일 수가 있는데 이런 경우 무배생식(apogamy)이 있다고 말한다. 무배생식은 감수분열을 하지 않은 2개체 조직, 즉 배주의 주심, 합점, 대포자 모세포 등으로부터 발생할 때 다른 양식을 취할 수 있다. 이와 같은 형태를 무포자생식(apospory) 또는 부정배생식(adventitious embryony)이라 한다.

무성생식에는 영양기관의 한 부분을 분리하여 후계자를 만드는 영양생식과 수정 없이 발아력을 가진 종자를 생성하는 단위생식의 두 가지가 있다. 영양생식을 하는 작물에는 괴경(tuber, 감자), 괴근(tuberous root, 고구마), 인경(bulbs, 마늘), 러너(runner, 딸기), 구경(corms, 토란) 등의 영양기관으로부터 새 개체가 형성되는 것이 있는가 하면 또 인공적으로 삽목, 접목, 취목 등으로서 영양기관 일부를 분리하여 새 개체를 만들어내는 수도 있다. 이들은 모두 감수분열을 하지 않는 모체에서 분리된 영양기관이기 때문에 그 염색체수는 모체의 그것과 같다. 따라서 여기에는 핵상교번(alteration of nuclear phase)은 없다. 또 영양생식에 의하여 생긴 새 개체는 돌연변이가 일어나지 않는 한 유전적 변이를 일으키지 못한다. 그러므로 영양생식이 쉽게 되는 작물에 있어서는 유용한 유전적 변이가 일어나면 영양번식 때문에 특성을 유지하면서 비교적 간단히 증식해서 잘 활용할 수 있는 새 품종으로 이용한다.

영양생식은 이처럼 개체의 증식이라는 면에서 볼 때는 작물육종의 소극적 방법으로써 이용 가치가 높으나 적극적으로 좋은 유전적 변이를 만들어내는 면에서 볼 때는 유용한 생식 방법이라고 볼 수 없다. 이런 의미에서 사탕수수, 버뮤다그라스(bermudagrass) 등과 같이 영양생식이 되는 것도 적극적으로 새 품종을 육성하려 할 때는 유성생식 능력을 이용하여 교잡종을 만들어 낸다.

무수정생식(apomixis)은 생식기(sexual organs)나 이에 관계되는 조직은 있으나 생식세포의 접합이 없이 종자를 형성하는 것을 말하는 것이기 때문에 무수정생식으로서 생산된 종자는 근본적으로는 영양체의 한 부분이라고 믿어진다. 무수정생식은 무성의 무수정생식(체세포적 단위생식)와 생식세포적 무수정결실(agamospermy)의 두 가지로 분류한다. 전자는 양파의 꽃차례에 생기는 적은 종자 모양의 주아(bulbils)가 새 개체가 되는 그것 같은 경우를 말하고 후자는 종자가 생성되는 것을 말하는데 여기에는 주심이나 그 부근의 체세포(2n)에서 배가 형성되어 그것이 종자로 되는 부정배생식(adventitious embryony)와 배낭 속에서 생성된 2n의 생식세포에의 2n의 종자를 생성하여 마치 세대교체(alternation of generation)를 한 것 같이 느껴지는 무배우자생식(agamogony) 및 n 염색체의 생식세포가 수정하는 일이 없이 배가 되어 반수체 식물체를 생성하는 재발하지 않는 무수정생식(nonreccurent apomixis)의 3가지 경우를 말한다.

부정배생식에서는 생식세포가 생성되는 일이 없이 주심 또는 그 부근의 체세포가 직접 배로 된다(감수분열을 하지 않고 생식세포를 생성하나 포자는 생성하지 않고 그것이 배가 되어 발달). 이런 생식 방법을 무포자생식(apospory) 하며 그 생식세포의 염색체수는 2n이다. 생식세포의 염색체수는 2n인 것은 생식세포적 단위생식 같이 느껴진다. 그러나 무포자생식은 배가 될 생식세포가 주심에서 생기고 생식세포적 단위생식은 배가 도태되어 생식세포가 배낭에서 생기기 때문에 무포자생식는 생식세포적 단위생식와는 다르다. 무배우자생식은 배낭 속에서 2n의 배가 생성되는 것을 말하는데 여기에는 처음부터 이상 감수분열 때문에 감수분열이 되지 않은 배낭에서 2n의 핵이 배로 되는 것과 일단 감수분열이 되어 반수로 된 n의 핵이 두 개 접합하여 배로 되는 것의 두 가지가 있다. 후자의 경우는 원칙적으로 재발하지 않는 무수정생식(nonreccurent apomixis)에 해당하는 것이기 때문에 무배우자생식라 하면 전자를 의미하는 것이다. 그러나 2n의 배가 생성되었을 때 그것이 전자에 해당하는지 후자에 해당하는지 구별하기 어렵다. 무수정생식에서 가장 많이 볼 수 있는 것이 재발하지 않는 무수정생식(nonreccurent apomixis)이다. 이것은 원칙적으로 반수의 염색체를 가진 배를 형성하는 것을 말한다. 이것 중에서도 가장 많이 보이는 것이 단위생식(처녀생식, parthenogenesis)인데 이것은 난핵이 수정되는 일이 없이 배를 형성하는 것을 말한다. 때에 따라서는 배낭 속의 난세포 이외의 핵이 배로 변하는 수도 있다. 이런 생식을 무배생식(apogamy)이라 한다. 또 웅성세포핵이 난핵과 수정하는 일이 없이 배로 변할 때도 있는데 이것은 동정생식(androgenesis), 또는 난편생식(merogony)이라 한다.

단위생식을 통하여 생기는 종자는 성적결합이 없이도 생기지만 배젖이 형성되려면 수분이 이루어져야 한다. 그런데 실지 수분이 되지 않아도 수분이 된 것과 같은 자극을 주면 종자를 생성하게 되는 수도 있다. 이런 것을 위수정(pseudogamy)이라 한다. 무수정생식에서 가장 많이 볼 수 있는 것이 처녀생식이기 때문에 고등생물에 있어서는 때때로 단위생식을 처녀생식과 같은 뜻으로 사용하나 엄밀히 말하면 처녀생식은 단위생식의 일종의 지나지 않는다. 자연계에서는 왕포아풀(Kentucky blue grass)과 달리스그라스(Dallis grass)가 단위생식을 많이 한다.

육종가들은 육종실험의 오차 및 혼잡을 피하려고 어떤 생물이 단위생식을 하는지 알아둘 필요가 있다. 또 단위생식 하는 생물과 하지 않는 생물의 교잡에서는 일반적으로 모계를 닮은 자손이 생긴다는 것도 알아둘 필요가 있다. 따라서 단위생식은 교잡 후대에 모계를 닮은 자손이 많을 때는 단위생식이 일단 일어난 것이 아닌가 짐작할 수 있다는 점 및 단위생식에서 생긴 개체를 이용하여 이론적인 순계를 육성해 낼 수 있다는 점에서 육종가들에게 큰 도움을 준다.

(1) 반수성 단위생식(Haploid Parthenogenesis)

단수 단위생식 배낭의 분열이 완전히 이루어지고 염색체수가 단수(n)인 난세포에서 배를 형성하는 경우를 반수체 단위생식이라 하며 이에 의해 형성된 식물은 단수의 염색체를 가지고 있다. 이와 같은 반수체 식물이 가시독말풀(Datura)에서 발견된 이후 벼, 보리, 호밀, 옥수수, 감자, 담배, 달맞이꽃 등도 단수 단위생식을 한다는 것이 알려졌다.

(2) 배수성 단위생식(Diploid Parthenogenesis)

배수성 단위생식의 가장 보편적인 형으로서 동물 중에는 하나의 정상적인 번식법으로 단위생식을 하는 것이 있다. 배수 단위생식에 의해 형성된 개체는 배수(2n)의 염색체를 가지고 있다. 꿀벌은 왕벌이 산란할 때 마음대로 수정낭(seminal receptacle)의 입을 늦추면 정자가 나와서 수정이 되고 수정란에서는 왕벌과 일벌이 나오며 수정낭의 입을 닫으면 부수정이 되고 부수정난에서는 수벌이 나온다. 진딧물의 암컷(XX+2A)은 단위생식에 의하여 암컷으로 계속되다가 가을이 되어 수컷이 나오면 수정란을 생성한다. 배수단위생식의 예로는 식물의 경우 개망초(*Erigeron annuus*), 민들레(*Taraxacum*), 부추(*Allium odorum*) 등이 알려져 있다.

(3) 반수체 무배생식(Haploid Apogamy)

반수체무배생식 식물계에서는 볼 수 있는 것으로서 체세포 일부에서 배 조직을 형성하는 경우 무배생식현상이라 한다. 고사리류에서와 같이 단수 염색체를 가진 배우체의 영양세포(trophocyte)가 단독으로 새로운 개체를 형성할 때는 반수체무배생식이라 한다.

(4) 동정생식(Androgenesis)

동정생식은 웅성생식세포가 단독으로 분열하여 배가 형성되는 경우 이것을 웅성생식이라 한다. 동정생식 중에는 난편생식(merogony)이라고 하는 특수한 것도 있다. 정핵 생식은 동물에 있어서 정핵이 난핵과 합체하지 않고 단독으로 발달하여 난자를 형성하는 것을 말한다. 고사리류에 있어서 배우 식물의 한 세포핵이 인접한 다른 세포에 침입하여 그 핵과 합해져 그곳에서 배수 염색체를 가지는 포자식물을 형성하는 위수정생식, 포자식물의 체세포에 있어서 포자를 만들지 않고 발아법에 따라 배우 식물을 형성하는 무포자생식, 곰팡이류에 있어서 동성인 2개의 성 세포핵이 합해져 새로운 개체를 형성하는 자성핵융합(parthenomixis, 난편발생) 등도 있으나 이들은 모두 예외적인 번식법으로서 특기할 만한 것이 못 된다.

3. 무배생식 식물의 특성

단위생식(parthenogenesis)은 처녀생식이라고도 하는데 이들은 신 개체의 출발점이 생식세포이고 이 생식세포가 수정하지 않고 단독으로 발생하지마는 유성생식에 넣고 있다. 그러나, 실험으로 인위적 단위생식이 알려진 후에는 난자에 어떠한 발생적 변화가 약간이라도 진행되면 이들을 모두 단위생식이라고 지칭하게 되었다. 그리고 단위생식을 인공단위생식과 자연단위생식(natural parthenogenesis)으로 구별되는데 단위생식에는 여러 가지가 있다. 먼저 세포학적으로는 염색체의 반수성과 배수성에 의해서 구별할 수 있다. 반수성단위생식(haploid parthenogenesis)은 감수분열을 완료한 반수의 난자가 단독으로 발생하는 것이고 배수성단위생식(diploid parthenogenesis)은 배수의 염색체를 가지고 있는 난자가 발생하는 것이다. 그리고 그 생물의 정상적인 현상으로 규칙적으로 볼 수 있는 단위생식을 필수적 단위생식이라 하고 이에 대해 자연 상태에서 예외적으로 볼 수 있는 것은 능성적단위생식이라 한다.

필수적 단위생식은 부분적 단위생식(partical parthenogenesis), 계절적 단위생식(seasonal parthenogenesis), 유생단위(juvenile parthenogenesis), 전단위생식(total parthenogenesis) 등으로 구별한다. 그리고 단위생식에 유사한 현상으로는 무배생식, 무포자생식, 무핵 난 생식, 위무배생식 등이 있다.

무배생식(apogamy)은 배우체에 있어서 난자가 아닌 다른 세포가 발생해서 신 개체를 형성하는 경우이다. 이것을 세포학적으로 생식적 반수 무배생식과 체세포 적 또는 전수 무배생식을 구별한다. 이들의 예는 양치식물 등에서 볼 수 있으며 또한 피자식물의 배주심의 세포가 발생해서 배낭 내에 배를 형성하면서도 이와 같은 현상을 볼 수 있다.

무포자생식(apospory)은 배우자가 포자에서 발생하지 않고 포자 내의 포자 이외의 다른 세포에서 발생하는 것이다. 이들은 감수분열이 일어나지 않고 포자체에서 그대로 배우체가 발생하는 까닭에 이때의 배우체는 전수가 된다. 무핵난생식(merogony)은 무핵난에 정자가 침입해서 발생하는 것을 말하는데 인위적인 실험으로 시작되었다.

4. 무배생식의 유전

감귤류의 무포자생산 현상은 빈번한데 하나의 종자 속에 주심 세포에서 형성된 무포자 배와 유성 배가 나란히 들어 있는 것이다. 포자체의 발아만을 나타내는 부정배는 모계 이형접합성을 재현하고 흔히 자식으로부터 유래되면 내혼약세를 보이는 유성 배의 발달을 억제한다(오렌지, 시트론). 그러나 다른 종과의 인공교잡 후 잡종 배는 세력이 더 강하여 이 배들을 선발할 수 있다. 자몽(*Citrus decumana*, *C. paradisi*)은 타식성이기 때문에 예외이다. 열대성으로 벼와 비슷한 사료작물인 기니아그라스(*Panicum maximum*)에는 조건적 무배생식이 존재하는데 어떤 경우에는 배낭이 정상적으로 형성되고 수정 후에 32개의 염색체를 가진 유성 배를 만든다.

또 다른 경우에는 모든 감수 분열핵(n=16)이 퇴화하고 32개의 염색체를 가진 주심 세포가 그들을 대체하여 32개의 염색체를 가진 난구와 함께 위 배낭을 만든다. 이 난구가 수정되면 배는 48개의 염색체를 가지게 되고 수정이 안 되면 무포자 배는 32개의 염색체를 가지게 된다. 기니아그라스(*Panicum maximum*)에서 식물체의 25%가 유성형 배낭을 가지고 있다 하더라도 차후의 제거로 후대에서는 다음과 같은 비율로 나타나게 된다. 무포자생식으로 2n=32의 모주와 같은 식물 97% 유성생식에서 유래하여 모주와 다른 표현형인 2n=32인 식물 2% 염색체수가 다른 식물(환원 분열된 웅성배우자와 무포자 난구의 수정으로 얻어진 이수체, 배수체) 1%이다.

5. 환경적 영향

스테빈스(Stebbins, 1971)는 단위생식 집단들이 자주 타식종으로부터 파생된다는 것을 증명했고, 뻬른스(Pernes, 1970)는 무배생식에 책임이 있는 유전자가 나타났던 집단의 진전을 연구하였다. 이 분석에 의하면 선발이 없을 때 그와 같은 집단은 무배생식이 범람한다는 것이 분명하다. 그러므로 성이 제거된 상태에 있게 된다.

① 역학적 관점에서 우성유전자에 있어서 전반적인 대치 비용은 임의교배와 무배생식에서 동일선에 있다. 그러나 열성유전자에 있어서 무배생식은 훨씬 경제적이다. 그럴 뿐만 아니라 유전자의 본성이 무엇이든 간에 동일 대치 수준의 실현 속도는 무배생식에서 더욱 빠르다. 이 생식 방법은 보다 빨리 그의 인력체에 반응한다. 그것은 인력권이 지속적이고 점진적인 방법으로 이어져 나가기 때문에 더욱 그러하다. 반대로 크로우(Crow)와 기무라(Kimura, 1970)에 이어 Reed가 증명했듯이 환경이 갑자기 변하면 요구된 정보가 조환과 강한 우성효과가 있어야 하면서 임의교배를 조장한다.

② 무배생식 집단은 그들의 내적 구조화에서 좋은 선발가를 가진 링켓으로의 집합과 특별히 유리한 관계 균형을 포함하는 이형접합체 형식으로 특성을 보여야 한다. 그다지 높지 않은 그들의 대치 비용 덕분으로 열성 대립인자 들을 무배생식종 안에 풍부하게 존재하게 되는 것이다.

③ 근본적으로 다음 두 가지 요인 때문에 이 집단들은 다형성을 나타낸다. 첫째, 환경조건 안에 시간적 혹은 공간적 이질성이 존재한다. 최대 적응성을 나타내는 유일한 이상형의 정의는 따라서 불가능하다. 얼마간의 인력권은 집단을 여러 병렬된 형으로 만든다. 둘째, 가장 약한 부하를 제시하는 상황은 언제나 개체수준에서 실현되지 않고 쌍이나 개체들의 소군 수준에서 이루어진다. 무배생식은 다르나 아주 좋은 선발가의 전반적 협동을 이루는 유전자형들 연합의 점진적인 공동 적응에 특별히 좋다. 그러나, 그러한 집단 안에서의 다형성의 근본적인 원천은 무배생식 체제로 유성주기의 교대로부터 온다. 엄격한 무배생식은 분명히 아주 드물어 본래의 의미가 많이 퇴색하였다.

제3절 미세번식과 체세포배

1. 서론

생산과 취급의 편이성과 내재한 잠재성의 두 가지 이유로 종자는 작물 대부분과 산림 수의 번식과 재배의 우선으로 쓰이는 매개체이다. 그러나 세계의 주요 농작물의 목록을 보면 연간 생산량이 10~450 백만 미터톤(M/T)인 10~30개의 농작물이 영양생식으로 증식된다. 유전적인 자가 불화합성을 포함하는 여러 가지 이유로 인해 동종 종자가 이용될 수 없는 작물들은 영양생식으로 증식되거나 불규칙 종자로 증식된다. 무성번식의 다른 방법으로서의 조직배양 기술의 적용에 관한 관심은 모렐(Morel, 1965)이 난이 기내에서 정단생장점으로 빨리 번식될 수 있음을 증명함으로써 고조되었다. 미세번식(micropropagation)은 대부분이 씨로 번식하는 작물에 있어서는 매우 한정된 범위에 이용되고 있으나 보통 영양생식으로 증식하는 원예작물과 관상 중에 있어서는 꽤 널리 이용되고 있다. 그러나 가격 면이 광범위하게 재배되는 농작물의 증식 효과 면에 있어서는 미세번식의 기술이나 특히 1980년대 중반 이후 체세포배형성(somatic embryogenesis)에 대한 관심이 증가하고 있다. 새로운 유전자 조합을 가진 Elite 식물은 인공 씨 생산을 위한 이식에의 자원으로 이용될 수 있다. 영양생식으로 증식하는 작물에 있어 증식과 재배효율을 증가시킬 수 있고 종자로 증식하는 작물의 경우에 새로운 잡종이 이용될 수 있다. 미세번식-기내에서 군집 증식에는 영양증식은 3가지 형이 있다. 기존 분열조직(pre-existing meristem)을 함유하는 조직으로부터 엽액줄기(axillary shoot) 생산, 부정분열조직(adventitious meristems)로부터 유도된 부정지(adventitious shoot) 생산, 체세포배발생(somatic embryogenesis)이다. 번식의 4번째 형은 부정지 또는 체세포배를 가진 출발 시점으로의 원형질체(protoplast)와 단세포를 가지고 증식과 재생하는 방법이다. 번식의 각 방법은 나름대로 장단점을 가지고 있다.

2. 미세번식

분열조직 배양에서 길이가 1mm까지 정도의 이식 편은 끝분열조직으로 이루어질 수 있고 또는 둘 이상의 하위의 엽원기로 이루어질 수 있다. 이렇게 작은 이식 편을 이용하는 주된 이점은 공여 식물체에 존재할 수 있는 병든 조직 또는 기관을 배설할 가능성 때문이다. 바이러스와 미코플라스마(mycoplasmat) 감염체의 배설이 목적일 때는 재생 능력이 있는 가능한 가장 작은 크기의 생장점이 이용된다. 길이가 0.25mm보다 작은 정점 돔(apical domes)은 자라기가 어렵고 뿌리를 내릴 가능성이 작고 0.75mm 이상의 크기는 여전히 감염상태로 있다.

이 분열선단(meristem-tip) 배양의 이점은 부정분열조직으로부터의 식물생산을 피할 수 있고 그래서 유전적 안정성을 포착하고 유지할 수 있다는 것이다. 정단배양 기술은 큰 규모의 미세번식에 더 편리하다. 부정분열조직은 캘러스(미분화발달된 조직)와 같은 특수화되지 않은 조직 또는 표피와 진피를 포함하는 다양한 기관에서 얻은 이식체와 같은 특수화된 체세포세포로부터 발생한 배를 체세포배 또는 배양체(embryoid)라 한다. 서로 다른 종에서 체세포배의 유도를 다루었으나 지금은 동시 발생하는 배의 발생과 성숙의 문제에 덧붙여 인공의 또는 합성 종자로서의 체세포배의 이용가능성으로 관심이 옮겨지고 있다. 합성 종자는 줄기절단을 통한 온실증식과 기내(*in vitro*)에서 슈트(shoot)와 눈(bud)의 미세번식에 대체법으로 사용될 수 있다.

1) 액아로부터 액성 줄기 증식

재생의 수단으로 액아를 사용하는 장점은 초기의 줄기가 생체내(*in vivo*)에서 벌써 분화되어 있다는 사실이다. 그러므로 유전적 변화의 위험성이 줄어들고 남은 문제는 줄기가 길어지고 뿌리체계의 발달로 완전한 식물이 되는 것이다. 이 배양은 정단 세포층들의 정확한 배열을 유지한다. 액아줄기 생산은 관상용과 초본과 원예작물에 널리 사용됐다. 많은 초본 식물의 약한 또는 부드러운 정단 우세와 강한 뿌리 재생 능력에 기인한다.

2) 기관발생을 통한 부정줄기

부정줄기(adventitious shoots, 부정지)는 부정분열조직으로부터 나오고 보통 중간의 캘러스 시기를 가진다. 액아와 부정줄기의 미세번식은 많은 다른 발달 단계를 포함한다. 외식체 형성, 주아 증식, 뿌리형성, 경화와 이식으로 각 단계는 보통 서로 다른 화학적, 물리적 환경을 가진다. 특히 경화와 이식 단계는 미세번식 시기이며 대부분 뿌리형성 단계조차 기내에서 실행된다. 거의 예외 없이 미세번식은 농작물에의 적용에 한계점이 있다.

체세포배형성 과정은 규정된 배양액에서 배양된 미성숙 배와 다른 조직들에서 발견될 수 있거나 현탁액에서 배양된 세포로부터 발견될 수 있는 분화의 특수한 형태는 접합체의 배형성

(embryogenesis)의 전형적인 단계를 재현하는 것 같은 배유사 구조의 발생이다. 그러나 이러한 배유사 구조물들이 포자체의 또는 체세포-배유체 또는 생식세포에 반대되는 형성되기 때문에 체세포배 또는 배유사로 부르며 이들이 생기는 과정을 체세포배형성이라한다. 체세포(somatic)와 접합자배형성(zygotic embryogenesis)의 중요한 차이는 배아 형성이 시작되는 각각의 방법에 있다. 접합자배형성은 유전자의 다른 감수분열의 재조합을 가진 결과 산물인 수정된 난(egg)로부터 발생한다. 체세포배에서 유도된 식물은 단독의 개체의 세포로부터 생겼기 때문에 군집을 형성한다. 이 두 배 형태는 비슷한 개체 발생단계를 공유한다.

쌍자엽 식물의 경우는 구형(globular), 심장모양(heart-shaped), 어뢰모양(torpedo-shaped), 자엽(cotyledon) 단계를 거치고, 단자엽 식물의 경우는 구형(globular), 배반(scutellar)과 초엽(coleoptile) 단계를 거친다. 침엽수에서는 배아(embryo), 배병(suspensor), 대량구형(mass globular), 어뢰형(torpedo-shape)과 자엽(cotyledon)을 포함하고, 체세포배는 보통 배형성조직을 함유하는 세포로부터 비동시적으로 발생한다. 그래서 한 번의 배양에서 발생의 많은 단계를 볼 수 있다. 또 무활동성의 기간이 거의 없으므로 계속 자라고 싹트고 퇴화하거나 죽는 결과를 낳는다. 자당(sucrose)은 가장 보편적인 탄소원이다. 성장과 발생의 여러 단계를 조절하는 것으로 알려진 식물호르모인 옥신, 지베렐린, 사이토키닌, 아브시스산, 에틸렌 중에서 단지 옥신과 사이토키닌만이 주로 배양액에 혼합된다. 가장 보편적으로 사용되는 옥신은 2,4-D, NAA, IAA이다. 체세포배는 화이트(White's)의 배양액과 같은 저농도로 희석된 배양액에서부터 무라시게(Murashige)와 스쿠그(Skoog), 힐데브란트(Hildebrandt)의 농도가 높은 배양액에서 유도되었다.

옥신의 존재는 배발생 시작에 필요한 요소이고 낮은 농도의 옥신 또는 옥신이 없는 것은 배의 성장이 필요하다. 감자줄기와 괴경눈으로부터의 생장점배양은 감자 생산에 매우 중요하게 응용된다. 바이러스 방제, 생식질 보존과 교환 그리고 기내 증식을 통한 감자의 괴경을 종자로 생산하는 것이다. 때때로 온열 요법과 화학요법을 병행하여 생장점배양은 감자 바이러스(potato virus, PV)의 종류별 열거하면 PVA, PVG, PVM, PVS, PVX, PVY이와 같고, 감자잎말림바이러스(leaf-roll virus), 파라크링클바이러스(paracrinkle virus, 주름 바이러스), 감자걀쭉병(potato spindle tuber viroid)와 같은 바이러스와 바이로이드를 제거하거나 감소시키는데 이용된다. 생장점 유래 묘목의 색인을 보면 바이러스로부터 자유로운(감염이 없는) 식물이 군집의(clonal) 증식에 의해 증가한다.

3. 생장점배양

하나의 가장 원시적인 잎원기(leaf primordium)을 가진 생장점 끝부분은 괴경눈으로부터 잘리고 한천 응고 영양배지에서 길이가 30mm 정도의 뿌리가 생성된 식물체를 얻기 위해 2~3 개월간 배양된다.

2) 엽액 마디와 싹 생산

병원성 시험한 후 생장점 유래 식물은 노드절편조직으로 간주하여지거나 많은 액아 줄기가 뿌리내리도록 촉성하는 매우 저농도의 옥신을 함유하는 배지에 수평으로 그대로 놓인다. 이때 새로 형성되고 성장하고 있는 액아줄기를 다시 배지로 넣지 않는다. 기내에서 만들어진 액아 식물체는 흙에서 뿌리를 내리고 상업적으로 이용되는 종자 감자와 괴경을 생산하기 위해 노지(field)로 이식되는 노드의 절편을 제공할 수 있을 때까지 자랄 수 있다.

3) 기내 괴경 생산

기내괴경(*In vitro* tuberization)은 채취된 액아줄기를 시토키닌이 함유된 배지에 옮겨 놓고 약 20℃로 8시간 동안 낮은 광조사 하에서 배양을 계속함으로써 얻을 수 있다. 수출을 위한 생산 방법 면에서 미소괴경(microtuber, 직경이 1cm까지와 생체중이 50mg)은 다음과 같은 이점이 있다. 계절과 관계없이 많은 양을 생산할 수 있다. 수 개월 동안에 저장할 수 있다. 새로운 배양액으로의 이식이 필요 없다. 운송이 편리하다. 까다로운 검역표준에도 대처할 수 있다.

4. 합성종자

수화된 합성종자는 칼슘알긴산(calcium alginate)과 같은 수화 젤라틴으로 된 캡슐에 넣어져 있다. 알긴산은 무독성이고 이것의 젤라틴화는 온도의 비의존성이다. 발육 적정 시기에 배는 일긴산나트륨과 혼합되고 칼슘 용액 속에 떨어뜨려져 직경 4~6mm 정도의 칼슘알긴산 캡슐을 형성한다. 이 캡슐은 유체 조파법에 의해 토양으로 바로 방출된다. 건조된 합성종자는 수용성 레진, 폴리옥시에틸렌 겔로 체세포배를 처리하거나 코팅 없이 자체를 건조하게 함으로써 생산된다.

1) 합성종자의 적용

합성종자의 적용 잠재성은 작물에 따라 다양하게 변할 것이다. 그러나 아마 대부분 작물의 체세포배의 생산능력뿐만 아니라 그 작물의 생산에 있어 개선의 필요성에 따라 적용 여부가 정해질 것이다. 많은 경우 진정 종자가 이용되지 않거나 성가신 영양번식을 대체할 필요가 있는 종에서는 배가 충분히 생산 안되거나 전혀 생산이 안 된다.

(1) 종자번식(주로 번식작물)

알팔파(alfalfa, 자주개자리)와 오차드그라스(orchard grass)는 종자로 증식하는 것이 접목불친화성 작물이다. 알팔파는 심각하게 동종 버닝이 억제되는 자연적으로 교차 수분 된 4배체 종이고 이것의 상업적 재배종은 합성 증식법으로부터 얻어진다. 현재는 진정 번식계통을 세우는 것이 불가능하지만 원원종(foundation seed)를 생산하도록 심어진 서로 다른 유전자형을 교차시킴으로써 육종가의 종자를 생산해내야 한다.

침엽수(conifer) 또한 종자로 번식하는 식물인데 어떤 경우에는 이것이 수가 미세번식과 절단된 뿌리에 의해 매우 제한된 정도로 보충된다. 이것들은 잡종성이 강하기에 전통적인 품종개량 방식에 의한 개선은 시간이 오래 걸린다. 최소한 이론적으로 합성 씨는 절단된 뿌리를 만드는 것보다 더 경제적인 가격으로 우수한 나무를 복제(cloning) 할 수 있는 능력을 제공한다. 잘 발달한 체세포배 생산체계(somatic embryo system)가 노르웨이 가문비나무(Norway spruce)와 인테리어 가문비나무와 낙엽송에 나타난다. 씨로 번식하는 열대성 작물은 카카오, 코코넛, 오일팜이 있다.

(2) 잡종종자

잡종종자는 목화와 대두와 같은 종자로 번식하는 작물에 있어서는 생산되기가 어렵다. 왜냐하면 목화는 꽃은 떼야 하고 대두는 폐화수정을 하는 문제 때문에 대부분의 재배종의 종자는 자가수분에 의해 얻어진다.

(3) 초목으로 번식하는 작물

이계교배 되고 군집적으로 증식하고 자가 접목불친화성 그래서 동종교배 억제를 보이는 작물종에 포도와 사탕수수가 있다. 합성 씨의 발생 비용이 적정하다고 말하기는 어렵다. 왜냐하면 이미 실행하고 있는 증식 방법이 가격에서 효과적이기 때문이다. 포도의 인공 종자의 사용이 생식 진 보존에 더 유리하다. 포도에 있어서는 잘 발달한 체세포 배 발생체계가 있기 때문이다.

2) 제한적인 문제

상업적으로 진정 종자 또는 효과적인 미세 및 거대 전파 시스템과 비교하여 체세포배는 빠르고 균일하게 발아하고 진정종자에 근접하는 식물로 자랄 수 있음이 틀림없다. 인공 종자의 생산은 수많은 단계가 있고, 외식체의 초기 선택에서부터 체세포배의 유도와 성장, 발생 그리고 성숙까지의 단계들은 조심스럽게 조절해야 한다.

5. 미래 전망

짧은 기간 내에 다양한 원예작물 특히 관상용 작물에의 미세번식의 사용과 농작물의 현재 제한된 사용이 크게 의미 있게 변할거라고 기대되지는 않는다. 그러나 비용면에서 효과적인 미세번식 기술 발전의 중요성은 많이 증가할 것으로 기대된다. 가장 큰 잠재성을 가진 기술은 체세포배형성이다. 많은 나자식물종 뿐만 아니라 거의 모든 주요 단자엽과 쌍자엽 식물 종에서 보고되고 있는 체세포 배형성과 더불어 미래의 연구는 이미 시행되고 있는 재생 체계에 대한 대체 체계가 요구되는 그런 종들에 있어 체세포배의 식물체로의 전환 유효성을 증가시키는데 초점이 모이고 있다.

제5장 유용 형질의 선발

제1절 유전자 마커에 의한 선발방법

1. 서론

금세기초 작물육종 과정을 손쉽게 하기 위한 다형적 단일 유전자 이용이 제시되었다. 기본 원리는 쉽게 검출할 수 있는 표현형을 지닌 특성에 대한 선발이 그들에게 연결되었거나 기록 하기에 더 어려운 관심이 있는 유전자 복구를 간단하게 할 수 있다는 것이다.

그 첫 번째는 유용한 위치마커는 식물형태학에 있어 명백한 충격이었다. 형태나 착색 웅성불임성 또는 병 저항성에 영향을 미치는 유전자는 많은 식물 종에서 유전적으로 분석되었다. 옥수수, 토마토, 보리 또는 밀과 같은 몇몇 우수한 특성이 있는 작물에서 10개 또는 수백 개의 그러한 유전자들은 서로 다른 염색체에 설정되어 있다. 다형성에 의존하는 마커선발법이 이용되었는데, 우량 마커로서의 가장 중요한 성질은 모든 대립유전자로부터 표현형(동형접합체나 이형접합체)의 쉽게 인식할 수 있게 하고, 식물발육에 있어 조기 발현 조사가 가능하다. 위치마커의 교호 대립유전자에 대한 식물 형태상의 영향이 없어야 하고, 분리한 개체(집단)에서 같은 시기에 잦은 이용에 따른 마커의 일반적인 성질은 현실과 멀다. 즉 우성이나 늦은 발현, 해로운 영향, 다면발현(pleiotropy), 상위성 그리고 드문 다형성은 통례가 되었다.

결론적으로 식물육종에서 그들의 이용은 매우 제한되어 있다. 최근 30년 동안 단백질과 DNA의 다형성 인식을 기초로 한 고품질 유전적 마커들의 새로운 근원이 개발되었다. 그것을 분자마커라 불리며 동위원소, 제한효소절편길이다형성(restriction fragment length polymorphism, RFLP) 그리고 다형성 DNA 무작위증폭(random amplified polymorphic DNA, RAPD)를 포함한다. 이러한 마커들은 상기에 언급된 필수 성질들을 대부분 또는 전부 가지고 있으며 이러한 이유로 식물육종을 위한 도구로써 그들의 가능성은 형태적 유전자의 가능성보다 훨씬 더 크다. 이장의 목표는 선발효율 향상에 이르는 응용의 중요성을 지닌 식물육종에서 마커의 이용을 재검토하기 위하고, 유전자지도 작성, 유전자좌 마크와 관련된 양적 특성의 선발과 분석에 대한 이론적 모델을 다루고자 한다.

2. 매핑되지 않은 마커의 적용

1개 또는 그 이상의 유전자좌 마크 표현형이 2개의 개체(단일체)라고 알았을 때 그들의 교잡으로 생긴 후대의 표현형을 추측할 수 있다. 그러므로 마커 표현형에 의해 결정 가능한 기원 개체가 주어지면 확실한 교잡의 여부를 추측할 수 있다. 마찬가지로 주어진 개체(단일체)의 부계는 그 추정 상의 자손이나 다른 양친의 알고 있는 마커 표현형으로 검사될 수 있다. 식물육종의 실용상의 문제는 이들만큼 간단한 상태에 부합한다. 마크는 이들을 해결하기 매우 효과적이며 해결방안을 마련한다. 무성생식에서 순수한 잡종개체(단일체)의 확인은 동위효소 유전자 이용으로 Citrus 속 개체 간의 교잡 후대에서 행해질 수 있다. 잡종은 육종계통의 개개에 있어서 서로 다른 대립유전자에 대해 고정된 동위효소(isozyme)을 사용하여 F_1 잡종종자 시료로부터 자가수분과 다른 종자오염 등을 구분해 낼 수 있다. 동위효소는 이성간 또는 의사유성적(parasexual) 또는 종간 잡종의 조기선발에 매우 유용한 마커이다. 마커 유전자좌는 약(anther) 또는 소포자배양(microspore culture)로부터 유래된 반수체 또는 다중반수체로부터 개체를 분리하는 데 있어서 가장 흥미로운 적용법 중 하나이다.

마커 유전자좌에 대해 이형접합체상태(heterozygous)인 개체의 소포자로부터 재분화한 반수체 유래 식물체는 모두가 동형접합체상태(homozygous)일 것이며 이배체 약의 세포벽 조직에서 유래된 개체들은 이형접합체일 것이다. 몇몇 재분화된 이배체들은 원래 반수체인 세포들로부터 배가된 자생의 염색체로부터 생겨난 것이며 따라서 이형접합체이다. 이 경우에 있어서 반수체 또는 염색체 숫자에 기인한 형태학적 특성을 바탕으로 하는 방법은 무용지물이므로 마커의 동정이 특히 효과적이다. 같은 원리를 마커 유전자좌(기대치 1:1 비율에 따른 분리군)에서 이형접합체로부터 유래된 반수체 자손에서 나타나는 분리 여부를 확인하는데 사용할 수 있다. 시험한 모든 좌(loci)에서 기대보다 더 큰 편차가 나타났는데 이는 배우자의 임의적 조합의 회수는 인정되지 않는다는 것을 의미한다. 교배와 자가수분의 상대 비율을 추정하는 간단한 방법은 하나 또는 여러 개의 분자생물학적 마커로 고안될 수 있다. 교잡 계통은 자연 개체군의 유전적 변이성과 조직의 수준에 대한 중요한 함축적 의미를 지니고 있다. 이러한 정보에 관한 지식은 유전자원 보존에서의 좋은 전략의 수집, 혈통의 정확성 입증, 품종의 동정 등과 같은 보다 특정적인 사용 방법에 마커를 이용하는 데 매우 중요하다.

3. 마커와 연결된 주요 유전자 선발

경제적으로 중요한 특성과 관련이 있는 중요 유전자는 식물계에 있어서 흔히 존재한다. 병 저항성, 웅성불임, 자가불화합성, 형태, 색, 전체구조, 열매, 꽃, 잎 등과 관련된 것들의 특징은 주로 1개 또는 몇 개 유전자가 결정한다. 중요유전자와 밀접하게 연결된 마커 유전자좌는 직접적인 선발법보다 유용하게 목표 유전자를 선발하는데 사용할 수 있다.

마커 선발이 더 유용한 경우 선발되는 특성이 식물발육에 있어서 늦게 발현되는 경우(열매, 꽃, 성숙 후 특성), 목표 유전자가 열성일 때, 목표 유전자의 발현에 특별한 조작이 필요한 경우(내병성, 내충성등의 육종 때)이다. 내병성 육종 때 마커 선발 때 부가적 이점은 병원균 접종하지 않아도 된다. 그것은 불합리한 접종 방법으로 인한 오차 최소화, 안전성 문제해결을 위한 포장 상태에서 시험을 포함하고 있다. 또 하나는 환경적으로 불안정한 저항성 유전자의 효과 인식의 문제 배제 가능과 하나의 마커가 유전자 꼬리표(gene tagging)에 사용되려면 선발된 개체의 단지 약간의 파편만이 재조합되었다는 것을 확인하기 위해 목표 유전자에 밀접하게 연결되어 있어야 한다. 또는 2개의 이웃하는 마커가 사용되려면 그들 간의 간격이 20cM 정도이어야 하는데 이는 동시에 2개의 마커에 대한 선발은 적어도 99% 정도의 목표 유전자 획득 가능성을 갖고 있기 때문이다.

1) 중요 유전자에 대한 마커로서의 동위효소

지금까지 밝혀진 동위효소 유전자와 연결된 쌍의 전체수는 많지는 않다. 이는 동위효소의 수가 적고, 이들이 중요유전자에 link 되어 있을 확률이 높지 않기 때문이다. 유전연구에 관한 문헌 내에서 동위효소와 중요유전자의 동시 분리에 관한 내용이 맞지 않기 때문이다. 따라서 동위효소가 각기 다른 유전자의 마커로서의 가능성은 아직 밝혀져 있지 않으며 앞으로 더 많은 유용한 연결이 필요하다. 간격매핑(interval mapping)은 토마토와 같은 핵 웅성불임(nuclear male sterility)을 이용하거나 샐러리에서 연간습관(annual habit, Hb)처럼 이웃하여 존재하는 마커는 동위효소 마커와 형태적 마커이다. 강한 상관관계 유지는 중요한 양적형질유전자좌(QTL)가 존재하는데 동위효소와 광합성능 및 동위효소와 종자 단백질 성분이다.

2) 주요 유전자에 대한 마커로서의 RFLP

동위효소 마커의 극히 일부만이 RFLP 상에서 나타나지 않을 뿐이다. 따라서 완전하게 연관지도(linkage map)이 있는 중이어서 경제적으로 중요한 유전자 전부는 아니더라도 매우 많은 유전자가 하나의 RFLP 마커 또는 적당히 떨어져 존재하는 마커 집단으로 표지할 수 있다. 만일 그들이 마커와 유전자좌와 연결되어 있다면 동시에 많은 유용 유전자의 선발이 가능하다. 병에 대한 저항성이 하나의 품종에 도입되었거나 지속적인 저항성 발휘를 위해 특정 병원균에 대한 많은 유전자가 특정 유전자형에 축적되어 있으면 밝혀낼 수 있다는 것이다.

4. 여교잡육종에 있어서 마커 선발의 활용

유용 유전자의 전이는 주로 여교잡으로 확인하며, 일회친에 의해 제공되는 유전자를 배제하고 반복친과 같은 유전자 형질을 갖는 개체 획득을 목적으로 하며, 반복친은 우량형질을 발현하고 일회친은 농업적으로 가치가 별로 없는 형질발현과 관계가 되나 반복친에는 없는 유용 형질을 발현하는 개체로 선정한다. 여교잡의 과정은 F_1과 계속되는 후대 즉 반복친과 여교잡을 반복한다. 이때는 일회친의 게놈 구성 비율이 감소한다. 세대마다 반복친의 우량형질과 목표 유전자에 대한 선발 최소한 5~6 세대의 반복이 필요하다. 분자마커를 이용 때 반복친의 유전형 회복에 더 유리하다. 형태적 특성 선발은 반복친 게놈의 발현에 도움이 되고, 마커를 이용한 게놈의 구성비는 마커의 수와 염색체상의 좌에 따라 달라진다. 전이된 유전자는 또한 다른 처리가 필요하게 되는데, 전이된 유전자가 마커와 연결되어 있거나 마커 집단에 있다면 이형접합체 상태로 선발이 가능하고 연결되어 있지 않거나 좌를 모르면 마커 선발이 매우 어렵다. 그래서 많은 개체와 마커가 필요하다.

전체 게놈선발을 사용하면 개체를 얻는데 소요되는 세대의 감소와 시간 절약을 할 수 있다. 여교잡은 주로 1~2년생 작물에 주로 이용되고 있으며 과수 수목류 등 영년생 식물에는 거의 이용을 못 한다. 그 이유는 한세대가 5~7년 소요되며, 이는 세대 간 시간이 너무 길기 때문이다. 주로 대목 등의 생산에 이용되고 품종개량에는 거의 적용 못 하고, 새로운 유전자의 적절한 시간 내에 다른 개체로의 전이에 효율적이기 때문에 단지 몇백 개의 개체만으로도 성공할 수 있다. 그러나 과수, 수목류에 있어서 실지 이용은 동위효소 마커 선발이 많이 이용하고, 최근에는 RFLP

지도로 발전하며, 마커를 이용한 선발 가능성을 제시하기도 하였다. 전혀 다른 상황에서도 적용 가능한데 그것은 목표 유전자 선발은 1회친(공여체)의 염색체 절편의 전이를 의미한다. 목표 유전자의 근처에 이웃하는 마커는 연관효과를 최소화가 가능하다. 목표 유전자와 마커는 연관지체(linkage drag) 효과가 최소화할 가능성이 있고, 목표 유전자와 마커의 재조합이 일어나기 때문에 목표 유전자와 반복친의 대립유전자를 갖는 개체 틀을 단지 몇 세대 후에 획득할 수 있다.

5. 매핑 양적형질

양적형질유전자좌(QTL)는 각각의 마커좌와 플랭킹(flanking) 마커좌(대상 유전자의 근처에 붙어있는 유전자 또는 염기서열 등을 말함)와 관련이 있고 마커 유전자는 실제로 토마토, 밀, 옥수수 등의 작물에서의 양적형질을 지배하는 유전자와 연결되어 있다.

6. 유전적 모델

1) 각각의 마커좌

마커와 QTL의 재조합 빈도가 높을수록 편차가 크다. 긍정적, 부정적 효과가 있는 몇 개 좌가 마커좌와 관련 있다면 개체의 QTL 효과 대신 전체적으로 혼란스러운 QTL 효과를 추정하게 된다. 선발에서의 특정의 유전력이 낮으면 개체 식물체의 표현형 가치가 환경적인 착오 요소를 가질 수 있으므로 더 많은 수의 식물체를 시험해야 한다.

(1) S_1 세대

S_1 계통이 F_2 식물체와 같은 마커 집단에 분류한다. F_2의 마커는 QTL의 재조합 빈도가 높을수록 편차가 크고, 식물체의 표현형 가치가 환경적인 착오 요소를 가질 수 있는 단점을 갖게 된다. 그러나 낮은 환경적 착오 때문에 적은 수의 F_2를 시험할 수 있다.

(2) 여교배 세대(Backcross Generation)

모본과 부본에 여교잡하는데 있어서 양적형질에 이바지하는 잔여 유전자의 유전형적 가치가 관여한다.

(3) 자가수분된 여교잡 후대(Selfed Backcross Progeny, BS1, BS2)

여교잡으로부터 자가수분된 후대는 복제할 수 있어 부모 세대 개체보다 환경적 오차가 적기 때문에 낮은 유전력의 QTL을 추정하는 데보다 효과적이다. 각각의 자가수분에 의한 여교잡 후대는 부모세대의 같은 마커 집단으로 분류된다.

(4) 개별 마커좌에 대한 세대 결합

우성이 제도점과 다르면 결합한 F_2(또는 S_1)와 여교배를 사용하여 편차는 줄일 수 있다. 유전자 효과의 추정과 관련된 오차는 자식세대에 의해 감소 가능, 편차가 보정되면 중요한 부수적인 오차가 편차가 없는 추정치와 관련이 있다. 플랭킹 마커좌는 각각의 마커 모델의 한계와 단섬 보완을 위해 제시, 동위효소와 RFLP 마커에 의한 고밀도 간격에서의 게놈 매핑 가능성의 장점이 있다.

2) 자료 분석 전략

(1) 마커 분류 수단의 비교 방법

각각 마커의 경우는 순수한 추정치를 다음과 같은 가정하에 취할 수 있다. 추정치가 큰 오차를 지니라더라도 우성효과는 편차를 추정하기 위해 QTL에 존재한다. 단지 하나의 QTL이 마커와 관련 있다. QTL은 독립적으로 남아 있는 QTL과 분리된다. 플랭킹 마커의 경우에 순수한 추정치 획득 가능하며, 단지 하나의 QTL이 두 마커에 존재하고 두 마커 사이의 QTL은 양적형질에 관여하는 잔존 좌로부터 독립적으로 분리된다.

(2) 최대확률추정법(Maximum Likelihood, ML 기술)

단독 마커의 경우는 F_2 세대에서의 단독 마커에 연결된 QTL 효과를 추정하는 최대가능성 방법이지만 대량의 개체가 기록되지 않으면 작은 효과의 좌에 대한 의미 있는 결과를 얻지 못한다. 플랭킹 마커의 경우는 ML을 이용하여 간과된 자료로써 QTL 효과를 추정할 수 있는 고밀도 연결의 힘을 이용하는 방법으로서 단독 마커의 경우와 방법이 비슷하며, 흔히 컴퓨터프로그램을 이용한다. 전반적으로 보아서 이 방법의 보완점은 많은 수의 후대를 시험하지 않으면 작은 유전자 효과는 확인할 수 없으며 우성효과는 확인할 수 없다. 인접 부위에서의 QTL이 다른 것과 독립적으로 분리하지 않으면 많은 수의 후대 개체가 필요하다. 높고 낮은 성능으로 인위적으로 선발된 2개의 다른 품종(strain)은 큰 유전자 효과를 추정하는 데 이용한다.

(3) 다른 방법

위 방법들의 단점을 보완하기 위하여 상가적 유전 효과와 우성 유전 효과의 순수한 추정치를 얻을 수 있어야 한다. 진정한 QTL 좌의 작은 주변에서의 파라(ρ) 측정치를 얻어야 한다. 완전한 매핑(mapping)은 복잡하고 비싼 과정이므로 제한된 수의 개체를 사용할 수 있어야 한다. 거대한 형태 Ⅰ과 Ⅱ에 대한 추정치를 보존해야 한다. 중회귀(multiple linear regression)는 RFLP에 의존 QTL 자료 분석으로서 순차 진행형 회귀며 가장 효율적인 분석 과정이다. 선택한 F값에 의해 모델 내의 변수가 조절 가능하고, 많은 통계적 처리에 컴퓨터서브루틴(computer subroutine)이 사용 가능하며 단점은 예측치의 부분적인 회귀 가치의 평가는 다른 예측치에 의존한다.

3) 식물육종 적용

QTL 매핑(mapping)이 식물육종에 있어서 매우 중요한 마커를 다양하게 적용할 수 있다.

(1) 게놈 상의 QTL 좌

옥수수 연구 결과에서 17~20개의 동위효소는 단일 마커 좌로 활용하고 있으며, 마커 좌와 많은 양적 특성이 매우 유의성이 있고 다른 게놈 부위가 생산에 이바지한다. 또한 유전자 발현 형태가 알곡 생산, 선단 이삭 무게, 길이, 부수적인 이삭, 2차 이삭 중량 등에 우성이다. 단일 마커 좌 효과는 0.3~16%, 축척 마커 좌 효과는 8~40%의 표현형 특성을 나타낸다.

(2) 자식계통(Inbred Lines, 근친계통)의 육성

마커 정보를 이용하여 계보 방법에 따른 F_2로부터 자식계통의 육종 때 선발방법을 구축할 수 있다. 이들을 자식계통 육성에 이용하는 데에는 QTL이 고정되었을 때 더욱 효율적이다.

(3) 자식계통의 개량

양적형질에 미치는 좋은 형질의 대립유전자 전이 방법은 우량형질의 자식계통을 주로 F_1으로 이용한다. 여교잡이 필요하며 반복되어야 한다. 좋은 형질의 반복친을 사용하면 짧은 세대 내에 우량의 표현형을 획득할 수 있다.

(4) 개체군의 개량

농업형질 중 중요하면서도 실제 육종 과정에 선발 과정의 어려움을 겪고 있는 양적형질도 QTLs 매핑에 의해 유전형을 직접 선발하여 우량한 계통을 육성하거나 품종을 개발하는 데 활용할 수 있으리라 기대된다. 그러나 이를 직접 육종에 활용한 연구는 아직 많지 않다.

(5) 잡종 성능(Hybrid Performance)

유전적거리는 마커를 지니는 평가로서 자식계통 사이의 혈연관계 확립을 위한 제안이며 그를 단교잡의 생산력을 증진하게 시킨다. 결과 이(Lee) 등(1989), 갓샤크(Godshalk) 등(1990), 멜칭거(Melchinger) 등(1990)과 더들리(Dudley) 등(1991)으로 인해 이종그룹(heterotic groups)에 옥수수 자식계통을 배분하여 사용할 수 있는 RFLP를 기초로 한 로저스(Rodger's)가 유전적거리를 나타내게 되었다. 하지만 관련없는 계통 간에는 단교잡의 이종 성능을 증가시키는 것이 제안되었다. 마블스(Marbers)의 큰 수는 유전적거리의 확실한 수치를 판단하도록 요구한다.

잡종 생산을 위한 로저(Rodger)의 유전적 거리의 제한은 다른 마커 좌에서 대립유전자 빈도의 차이를 바탕으로 설명할 수 있다. 양적형질에서는 마커와 관련해서 변화를 가져오지는 못한다. 유전적거리는 잡종 생산에 있어서 확실한 변화를 나타내는 QTL 관련 마커와 관련해서 증가를 나타낸다.

7. 마커 연구의 전망

지도기반 유전자 클로닝(map-based gene cloning)이나 RAPD 마커는 DNA 다형성을 검출할 수 있는 유전적 마커 시스템 개발로서 수행순서는 게놈 DNA 추출을 하고 PCR(polymerase chain reaction) 반응액을 준비하고 PCR로 증폭한다(denaturation, annealing, extention). 그다음 증폭된 산물의 아가 젤(agarose gel) 전기영동에 의해 확인한다. 이 방법의 장점은 방법이 간단하고, 신속한 마커 개발이 가능하고, 높은 수준의 다형성을 얻을 수 있고, 전반적으로 저비용이다. 단점으로는 랜덤 프라이마가 반응조건과 증폭 조건에 민감하고 증폭된 산물의 유전적 기원 밴드(genetic orgin band)가 아닐 수 있다는 것이다.

제2절 기내선발

1. 서론

자연 선발은 자연과 그 자체로서 약한 이삭, 긴 포복경, 유독의 종자를 가지는 식물의 안전한 종의 보존에 도움이 된다. 이런 관점에서 인간의 음식, 먹이, 혹은 산업용 원자재로써 필요를 충족시켜주는 식물의 선발에 서로 작용해야 한다. 결과적으로는 이것이 육종 과정의 중요한 단계이다. 성공하느냐는 분리된 집단 내에서 상위식물을 얼마나 쉽고 빨리 확인하느냐에 달려 있다. 고전적인 작물육종 프로그램에서 선발(selection)은 정상적으로는 포장의 거대한 집단 내에서 수행되어 진다. 그러나 이런 포장 선발은 환경적인 조건에 많은 영향을 받고 불확실하며 시간이 오래 걸리고, 특히 소유전자 배경을 가진 양적 특성의 육종일 때 더 그렇다.

이러한 특성은 한 선발 주기 당 아주 미미한 변화만을 보여주며, 원하는 농업적 특성을 개선하기에는 10~20년이 걸린다. 이런 이유로, 페트리 접시 내 인위적인 상태 아래에서 기내 식물성장이 할 수 있게 됐을 때 그것은 기쁜 일이었다. 그러나 생물 공학의 이상과 도전은 여전히 논란의 대상이며, 그 어떤 양화 혹은 음화 결과도 일반화되지는 못하고 있다. 성장하는 식물과 미생물로서의 식물세포는 새로운 선발 기술의 기초를 제공하고 있다. 이것의 한 가지 장점은 환경의 다양한 영향을 받지 않는다는 것이다. 더욱 중요한 것은 반수체 소포자에서 파생된 세포 집단 내에서 유전학적으로 서로 다른 거대한 단세포 집단에 작용하는 기회이다. 특히 PCR(연쇄 종합 반응)과 연관된 게놈 및 유전자 진단과 같은 다른 생물 공학적 접근과 합동으로 DNA 단계에서 선발은 식물의 작은 부분에서는 이미 가능하며, 페트리 접시 내에서는 이미 행해졌다.

결론적으로 기내 기술은 식물육종에서의 선발 과정의 질적 형질 개선을 나타내지만, 포장에서 생산 및 포장 변이성의 사용에서의 생물 공학은 단지 이용 가능한 수단의 양적 형질 개선에 도움이 된다. 기내선발의 설명에 있어서 한 가지 주의할 점이 있다. 종종 체세포 돌연변이의 사용과 연관하여 성공적인 기내선발에 대한 연구 호황 이후로 오늘날 포장 상태 아래에서 나타내어지는 기내 특성은 불과 몇몇 되지 않는다. 식물 생리학에 대한 광범위한 지식이 없으면, 기내선발은 생산적인 과학적 도구보다는 많은 예술(art)을 만들어낸다.

2. 포자체에서의 기내선발(In Vitro Selection)

기내선발의 첫째 장점은 예측 불가능한 환경을 피할 수 있는 것이다. 그러므로, 이미 식물 선발은 부분적으로 포장에서 온실로 옮겨졌고 이것은 온실에서 다시 기내선발로 이어지는 다음 단계로의 논리적인 발전이다. 식물 전체 혹은 식물기관에 이형접합체 식물군락의 파종은 민다너(Mindaner, 1987) 등이 붉은곰팡이 독소를 생산하는 푸사리움 쿨모룸(*Fusarium culmorum*)에 저항하는 밀의 선발에서 보여준 바와 같이 이중 재배 체계에서 영향받기 쉬운 것은 좀 더 천천히 자라지만, 곰팡이가 정상적으로 존재하는 가운데도 자라나는 식물들을 선발할 수 있었다. 이런 테스트에 항상 식물 전체가 필요한 것은 아니고 종종 식물기관만을 배양하는 것이 좀 더 편리할 때도 있다. 많은 방법 중에서 잎 조각을 액체 배지에서 배양하면 거기서 병의 징후를 나타내기 전까지는 상당 기간 활발히 잘 자란다. 이어, 어린 호밀 혹은 보리의 잎 조각에 표준화된 가루 곰팡이 포자현탁액을 접종한다. 감염의 빈도는 잎 지역당 곰팡이를 헤아려서 측정하고 또 감염된 잎으로부터 포자체를 씻어 낸 뒤 가장 잘 견뎌내는 식물을 선택하여 앞으로의 육종에 사용한다. 유채(*Brassica napus*)에서 렙토스파에리아(*Leptospaeria*)로부터 재배 여과액이 있는 상태에서 서로 다른 재배품종의 파종 민감도는 병원균에 대한 이들 재배품종에서 알려진 저항력과 연관이 있다. 그러므로 여과액은 기내 종자 군락에 있어 선발에 사용될 수 있다. 때때로 식물 전체 파종 혹은 배아에 대해 기내 검사에 사용하는 재배 배지는 병원균에 대한 반응에 영향을 준다.

미시키타(Msikita)는 오이(*Cucumis sativus*)의 엽액 배아에 대한 토양 유래 곰팡이인 피시움 아파니데르마툼(*Pythium aphanidermatum*)의 징후의 심각성 및 발달 속도는 MS 배지의 식물호르몬에 의해 변화함을 발견하였다. 2mg/L BAD와 0.2mg/L NAA 가 있는 배지에서는 식물호르몬의 농도가 그 이상 혹은 그 이하 일 때 보다 병충해가 더 적었다. 진정한 의미에서 특수화된 기내 배양은 아닐지라도 이런 조기 선별 시스템은 응용육종에서는 아주 중요하다. 오늘날 진균포자에 대한 감수성과 같은 이런 단순한 선별검사는 화려하지만, 종종 비생산적인 단세포 시스템과는 달리 병 저항력에 대한 많은 육종 과정을 이미 훌륭히 치른 기내선발이다. 비슷한 접근이 무기염에 대한 저항 및 내성을 밝히는 데 사용되고 있다. 내염성 사탕무는 싹이 나기 시작한 성숙한 배아의 엽병 재배로부터 발달할 수 있다.

$NaHCO_3$, NaCl, $MgSO_4$, $CaSO_4$와 같은 복합염이 엽병의 5%가 생존하고 재생되는 배지에 첨가되어 진다. 몇 번의 기내 사이클 후에 소식물체는 개선된 토양으로 옮겨지고 종자가 얻어진다. 그 결과도 똑같이 내염성을 나타낸다. 결론적으로 내염성은 격리에 대한 멘델 비율이 발견되지 않았더라도 유전적인 것으로 주장되고 있다. 내염성에 대한 선발은 집단 내 변이성이 있을 때 혹은 그것이 기내과정 도중 생겼을 때만이 성공할 수 있다. 사탕무, 담배, 중국 양배추, 그리고 평지 씨앗의 신초재배는 부가적인 염이 추가된 배지에서 자란다. 계대배양주기 전에는 배양에 있어 내염성의 그 어떤 증가에 대한 증거도 없다. 사탕무를 제외한 모든 선발재배는 대조 재배보다 덜 활발했다. 그러므로 내염성에 대한 식물기관 단계에서의 기내선발의 유용성에 대한 일반적인 증거는 아직은 없다.

3. 캘러스배양(Callus Culture)

캘러스 유기 식물에 대한 기내선발에 이들 식물은 정상적으로는 종자로부터 자라나고 이것은 대부분은 한 유전자당 하나의 식물을 의미한다. 이 사실은 선발에 있어, 특히 양적 특성에 있어서는 중대한 결점이다. 하지만, 우선 이런 식물의 성장이 배가되고 각각의 유전형으로부터 좀 더 큰 그룹의 식물들을 선발하는 데 유리하다. 요즘은 300종 이상이 가능한, 기내 성장의 증폭은 정상적으로 캘러스의 형성을 동반한다. 이런 캘러스의 증가는 더욱 빠르고 신초의 재생으로 진행되므로 캘러스 단계에서 직접 선발하도록 노력하는 것이 논리적이다. 재분화는 많은 식물의 종에 있어 여전히 어렵고, 단지 아주 적은 선택된 유전형에서 유도되고 있다.

1) 체세포 돌연변이의 선발

캘러스배양은 단순히 유전형 증식의 한 시스템을 제공할 뿐 아니라, 종종 부가적으로 자연 발생적인 새로운 변이를 나타내기도 한다. 방사선조사 혹은 연장된 재배 시간과 같은 많은 처리 때문에 새로운 변이의 양은 점점 더 증가한다. 자연 발생적이거나 유도된 이런 변이를 체세포 돌연변이라 하고 이의 사용이 지난 10년간 논란의 대상이 되고 있다. 세포 배양은 고전적인 돌연변이의 알려진 결점과 함께 새로운 돌연변이 원의 역할을 한다고 판단될 뿐 아니라 품종 내(intracultivar) 형질개선의 훌륭한 기술로 보인다. 후자의 경우에선, 기내배양이 안정적일 동안

탈분화 그리고 재분화된 세포로부터 재분화된 식물에서 나타나는 유전적인 변화가 성적으로 표현되거나 최소한 성장 학적으로 전이되어 진다고 예견되어 진다. 체세포 돌연변이의 원인은 아직 이해되지 않았지만, 실제 연구에 있어서는 그런 이해가 반드시 필수 불가결한 것은 아니다.

새로운 변이의 창조는 그 자체로서, 특히 새로운 특징이 자연적으로 유전자풀 내에 존재하지 않을 때 도움이 된다. 그러나 존재하는 품종 내 하나 혹은 그 이상 특징의 변화는 반드시 발견돼야 하고 개량된 품종들을 위해서는 효과적인 기내선발 시스템과 연계돼야 한다. 이러한 필요조건에도 불구하고 새로운 특성 발견의 가능성은 자연스러운 육종방법에 있어 굉장한 흥미를 자극하고 있다.

병 저항성을 위한 선발에서 조직배양으로부터 재분화된 식물 중의 변이는 사탕수수에서 처음으로 발견되었다. 하인즈(Heinz) 등은 피지(Fiji) 바이러스 병에 저항하는 캘러스로부터 재생 물을 발견하였고 후에 이것은 헬민토스포리움 사카리(*Helminthasporium sacchari*)에도 저항성이 있음을 발견하였다. 최근에는 푸사리움(*Fusarium*)에 저항하는 셀러리(*Apium graveolens*)의 체세포 돌연변이를 캘러스 조직배양을 통한 이병성 품종으로부터 얻고 있다. 이러한 특성은 유전적인 것으로 보이며 육종과 결합할 수 있다.

질병 저항에 대한 기내선발의 초기 예는 벤첼(Wenzel)과 도브(Daub)에 의해 재조사됐다(환경적 스트레스를 위한 선발). 조직배양의 실제 사용 초기에는 자연발생의 스트레스를 위한 선발에 있어 흥미가 있었다. 많은 결과가 딕스(Dix)에 의해 요약되었지만 그들 중 대부분이 실제 응용에 이르지 못했으므로 여기서 고려하지는 않겠다. 냉해 저항성에 대한 선발은 겨울밀의 종류인 노이스타(Noistar)의 캘러스 조직배양에서 나온 조직집단으로부터 행해졌다. 조금 덜 냉해 저항성인 것과 더 냉해 저항성 체세포 영양계가 발견되었는데 라자르(Lazar) 등은 이런 차이가 유전적이라고 하였다. 장식품과 같이 성장적으로 증식된 농작물은 자연적으로 원하는 돌연변이체가 재분화된 캘러스 조직으로부터 선택될 수 있다(특히 글라디올러스 등).

새로운 체세포 영양계의 상급 반응의 원인에 대한 생리학적 이해는 아직 없으며 캘러스 조직을 사용한 접근 및 농업의 유용한 발전에는 많은 행운이 필요하다. 하지만 이에서 인용한 긍정적인 예들은 성공할 수 있다는 증거이다.

2) 선발 에이전트를 이용한 선발

체세포 돌연변이는 선발압력이 기내단계 동안 적용될 때는 단순한 돌연변이 육종보다는 우위에 있다. 이것은 특정한 성질 즉 생물과 비생물 스트레스 혹은 발육패턴의 변화를 목적으로 하고 있다. 숙주 병원균 시스템은 기내 매개변수와 생체 내 반응양식 사이의 연관을 이용하여 선발방법의 발달의 길을 열었다.

병 저항성을 위한 선발을 위해서는 40년 전 멘델은 포도나무 숙주와 그와 같이 자라는 병원균 플라스모파라 비티콜라(*Plasmopara viticola*, 포도나무 진균병균)의 가능한 장점을 알아냈다. 그러나 기내 진균 저항성을 선발해내는 그런 이중 배양 기술의 더 이상의 발달은 그렇게 빨리 진척되지 않았다. 최근에는 저항성 있는 동시에 감수성도 있는 소나무 캘러스 조직에서의 파이토프토라 시나모니(*Phyophthora cinnamomi*)의 성장에서 의미 있는 차이점을 발견하였다. 성공적인 시험에서의 필수조건은 한 페트리 접시에서 진균과 캘러스 조직에 대한 적절한 배양조건이다. 여기서 병원균 대신에 병원균에 의해 생성된 독소 혹은 배양 여과액을 선발에 사용한다. 이러한 접근에 의한 가정은 병원균에 의해 생성된 여과액 내의 독소 산물이 병원인에 한 역할을 담당하고 병원균에 저항성 있는 세포에 대한 선발압력에 이바지하는데 이용되기 때문이다. 저항성 있는 캘러스 조직 혹은 세포로부터 재분화된 식물이 병원균에 역시 저항성이 있다는 보장은 없지만, 이 방법은 다수의 식물-병원균 시스템에 적용됐다.

베케(Behnke)는 감자 역병균(*Phytothora infestans*)과 시들음병(*Fusarium oxysporum*)의 배양 여과액을 가진 감자 캘러스 조직 내에서의 선발 과정을 보고 하였다. 시들음병(*Fusarium oxysporum*)에 저항성이 있는 알팔파 식물은 진균의 배양 여과액 내에서 자란 캘러스 조직들로부터 발생한다. 그러나 뒷세대들의 저장성에 대한 안정성은 결과 분석에 의한 확정이 아직 되지 않았고 유전적 기초와 본질에 대한 의문은 아직 남아 있다. 이것은 현탁배양으로부터 선발된 푸사리움(Fusarium)에 대한 증가한 저항성을 가지는 알팔파 유전형에도 같이 적용된다. 하나의 확실한 독소에 의해 만들어진 병원균에 대한 저항성을 제어한 선발에서 첫 번째 실험은 옥수수 캘러스 조직에서 시행되었다. 그러나 옥수수 동고병균(*Helminthosporium maydis*)에 대한 감수성으로부터 저항성으로의 전환은 수컷 불임에서 생식능력으로의 전환을 유도하는 원형질 내의 유전 변화와 관계있었다. 그러므로 이 결과는 실제적인 가치가 없었다. 보리의 캘러스 조직과 밀의 유전형의 진균 옥수수 동고병균(*Helminthosporium maydis*)에 의해 생성된 정제된 배양 여과액에 대한 저항성이 선발되어 졌다. 식물은 독소처리에 살아난 체세포 영양계로부터 재생됐으며 첫 번째 기내세대는 유의하게 향상된 계통을 생산해냈다. 이것은 기내 단계에서의 선발은 작용하지만 뒤이은 포장 테스트와의 연관은 믿을 수 없음을 의미한다. 이러한 불일치가 유전적 차이의 결핍 때문인지 혹은 시험 과정의 포장의 미미한 양적 변화를 발견해 내는데 부적절해서인지는 불분명하다.

블랜처드(Branchard)는 또한 보리 캘러스 조직의 반응과 린코스포리윰(*Rhynchosporium*)에 대한 보리 파종과는 연관이 없고 측정되는 반응에 관계되는 독소는 기내 캘러스 조직에 의해 생성된 글루코시다아제(glucodase)에 의해 파괴됨을 제안했다. 호놀드(Hunold) 등은 드렉슬레라 테레스(*Drechslcra teres*)에서 나오는 독소를 사용하여 선발 후 보리 식물을 재생했다. 재분화된 식물은 저항성이 증가하나 비 선택된 대조군 식물에서의 결과는 같았다. 이 사실은 이런 특성 속에서의 체세포 돌연변이로서 설명될 수 있다. 비슷한 결과가 밀 조직배양에서도 나타났고, 선발 프로그램은 슈도모나스 시린지(*Pseudomonas syringe*) 박테리아로부터 생성된 시린도마이신(syrindomycin)과 같이 시행되었다. 유채(*Brassica napus*)의 이차적인 배아 계열은 부분적으로 정제된 알터나리아 브라시콜라(*Alternaria brassicola*, 배추속에서 흑점병을 유발하는 곰팡이균) 여과액을 포함하는 선택배지에 대한 민감성에 있어 다르다. 선택배지의 민감도와 병원균에 대한 감수성 사이의 연관성은 없더라도 일부 재생 물은 같은 품종에서 자란 식물의 종자보다 병원균에 더 저항성이 있다. 이런 다소 부정적인 면과는 달리 헬게손(Helgeson, 1972) 등의 연구는 사실 이것이 이런류의 실험에서 진정한 시작이라 할 수 있다.

피토프토라 파라지티카(*Phytophthora parasitica*)에 저항성 있는 잎담배 캘러스 조직을 생산한다는 사실을 입증했다. 또한 레이(Lai) 등은 토마토에서, 식물은 이병성의 배양 여과액에 저항성 감자역병균(*P. infestans*)으로부터 재생됨을 증명했다. 게다가 디튼(Deaton) 등은 피토프토라 파라지티카(*Phytophthora parasitica*)에 대한 저항성이 담배 캘러스 조직에서 정량적으로 표현됨을 보여주었다. 그러나, 한정된 독소 쎌코스포린(cercosporin)에 의한 실험(cercosporin 종은 많은 양을 생산함)은 진균에 저항성이 있는 품종이 독소에 의해 죽을 수 있으므로 행해지지 않는다. 여기서 항생의 쎌코스포린(cercosporin)은 진균에 의해 아마도 공격적인 시스템보다도 방어적으로 사용된다. 비슷한 문제가 과민반응이 세포 단계에서 선발될 때 일어난다. 이런류의 저항성에 있어서는 저항성 식물의 세포는 너무나 빨리 죽어서 병원균이 살거나 증식하거나 퍼져나갈 수 없어 다른 조직 부분은 모두 살 수 있다. 이런 세포 작용은 유기화된 조직을 요구한다.

피토프토라(*Phytophthora*) 독소를 포함하는 배지에서 피토프토라(*Phytophthora*) 과민 토마토 캘러스 조직은 빨리 검지되어 죽어 버리고 반면에 포장 저항성에 비 과민적인 다른 영양계로부터의 캘러스 조직은 좀 더 천천히 자란다. 현재 병 저항성 전략에 있어 가장 강력한 방법의 하나인 과민반응을 기내에서 선발하는 것은 불가능하다. 과민반응과 연관된 기내선발을 사용할 수 없음으로써 조직배양을 이용한 접근의 유익성을 상당히 감소시킨다.

내염성 선발을 위해서는 비생물적 스트레스에 대한 내성의 선발은 저항성이 요구되는 스트레스에 노출된 조직과 관계있다. NaCl 혹은 Na_2SO_4가 풍부한 배지에서의 선발은 어렵지 않음이 증명됐다. 램(Ram) 등에 의한 내염성에 대한 기내선발의 재고찰에 있어 다수의 식물 종으로부터 세포주가 선발될 수 있었지만, 식물 재생은 매우 드물었다. 무엇보다도 이러한 작업은 염분에 대해 강화된 저항성을 나타내는 세포주의 선발에 달려 있다 NaCl과 Na_2SO_4가 고농도인 배지에서의 캘러스 조직 성장은 사탕무, 평지씨앗, 토마토에서 많이 보고되고 있다.

벼의 내염성 세포주(cell line)의 선발에 대한 몇 가지 실험이 보고되고 있지만, 긴 캘러스 조직이기 때문에 대부분 재생식물이 아니다. 자포니카 혹은 인디카 벼의 내염성 캘러스 조직으로부터 식물이 재생될 수 있다 해도 유전적 변화에 대한 증거는 아직 없는 실정이다. 옥수수에서는 식물 재생이 긴 기간의 내염성 세포 배양으로부터 얻어지고 내성은 기내에서 염분 없이 3개월 동안이나 보존될 수 있다. 그러나, 재분화 식물의 종자 세트는 매우 좋지 못하다. 재분화된 내염성 식물 중에 4개만이 토양에서 살아남고 서로 교배된다. 그런데도 몇몇 주에서 더한 성장력이 보이더라도 자손에게서의 증가한 내염성은 불분명하다. 알팔파에서 염분 내성의 세포주으로부터 재분화된 대부분 식물은 염색체 이상을 보여준다. 단지 하나의 재생된 식물에서 꽃이 피었으나, 염분 내성의 유전성을 시험할 수 없어 열매를 맺지 못하게 되었다.

아마식물(*Linum usitatissimum*)의 내염성인 세포주(cell line)로부터 재생되고, 이 식물의 자손은 정상 토양뿐 아니라 염분 토양에서 자랄 때도 훌륭하다. 이것은 선발된 특성이 좀 더 일반적인 체제의 결과이고 재생 물의 전체 성장력의 향상에 기인함을 나타낸다. 자인(Jain) 등을 그들의 유채속(*Brassica*) 실험을 통해 성장기와 생식기 동안 그들의 내염성에 있어 서로 달리 작용하는 계통을 선택했기 때문에 서로 다른 체세포 영양계는 다른 내염성 기전을 가진다고 결론지었다. 많은 종에서 얻은 내염성 세포주, 그리고 이런 주로부터 나온 안정된 재생 물의 보기 드문 발달에 대한 한 가지 설명은 생리학적인 적응에 기인한 저항성이다. 이런 익숙한 후생적인 변화는 안정된 유전적 돌연변이를 가진 세포의 선택을 모호하게 한다. 그러나 생식능력 있는 식물의 재생 및 그들 자손으로의 저항성 표현형의 전이만이 육종 과정에 유익한 유전적 변화의 확실한 증거를 제공한다. 금속 내성 선발을 위해서는 기내선발은 카드뮴, 아연, 알루미늄과 같은 금속에 대한 저항성을 수행해 왔다. 이런류의 첫 연구는 메러디스(Meredith)가 알루미늄 저항성에 관한 선발적 실험에서 토마토 세포 배양을 이용했다. 선발된 군은 스트레스가 없는 상황에서 2~4개월 성장 후 저항성 있게 남았으나 재생된 식물은 없었다.

온도 스트레스 선발을 위해서는 내한성 캘러스 조직의 배양 또한 기내에서 성립되었다. 그러나, 재생은 단지 몇몇 사례에서만 관찰되었고 이 특성에 대한 기내와 생체내의 연관성은 아직 입증되지 않았다. 제초제 내성 선발을 위한 찰레프(Chaleff)와 파손(Parson)에 의한 피클로람(picloram) 저항성 담배 체세포 영양계의 초기 연구 이후에 다양한 제초제에 대한 내성에 관한 많은 연구가 있었다. 오늘날 이 내성에 대한 기전과 유전학적인 기술과 연관된 것의 사용에 상당한 관심을 보인다.

파라쿼트(paraquat, 그라목손)에서 효소는 독소를 비활성 대사물로 바꾸고 반면에 목적 유전자의 증폭은 글리포세이트(glyphosate)와 L-필스피시게이신(L-phlsphicigheicin)에 대한 저항성을 준다. 다른 제초제의 넓은 범위를 위해 기내선발이 제초제 내성 조직을 발견해내는 데 이용된다. 대부분은 클로르설퓨론(Chlorsulfuron)에 대한 아마속(Linum)처럼 어느 수준의 내성을 나타내는 식물을 재생하는 것이 이미다졸리논(imidazolinone) 저항성의 옥수수처럼 유전자 전이 기술이 어려운 작물에서의 저항이다. 다른 경우에는 캘러스 조직의 배양이 제초제 저항성 돌연변이를 확인하고 돌연변이된 유전자 배열을 분리하는 데 사용되어 진다. 글리포세이트(glyphosate)의 경우에는 피튜니아 캘러스 조직배양에서 확인된 저항성이 다수 작물육종으로 전이 되었다. 이 마지막 예가 응용 기내선발의 가장 중요한 결과 중의 하나이다.

3) 단세포 체계

단세포로 시작되는 체계는 교차섭취(cross-feeding)가 키메라현상(chimerism)의 문제를 우회하도록 도와주고 가치 있는 돌연변이를 발견하는 기회를 증가시킨다. 게다가 개개의 숫자는 계속 증가할 수 있고 이것은 자연적으로 돌연변이율의 범위 내에 있다. 체세포 원산지의 2가지 종류의 단세포 체계 즉 세포 현탁 배양과 원형질체 배양이 사용되고 있다. 여기서, 많은 개체가 작은 면적에서 선별되므로 미생물학적인 과정이 효과적으로 적용될 수 있다.

(1) 생물 스트레스 저항성에 의한 선발

셰퍼드(Shepard)는 러셋 버뱅크(Russet Burbamk)라는 사배체 품종으로부터 감자 영양계 내의 굉장한 변이를 원형질체는 새로운 유전형을 창조하는 데 유용하다고 가정했고 재생된 원형군의 30% 이상이 유용한 변이체임을 주장했다. 많은 변이체가 총체적인 변체라 하더라도 일부는 알터나리라 슬레인(*Alternaria slain*) 혹은 감자 역병균(*Phytophthora infestans*)에 향상된 저항성을 보여주었다. 그러나 성장하는 번식 동안에조차도 모든 변이체가 유전학적으로 안정적이지는 못했다. 이것은 유전적 돌연변이와는 다른 변화에서 기인한 것이다. 주디스(Judith) 감자로부터 식물은 원형질 재배를 통해 감자역병균(*Phytophthora infestans*)에 향상된 저항성을 가지면서 재생될 수 있었다. 에르위니아(*Erwinia*)에 상당히 높아진 괴경 저항성을 가진 영양계가 원형질체 파생 재생 물의 비 선발집단에서 발견되었다.

2개의 반수체 감자의 실험에서 벤첼(Wenzel)은 원형질로부터 3,000 영양계 이상 재생시켰으며 소수에서 총체적인 변이체임을 발견하였고 이들 대부분은 실제적 의미가 없는 이수체임이 증명되었다. 나머지는 표현형 및 총 단백질 형에서 일치하였다. 이런 사배체와 이배체 감자의 반응의 차이는 변이체 생존에 있어 배수성 단계의 강한 영향력을 보여준다. 그러므로 변이의 정도는 배수성 단계와 유전형에 따른다고 결론을 지을 수 있다. 예를 들면 체세포 변이의 높은 빈도를 보여준 감자 품종 러셋 버뱅크(Russet Burbamk)는 포장에서 확실히 높은 빈도의 변이체를 보여준다. 유용한 새 유전형의 계획된 생산에 대한 기내배양 단계의 특별한 기여도는 결과적으로 아직 의문이다. 단세포 체계는 병원성을 나타내는 독성물질에 민감한 원형질을 제거하는 데 사용되는 경우 저항성 선발에 있어 좀 더 정확하게 이용될 수 있다.

원형질체 파생 캘러스 조직이 세균성 무름병(*Erwinia carotovora* subsp. *carotouora*)의 다른 농도 접종에 노출되었다. 균에 대한 반응은 캘러스 조직군 내에서 상당히 다양했고 향상된 저항성을 지니는 캘러스 조직 계열이 확인되어 졌다. 그러나 재생 물의 숫자는 약한 부패병의 포장시험 및 기내와 생체 내 사이의 연관성을 만들기에는 너무 작았다. 2개의 반수체 영양계 감자 원형질은 푸사리움 설푸레움(*Fusarium sulphureum*), 감자썩음병(*F. coeruleum*) 혹은 감자역병균(*Phytophthora infestans*) 추출물의 선택된 농도 아래에서 재생되었다. 선발압력이 없이 발달한 재생된 최초의 영양계와 비교해서 많은 수의 최초의 영양계는 이차적 캘러스 조직 혹은 잎 실험에서 독소에 의해 영향을 받지 않음이 증명되었다. 진균조항성에 대한 기내 단계에서 작용함이 증명되었다 하더라도 뒤따르는 포장시험과의 연관성은 믿을 수 없는 것이다. 이것은 인위적인 기내

선발에 의한 것도, 민감하지 못한(감수성이 없는) 포장시험에 의한 것 때문이 아니며 체세포 돌연변이에 의한 평균량에서 생긴 차이보다 더 큰 차이를 발견할 수 있다.

유용한 새로운 유전형을 발현할 수 있게 하는 정확한 전략을 반전시키기 위해서는 병원균의 작용 및 오염된 식물의 반작용에 대해서 반드시 알아야 한다. 첫 번째 선별을 위해 감염작용(예를 들어 유채(*Brassica napus*) 내의 배추속의 블랙 레그병의 원인균(진균)인 포마 링감(*Phoma lingam*)에 의해 생성된 독소 시로데스민(sirodesmin, PL)과 필수적으로 연관된 선발 약품을 사용하는 것이 중요하다. 저항성인 것에서부터 이병성 품종으로 분리된 원형질체는 1㎛보다 높은 농도의 독소로 처리할 때에는 죽지만 체세포 집합체에서는 저항성인 것에서부터 이병성 품종 사이에 유이한 차이가 얻어진다. 살아있는 식물에서는 독소에 대한 민감성과 병윤균에 대한 감수성 사이의 동일하고 분명한 연관 관계가 발견된다. 해머슐라그(Hammerschlag)는 복숭아 배아로부터 캘러스 조직을 유도하고 이것을 복숭아의 잎 반점의 일반적인 매개체인 산토모나스(*Xanthomonas*)의 여과액에 배양시켰다. 4개의 재생된 식물 전부로부터 2개가 공여체 유전형보다 산토모나스(*Xanthomonas*)에 더 유의하게 저항성이 있었다.

(2) 비생물성 스트레스를 위한 선발

가뭄에 잘 견디는 내한성 선발을 위해서 감자에서는 잎에 프롤린(proline) 단백질의 함량이 높을수록 내냉성이 증가한다. 2개의 반수체 감자 군의 세포 정지기로부터 체세포 군은 야생형태보다 25배 높은 프롤린 함량으로 선발되어 진다. 재생된 식물에서 냉동을 해제시키는 온도도 역시 야생형태보다 높지만, 항상 잎에서 프롤린의 높은 농도와 관련되는 것은 아니다. 잎에서 나타나는 저항성과는 대조적으로 괴경의 내냉성은 개선되지 않는다.

알루미늄 내성 선발을 위하여 Fe-EDTA 혹은 $Al_2(SO_4)_3$와 같은 알루미늄 이온을 포함하는 배지의 사용에 의한 세포 정지 때의 선발은 당근(*Daucus carota*), 담배속식물 일종(*Nicotiana plumbaginifolia*) 그리고 감자(*Salanum tuberosum*)의 세포주를 생성한다. 재생된 캘러스 조직은 몇 달 동안 알루미늄이 없는 배지에 내성적으로 남아 있고, 알루미늄 내성의 재생 물을 얻을 수 있다. 당근(*D. carota*)에서는 선발된 재생식물의 종자로부터 자란 어린 묘목이 내성을 유지한다. 감자에서는 재생 물이 영양번식 하지만 알루미늄 내성은 영구적이 아니다. 첫 번째 시도 후에는 영양계의 30%가 대조 영양계보다 유의하게 높은 Al-내성을 보였지만 여러 번 시도 후에는 단지 5%만이 대조 배지 내의 계대배양 후에도 항상 새로운 특성을 유지하였다. 코너

(Conner)와 메러디스(Meredith)는 담배(*N. plumbaginifolia*)에서 50%의 불변함을 발표하였고 Al-내성을 일으키는 단일 우성 돌연변이를 발견하였다.

(3) 제초제 내성을 위한 선발

유채 "제트 너프"(*Brassica napus* cv. "Jet Neuf")의 현탁배양은 설포닐우레아(sulfonylurea) 제초제 내성을 분리하기 위해 사용됐다. 배지는 5×10^{-8} M 농도의 클로르설퓨론(chlorsulfuron)으로 채워졌으며 생존하는 세포는 재생되었고 저항성 있는 변이체는 선발 배지에서 캘러스 조직을 형성하였으며 이것은 저항성이 기관 형성 동안 없어지지 않았음을 나타낸다.

농약인 아트라진(atrazine)과 디우론(diuron) 내성의 캘러스 조직 및 식물은 색소체의 게놈인 플라스톰(plastome) 돌연변이원인 N-에틸-N-니트로소우레아(N-ethyl-N-nitrosourea)의 첨가 후에 담배(*Nicotiana plumbaginifolia*)의 원형질체 배양으로부터 새로이 분리된 원형질체 배양으로 복원된다. 살아남은 캘러스 조직은 식물로 재생되고 제초제가 뿌려졌으며 몇몇 영양계는 각각 아트라진(atrazine)과 디우론(diuron)에 저항성이 있었다. 베르순(Wersuhn) 등은 2-methyl-4-chlorophenoxy 산과 sodium-2, 2-dichloro propionate 제초제에 저항성이 있는 감자 영양계를 선발하였다. 다른 경우에서는 재생된 식물이 종종 비정상을 나타내었고 제초제에 의한 클로르설프론(chlosulfuron)에 대한 서양벌노랑이(*Lotus corniculatus*)의 반응과 같이 약했다.

4) 세포 융합 산물의 선발

원형질체 융합은 재결합 없이 이형질 접합자 유전인자의 체세포 결합의 유용한 기술이다. 사용되는 서로 다른 방법의 세부 사항과 잡종을 선발하는 어려움은 7장에 기술되어 있다. 이 기술을 이용해서 두 개의 게놈을 완전하게 합하는 것과 합해지는 그것 중의 하나를 부분적으로 혹은 완전하게 불활성화시키는 것이 가능해졌다. 기내선발과 함께 이런 비대칭적인 교잡은 하나의 식물 종에서 다른 종으로의 한 특성을 전이하는 것을 가능케 했다.

예를 들면 메토트렉세이트(methotrexate)에 저항성인 유전자를 가진 홍당무로부터 담배(*Nicotiana tabacum*) 원형질체로의 염색체 조각의 전이, 혹은 담배 일종(*N. plumbaginifolia*)으로부터 담배(*N. tabacum*)로의 카나마이신(kanamycin) 저항성 같은 것이다. 게다가 렙토스페리아균인 포마 링감(*Phoma lingam*)에 대한 저항성이 비대칭적 융합 때문에 다른 저항성의 배추속(*Brassica*) 종으로부터 유채(*Brassica napus*)로 전이되는 것이 가능해졌다. 공여체 원형질체는 X-ray 조사를 받게 되고 유채(*B. napus*) 원형질체와 결합한 후 포마 링감(*Phoma lingam*, 진균의 일종)에 의해 생성된 독소인 시로데스민 PL(sirodesmin PL)과 함께 잡종 세포 배양을 위해 선발이 사용된다. 세포질 웅성불임 역시 당근(*Daucus carota*), 배추속(*Brassica*) 종, 담배속(*Nicotiana*)에서 비대칭적 융합을 통해 전이된다.

4. 배우체 세포에서 기내선발

반면에 포자체 세포 집단에서의 새로운 변이성은 무작위적으로 나타나는 자연적인 변이로부터 생겨나고, 배우체 세포 집단은 부모의 분리된 유전자에 의존하는 변이성을 나타낸다. 배우체 집단은 감수분열 동안의 재결합 때문에 새로운 결합에서 부모의 모든 특성을 다 포함하게 된다. 그러므로 농학적으로 중요한 성질의 결합을 발견할 기회가 기내돌연변이 유발보다 더 높다.

1) 이형세포 집단의 근원

이형세포 집단의 가장 알맞은 근원은 이형 부모로부터의 소포자이다. 재생된 약배양 내 뿐만 아니라 분리주 배양 내에서도 가능하다. 분리된 소포자 배양은 약 배양보다 더 소포자 집단으로부터 재생되고 있는 무작위 표본의 좀 더 효과적인 체계를 선발할 수 있다. 선발 목적을 위한 소포자 사용의 장점은 다음과 같다. 하나의 반수체 세포의 큰 집단을 사용할 수 있다. 체세포 돌연변이의 낮은 단계는 새롭고 바라지 않은 특성을 가진 식물을 거의 만들지 않는다. 선발이 아주 초기에 발육 혹은 육종 단계에서 수행될 수 있다. 열성의 특성 및 선발 개체의 표현은 염색체 배가 이후에 동형접합체(homozygous)가 될 수 있다.

체세포 집단 내의 선발과는 대조적으로 기대되는 열성의 특성은 한쪽 부모로부터 전달된다. 이러한 사실은 한 번의 선발 포장에서 나타나는 표현 행동의 결과를 낳는 복잡한 반응을 충분히 발견하지는 못하더라도 이 기술이 복합체의 한 구성 성분을 확인하는데 충분함을 의미한다. 이 구성 성분이 전 과정에 연관된 한 전 복합물은 아마도 전이될 것이고 이런 선발 시스템이 동형접합체 물질의 분리에 작용할 것이다. 약배양과 기내선발을 결합하여, 예(Ye) 등은 0.8% 이상의 Na_2SO_4를 포함하는 액체배지 내에서 내염성 및 정상적이고 감수성 있는 품종을 교배한 보리

F1으로부터 약배양을 하였다. 고염도 배지에서 배양된 F_1 소포자로부터 나온 자손은 어떤 것도 감수성 있는 부모처럼 그렇게 감수성이 있지는 않았다. 이 실험에서 그 결과는 감수성 소포자는 제거됨을 나타낸다. 염에 대한 내성이 증가한 단계를 보이는 선발된 계통은 배우자 영양계, 변이보다는 재결합의 결과 때문이다. 다시 교차섭취는 체세포 배양 내로의 약 내에서 조밀한 소포자 배양 동안 선발의 효과를 모호하게 한다. 그러므로 약(anther)으로부터 분리된 배양은 특히 그것이 배아 재생경로를 통과 했을 때는 이점이 있을 수 있다. 이 재생과정이 부가적으로 캘러스 조직의 형성을 피해주므로 정상적으로 바라지 않은 유전적 결함(배우자 영양계 변이에 의함)의 빈도를 감소시키고 좋은 농경적 합성을 가진 많은 계통을 낳게 된다. 배추속(*Brassica*)의 소포자 혹은 반수체 배아의 이미다졸리논(imidazolinone) 혹은 설포닐우레아(sulfonylurea) 제초제에 대한 그들의 내성이 선발되어 졌다. 스완솜(Swamsom 등, 1988) 배가된 반수체 식물은 성장하였고, 그 자손은 권장하는 제초제 양이 토양 비율의 최소한 2배에서도 내성이 있었다.

2) 배주와 배를 배양하는 동안의 선발

배주배양은 여전히 어렵고 아직은 기내선발의 실험이 거의 없다. 그러나 수정 후 묘의 선발은 가능하다. 이 선발은 모종 선택과정과 아주 유사하나, 기내배양의 모든 장점을 다 가진다. 각각의 배는 생식 과정의 결과이고 서로 다른 유전형과 체세포 선발과는 아주 다른 차이를 나타낸다. 보리와 밀에서 덜 성숙한 배가 푸사린산(fusaric acid), 푸사리움(*Fusarum*) 속에 속하는 일부의 진균이 분비하는 독소)을 함유하는 B5 배지에서 선발됐다. 2mm 크기의 밀배양(수분 후 10일 뒤) 중 2%만이 0.4mm 푸사린산을 가진 배지에서 생존하였고 보리에서는 0.2mm가 한계 농도였다. 제초제 아슐람(asulam)에 대한 저항성 내의 품종간 변이를 찾기 위해 콜린(Collin) 등은 자른 배아를 이용하여 보리 변이인 미디스(Midas)를 선발해냈다. 식물들은 선발 안 된 변이와 비교해서 증가한 저항성을 보이며 선발될 수 있었다. 저항성은 안정성이 있었고 그 자손으로 전해졌다.

5. 기내선발과 분자유전학

기내선발에 대한 현재 전략의 가장 큰 한계는 원하는 표현형을 책임지는 생리학적인 혹은 화학적인 반응에 대한 지식의 결핍이다. 현재, 기내선발은 진단체계가 너무 약하여 일반적인 고정이 될 수 없다. 표현형 단계에서는 향상된 형태학적 혹은 생물학적 실험이 염색체 단계에서 더 나은 염색체 확인 작업이 유전자 산물 단계에서 좀 더 일반적인 면역 실험과정이 요구된다. 하지만 유전자 산물 단계(단백질과 효소)에서 준비되어 있다 하더라도 이들 기술 그 어떤 것도 그 원인인 DNA와 염기배열의 차이를 DNA 단계에서 다룰 수는 없다. 분자 표시체의 사용에서 직접적인 DNA 진단은 식물 게놈의 특성 및 변화의 조기 발견을 가능케 한다. DNA 교잡을 이용한 유전자 진단과 게놈 진단은 선발에 있어 일반적인 방법이 되고 있다. 정상적으로 이들의 사용은 충분한 양의 DNA를 추출할 수 있는 상당한 양의 조직을 필요로 한다. 고로 작은 캘러스 조직 혹은 단세포, 소포자를 가진 기내 시스템은 분자 탐사를 사용하기에 적합한 물질은 아니다. 1985년 PCR(연쇄중합반응)이 발달하였고 이것은 1mg의 아주 작은 무게의 식물 부분에도 교잡할 수 있게 하였다. 그러므로 정해진 염기배열의 존재는 발달과정의 아주 초기에 결정되어 진다. PCR과 결합하여 분자 표시체를 만드는 모든 기술은 이제 기내선발에 적용되게 되었다. 유전자 전이 동안의 선발에서는 표시체를 기초로 한 기내선발과 함께 분자 유전학은 유전자 전이에 관한 기술을 제공한다. 거의 모든 전이 체계에서 기내배양과 기내선발이 사용된다. 아그로박테윰(*Agrobacterium*) 혹은 좀 더 직접적인 체계에 의한 대부분의 유전자 구조물은 분리 가능한 표시체를 가지고 있고 아주 초기 큰 집단에서 변형된 세포 혹은 조직을 선발할 수 있게 한다(항생적인 저항성과 운반체 유전자를 사용해서). 기내선발과 육종 프로그램과 함께하는 그것의 직접적인 적용은 홀쉬(Horsch) 등에 의해 잘 예시되었고 그것은 기내선발 기술을 비선택성 제초제(glyphosate), 확실한 유전자의 분리 및 다른 식물 종으로의 변형에 결합했다 저항성의 근본이 되는 기전에 대한 세부 사항은 10장에 있다.

6. 일차적 그리고 일차적 산물을 위한 기내선발

작물은 단지 인간이나 동물을 먹이기 위해 재배할 뿐만 아니라 다양한 비음식 복합물의 생산에도 사용된다. 특히 중요한 일차적인 산출은 단백질, 지방, 그리고 전분이다. 기내선발을 통한 이런 일차적인 산물의 증가 기회는 다소 제한되어 있지만, 이차적 산물의 형성에는 기내선발이 이바지하리라 기대된다. 식물세포 배양은 특히 제약품에 있어서는 경제적인 잠재력을 가지나 아직은 화학적 합성이 불가능하다. 높은 생산을 위한 선발과 연계된 기내 생산은 다음과 같은 장점이 있다. 일부 약품 식물은 야생에서 얻어지기 때문에 공장에서 공급해야 하는 문제를 해결할 수 있다. 생산물은 쉽게 특별한 요구에 적응할 수 있다. 통제된 사항에서 기내 생산된 이차적 산물은 같은 품질을 보장한다. 이차적 생산물은 식물의 특별한 기관에서 생성되고 저장된다. 원칙적으로 이러한 생산이 기내에서 적합한지에 관한 질문에는 "그렇다"라고 답할 수 있다. 그러나 기내에서 이차적 산물의 생산 가능한 선발에 대해서는 긍정적 보다는 부정적인 예가 아직은 더 많다. 이 기술의 가장 탁월한 적용은 지치속 식물(*Lithospermum*) 세포 배양 내의 시코닌(shikonin) 생산이다. 세포 배양 유래의 시코닌(shikonin)은 염료로서 이를 함유하는 립스틱이 일본에서 막대 모양 제품(biosticks)으로 나오면서 유명해졌다. 디기탈리스(*Digitalis lanata*)로부터 두 가지 중요한 알카로이드가 분리되었는데 둘 다 심장병 치료 약으로 사용된다. 디기탈리스(*Digitalis*) 세포 현탁배양을 이용해서 디기톡신(digitoxin)으로 변경하는 배양을 선택하는 것이 가능해졌다.

그러나 공업에서는 현재의 생산과정을 변화시키거나, 이 기내과정을 채택하기는 아직 꺼리고 있다. 상황은 일일초속 식물(*Catharanthus*) 같은 다른 의료 식물에서도 마찬가지이다. 캘러스 조직은 같은 세포 집단은 아니지만, 물리적으로 분리 가능한 다양한 세포 형태를 가지고 있다. 이런 분리된 체세포 일부는 실제 살아있는 식물보다 더 많이 복합물의 생산을 하는 고생산 세포 계통을 생산해낸다. 이런 계통의 분리를 위해 세포 현탁 배양이 고체배지에 입혀지고 군락이 분리되며 이들 중 일부는 유전적으로 서로 다르다. 계대배양 중에는 고생산 유전형이 발견될 수 있다. 이러한 방법이 이차 산물 생성의 불안정 때문에 고생산 계통의 선택은 시간 낭비고 비경제적이다. 게다가 고등식물의 세포 배양은 박테리아에 비교해서 좀 느리고 배양 배지 또한 비싸다. 그래서 요즘 복합물의 생산에 관여하는 효소의 분리 코드(code) 순서를 적립하는 것 영양계 유전자를 박테리아에 옮기는 것 등이 흥미가 있다. 또 다른 계획은 감자의 괴경과 같은 저장기관을 이런 기술적인 효소와 같은 복합물을 만드는 데 이용하는 것이다. 기내배양의 중요성은 점차 줄어드는 중이다.

7. 미래 전망

식물육종에 있어 선발 과정을 위한 기내 세포 및 조직배양의 가장 중요한 장점은 다음과 같다. 기후와 자연적인 환경의 영향으로부터 자유로워서 일반적인 병 저항성의 다원적으로 유전된 특성의 작은 양적 차이도 쉽게 측정할 수 있다는 것이다. 매우 작은 공간에서도 많은 수의 개체를 조작할 수 있다. 소포자와 반수체에서 작업할 수 있는 능력이다. 이들 좀 더 단순한 게놈은 비교적 작은 집단 내에서 열성의 특징과 부가적인 특징을 발견할 수 있게 해준다. 게다가 기내선발은 전체 유전자 변형실험의 통합적 분야이다. 모든 유형의 선발이 6장에서 기술된 바 무질서와 질(변이와 선발)은 식물육종의 과정에서 필수적인 순서이고 필요조건임은 기내선발에 있어 명백한 사실이다. 식물의 왕국에서 볼 수 있는 수 백만 년 진화의 결과인 변이성은 자연적인 변이와 자연적인 선발의 상호작용 결과이다.

유전자풀에서 증명된 자연적인 변이가 지금 변이의 직접적인 기초라 하더라도 자연적인 선발의 직접적인 이용은 거의 불가능하다. 원하는 특성을 위한 선발은 이미 기내에선 DNA 프로브 같은 것을 사용하고 잇다. 만약 그 특성이 유전 형태로 농작물에 이용 가능하다면 유전자 전이의 계획보다는 아마 더 쉬울 것이다. 이런 프로브의 이용은 육종 프로그램에서 흥미 있는 특성을 결합하고 결과적으로 분리된 세대를 선택하는 것을 가능하게 해준다. PCR을 사용하면 이것은 재생되는 이형접합 소포체 집단 내에서 가능해진다. RFLP 표시체는 염색체에서의 QTL을 찾아내는 적절한 기술을 제공한다. 그러므로 RFLP 표시체와 의문시되는 좌(loci)의 연결이 매우 가깝다면 유전인자의 유전성은 전체식물 단계에서의 선발 없이 기내에서 추적할 수 있다.

현재의 많은 기내선발의 실패는 이 분자 기술이 더 나은 선발전략 프로그램을 허용하는 것으로 이 전략을 선발 과정의 초기 단계에서 원하는 표현형의 선발뿐만 아니라 원하지 않는 변화를 제거하도록 도와주는 것으로 극복될 것이다. 끝으로 포장 내에서 성장하고 있는 모든 기내 선발된 식물의 필요성에 대해 강조하고자 한다는 것은 강하나 기내 저항성이 아주 흔히 포장 상황 아래의 전체식물 단계에서 나타나지 않는다. 심지어 예를 들면 2,4-D 저항성 담배계통 같은 데서 보이는 후 세대로부터 뒤이어 유도된 캘러스 조직이 다시 저항성을 나타낼 때도 그렇다. 게다가 밀러(Miller) 등에 의해 지적된 바와 같이 기내 접근과 전통적인 육종프로그램을 연결하는 것이 중요하다. 어떠한 기내 선발접근법이라도 결국 최종적으로 그 가치를 결정하는 것은 포장시험 결과이다.

제6장 생리적 특성과 육종

제1절 광합성과 호흡 효과

1. 서론

식물의 생장률은 많은 환경과 내생 요소에 달려 있지만, 결과적으로 광합성, CO_2 동화산물과 호흡값 사이의 균형에 의한 탄소로서, 말레(Male) 등에 의한 모델인 탄소분배 요소에 의해 궁극적으로 정의될 수 있다. 이론적으로 생산성과 최종 생물학적 또는 경제적 생산량인 광합성량의 증가로, 불필요한 호흡 감소에 이해, 또는 적절한 수용부위로 탄소를 나눔에 의해(동화산물의 최대치) 식물 생장을 향상하는 것이 가능하다. 광합성 증가의 한 방법은 광화학 단계(빛 흡수, 전자이동, ATP 합성), 또는 생화학 단계(CO_2 고정, 또는 동화산물 반응, 광호흡, 동화산물의 이용)에서 이 진행의 효과 개선에 의해서이다. 엽면적당 순광합성 또는 CO_2 동화산물(A)은 전술한 광합성의 광화학과 생화학적 요소를 잎 가스 확산작용과 함께 유용하게 합칠 수 있다.

이 매개변수 A는 비교적 측정이 쉽고(예: 가스 교환기술) 외부조건을 조절했을 때 이해할 수 있고 게다가 A는 높은 광합성 효과를 가진 지표식물로 분명히 될만하다. 예를 들면 C_3 식물과 비교해 C_4 식물의 더 높은 엽광합성률은 그들 각각의 적정 환경조건 하의 더 높은 생장률과 관계가 있다. 역설적으로 주어진 종들에서 최고의 엽순광합성률의 선택이 더 높은 생산력 또는 수량과 관련이 있는 것은 아니다. 그러나 면적당 엽의 순광합성 비율과 생장 사이의 정관계는(예: 상대생장속도, 생물학적 생산량) 몇몇 속, 종 그리고 품종에서 알려져 있다. 게다가 그것을 엽면적당 광합성률과 생장 사이에 하나의 일반적인 경향만 존재하는 것이 아니라는 것을 밝혔고 이 관계는 모든 종에서 증명이 필요하다. 그러나 기대했던 것처럼 그것은 지금 일반적으로 생장 기간 도안 식물 수관부에서의 광합성 총량과 생물학적 생산량이 서로 관계가 있는 것으로 받아들이고 있다. 이 역설로 대한 가능한 설명은 순간적인 성숙엽 광합성률과 식물 또는 작물의 총광합성량이 반드시 상관있는 것은 아니라는 사실과 연관시킬 수 있으며 광합성은 수관에 의해 차단된 총방사와 총엽면적, 엽수명이 작용이다. 게다가 A에서 유전적 변이는 몇몇 경우 총엽면적과 빛 차단 특성의 형태적 변화로 보상될 것이다.

반면 식물의 발육단계 동안 순광합성률의 단기간 측정은 일반적으로 복잡한 생육기간 동안 순광합성률의 단기간 측정은 일반적으로 복잡한 생육기간 동안 광합성량을 반영하지 않는다. 또한 암에서 호흡의 변화는 식물생장효과에 유의성 있게 기여한다. 그것은 광합성에 의해 고정된

탄소의 약 40~50%는 하루의 호흡으로 정상적으로 배출된다. 호흡률의 감소는 작은 가능성을 제공하지만 어떤 종들은 수량이 유의성 있게 증가한다. 호흡 효과와 직접적인 관련이 있는 탄소의 이용적 효과는 식물에서 유의성 있게 증가한다. 그러나 여전히 그것이 실지로 존재하는 호흡의 요소가 적절한지에 관한 생리학과 생화학 사이의 이 의문은 식물 생산량 증가를 위한 유용한 과정으로써 호흡의 이용에 대해 분명히 해야만 한다. 수량은 많은 유전자에 달린 복잡한 특성이다. 게다가 식물육종과 유전을 통해 조작할 수 있는 많은 생리학적, 생화학적 작용의 상호작용으로 결정된다. 그러나 수량의 생리학(예를들면 진행)과 생화학(효소 활성)의 기초는 식물육종가들에서 유용한 선빌 수단을 주기 위해 더 많은 이해가 있어야 한다. 결국 수량은 광합성과 호흡 사이의 균형 작용 즉, 시스템에 의해 고정된 순탄수화물 생산량이 나타난 결과로 정의할 수 있다.

이 장에서 중심 문제는 식물생산과 수량(생산량)은 광합성과 호흡 효과에 이바지한 하나 또는 더 이상의 반응을 조작하여 유의성 있게 증가시킬 수 있는지 없는지를 아는 것과 연속적으로 이들 반응을 조작하기 위한 성공적 방법이다. 광합성과 호흡 효과의 향상은 현대농업의 향상된 도입(예를들면 비료, 물, 살충제 등)을 감소시키는 데 도움을 줄 것이고 게다가 결과적으로 건강과 환경의 측면에 유리한 투입/생산율을 최대한 이용한다.

2. 식물 생산력의 제한

광합성과 호흡의 생화학적 또는 유전자 조작의 어떤 가능성을 고려하기 전에 적절한 의문은 식물 생산량이 광합성(또는 탄소)적으로 제한되는지 어떤지에 대한 것이다. 그 대답은 식물이나 작물 수량이 어떤 스트레스 없이 높은 방사와 높은 이산화탄소에서 많이 증가할 수 있어서 분명히 긍정적이다. 이들 요소는 잎 하나의 순 이산화탄소 동화율의 증가로 알려져 있다. 밀 식물은 이 작물의 잠재적 생산력의 제한을 알기 위해 스트레스가 없는 매우 높은 총 방사량과 높은 이산화탄소, 일정 조건의 온도로 수경재배를 하였다. 그들은 밀이 노지에서 가장 높게 기록된 수치보다 생산력과 광합성 효과가 더 높은 생리학적, 유전학적 능력이 있음을 결론지었다. 정상적인 조건으로 효과가 더 낮은 이유 중 하나는 잠재적 생산력을 제한하는 유용한 광도의 제한 때문이다.

높은 이산화탄소농도는 광합성의 수량 증가, 광호흡 감소로 광합성 효과를 향상시킨다. 또한 브르그비(Brgbee)와 샐리스버리(Salisbury)는 비록 그것이 충분히 연구된 것은 아니지만 탄소는 생장에서 효과적으로 이용되고 유지조건은 최대 생산력에 또 다른 중요한 요소라고 하였다.

여기에다 광, 이산화탄소와 호흡, 잠재적인 작물의 수량증가는 탄소가 광합성적 생산으로 분배되고 식물 단계에서 그들의 분배와 이용 때문에 종종 제한된다. 그것으로 엽광합성은 잎에서 탄수화물 과다로 억제될 수 있다는 것을 잘 알 수 있다. 이 피드백(feedback) 억제의 기구는 세포안의 무생물 인산염 제한과 광합성 효소의 감소를 의미한다.

광합성의 산소 민감성 연구에서 소지(Soge)와 샤키(Sharkey)는 피드백 제한은 노지에서 탄소획득 결정에서 중요한 역할을 할 수 있다. 특히 저온에서 그리고 이 제한은 대기 이산화탄소농도가 증가함으로써 더 중요하게 될 것이다. 분명히 이용할 추가 동화산물의 능력을 증가시킴에 따른 더 높은 광합성적 효과의 조합은 잠재적 생산량에 긍정적으로 영향을 미친다. 그것은 스틸(Still)과 퀵(Quick)은 다른 경로로 탄소 흐름을 바꾸기 위해 효소 활성 변화로 만들어진 돌연변이체에 의해, 탄소분배의 조작이 가능하다는 것을 제안하였다. 탄소분배 경로의 조절에 영향을 미치는 중요한 또는 핵심 효소는 유의성 있게 농업적 형질에 영향을 미침을 확인할 필요가 있다. 그런 효소 중 하나는 당 합성을 위한 핵심 효소로 당-인산을 합성할 수 있다. 그것은 옥수수에서 생장률과 서로 관련된다. 그러나 탄소분배로 모든 식물 단계에서 생장을 조절하는 방법은 아직 충분히 이해되지 않는다.

몇몇 학자들은 이미 기본으로 논의했던 광합성과 호흡 효과의 향상에 대한 분자생물학 기술로 이용을 제안했고, 이것은 식물에 대한 전환기술의 발달과 함께 새로운 전망을 열었다. 예를 들면 역배열(antisense) 기술의 이용은 대사경로에서 효소의 변경을 결정하기 위한 강력한 수단일 수 있다. 이미 존재하는 다수의 광합성적 돌연변이의 이용은 분자생물학자에게 유용하다. 관행 육종과 비교해 식물 개량에 대한 이 새로운 접근의 이점은 새 유전자형을 얻는데 더 짧은 시간규모를 요구한다. 그러나 관행 육종기술은 아직 멀리 보지 못한다. 비록 그것이 광합성과의 관계에서 성공적인 것과 거리가 멀다는 것을 인정할지라도, 왜냐하면 그것은 귀리(oat)와 같은 몇몇 종에서 생장률 증가를 위해 직접적으로 육종하는 것이 가능하기 때문이며 후에 방법론과 잎의 더 높은 최대광합성률이 명시될 것이다. 서언에서 수량과 관련되어 최대로 이용할 광합성과 호흡에 대한 범위는 분명히 존재하지만, 활성의 특별한 계통은 잘 명시되는 것이어야만 한다.

3. 광합성 효과의 향상

실험의 증거로 잎의 순광합성률에서 많은 종간, 종내 유전학적 변이성이 있다는 것을 제시하였지만 육종프로그램에서 이 변이성을 이용하기 위한 시도는 일반적으로 충분하지 않다. 예를 들면 양친 C_3 식물보다 더 높은 광합성률을 얻은 C_3, C_4 종 사이의 잡종 생산이 기대하는 결과를 주지 못했다. 선별(screening) 진행은 계통을 찾기 위해 CO_2 보상점(compensation point) 하에서 생존에 근거를 둔 차단 진행 또는 더 높은 광합성과 더 낮은 광호흡(photorespiration)을 지닌 C_3 식물의 잡종은 유사하게 성공하지 못했다. 이들 차단 방법은 그것이 간단하고 대규모 적용의 가능성 때문에 과거에 인기 있었고 광합성률의 직접적인 측정을 기초로 한 선발방법의 주된 기술의 제한을 극복할 희망을 보급할 것이다.

일반적으로 수량 증가에서 육종가들의 중요 성과는 광합성률 또는 속성에서 직접적인 변화를 통해서가 아니라 식물발달, 형태학에서의 변화를 통해 이루어졌음을 인정하였다. 전통적인 예는 밀 종의 진화에서 발견할 수 있다. 수량이 높은 근래의 4배체 품종은 명확히 다른 형태를 가진다. 특히 왜성 유전자와 관계가 있다. 더 높은 지수를 수확하고 역설적으로 초기의 2배체 및 종보다 단위면적당 광합성률의 광포화율이 더 낮다. 형태학적 변이의 흥미 있는 또 다른 예는 세포 또는 심지어 잎 크기의 선발이다. 이것은 잎에서 광합성적 기구의 농도와 가스의 확산 경로에 영향을 미칠 수 있다. 우리 관점에서 동정과 조작의 원인 또는 제한된 광합성적 반응은 비록 더 높은 또는 최대치의 엽광합성율의 선택은 어떤 한정된 경우에 유용할지라도 일반적인 잎에서 광합성 효과를 향상하게 시킬 것이 주목적일 것이다.

광화학 작용은 독립적으로 자연조건하에서 이용할 수 있는 빛에 의한 광합성의 잦은 제한과 관계없이 개개의 광화학적 반응 조작은 이른바 암반응 조작보다 광합성 효과의 유의성 있는 증가에 작은 가능성을 제공하는 것처럼 보인다. 양자수율(quantum yield)은 CO_2 고정 분자수 또는 광합성에서 이용된 광자당 방출되는 O_2로서 광화학 기구의 효과를 잘 반영한 매개변수이다. 잎에서 측정한 최대값은 명반응(light reaction)에서 제트 스킴(Z-scheme)의 이론상 최대치와 매우 가깝고 더는 증가하는 것 같지는 않다. 그러나 양자수율은 스트레스(예를들면 수분스트레스, 낮은 온도, 광 억제, 제초제 등)에 매우 민감하며 자극 에너지 이용 조절의 더 낮은 효과를 반영하고 광합성 막에 의한 분사, 그것은 스트레스 하에서 양자수율치를 최소한으로 하는 것이 수량을 유리하게 하는 것이라고 제시해왔다. 게다가 광화학적 반응 효과의 증가는 더 유용하고 태양광 이용을 피하여 실행하거나 심지어 스트레스 조건이 있을 때 광화학 기구를 파괴할 수 있다. 반면 형태학적, 생리학적 변화를 통하여 식물이 이용할 수 있는 빛의 최대는(예를들면 엽면적의 증가와 수명, 잎의 각도와 방향 개선 등) 광화학 기구의 속성 변화가 없을 때 식물 또는 작물에서 빛 이용의 효과에 확실히 영향을 미친다. 구치크(Gutschick)는 더 낮은 수관에서 감소한 엽록소 함량과 빛 분산을 향상하게 시키기 위해 엽흡수에 따라 선발된 식물을 시뮬레이션 모델로 하여 제시하였다. 그것은 총수관의 광합성에서 약간의 증가를 가져왔다. 결론적으로, 광화학적 기국의 효과는 아주 적절하며 게다가 노력을 최대한으로 이용하는데, 시간을 바쳐야 할 것이다.

암반응은 CO_2 고정에서 탄소생성을 이끄는 생화학반응은 광화학반응보다 더 높은 유전적 변이를 보이며 광합성 효과를 증가시키는데 더 직접적인 가능성을 제공한다. 효소 루비스코(rubisco, ribulose-1,5bisphospate-carboxylase-oxygemase) 촉매는 아마 광합성 반응을 제한하는 데 가장 중요하고 작물의 수량을 명확히 결정할 것이다. 루비스코는 많은 주목을 받을 것이고 현재 그것의 구조, 촉매 기구, 조절, 유전학, 생합성과 조립(assembly)에 대한 상당한 지식이 있다. 탈탄산효소(carboxylase) 반응과 경쟁하는 이것은 루비스코의 산화반응은 활성효소 영역 주위의 O_2와 CO_2의 농도에 달려 있다. 광호흡의 시작점이며, 과정은 식물에서 순 CO_2 손실로 끝난다. 광 호흡효소에서 부족한 돌연변이 연구는 광호흡의 필수 작용은 초기에 산호 활성의 결과로 이 세포기관에서 손실이 탄소의 큰 부분인 엽록체에 의해 회복된다. 여기에다 탈탄산효소/산소화효소(oxygenase) 비율 조작은 잎 기본에서 순 광합성률 많이 증가시키는 유망한 방법이다.

또한 더 높은 탈탄산효소/산소화효소 비율의 이점은 세포 사이의 더 낮은 CO_2 농도에서 더 나은 카복실기화(carboxylating) 활성이 일어날 수 있고 수분 이용효과를 향상하게 시키고 루비스코 단백질에 질소를 투자하면 최대한으로 이용할 수 있다. 탈탄산효소/산소화효소율은 몇몇 광합성 기구 사이에 상당한 정도의 변이성을 보이지만 같은 종 내에서 중요한 변화를 발견하기 위한 시도는 아직 성공하지 못했다. 예로 특별한 돌연변이 사이트(site)에 의한 효소 구성의 조작은 촉매의 회전율을 같은 다른 중요한 효소 특성에 부정적인 영향 없이 탈탄산효소 활성을 향상하게 시킬 수 없다.

돌연변이 식물의 선택, 낮은 CO_2 또는 매우 높은 O_2내에서 오랜 기간 생존 또는 저항한 돌연변이 식물 선발은 탈탄산효소/산소화효소율 또는 CO_2 보상점에서 변화로 일어나지 않아야 한다(예로 선발된 반수체 담배 식물 경우). 흥미롭게도 젤리치(Zelitch)는 더 높은 O_2에 저항하는 광합성에서 선발된 담배는 더 높은 단계의 촉매에서 나타나는데 글리신탈탄산효소(glycinedecarboxylase)에 의해 전달되는 것보다 탈카르복실화(decarboxylation) 반응으로 더 높은 온도에서 광호흡의 CO_2 배출로 감소할 것이다. 결과적으로 순 광합성률은 더 높은 온도에서 가볍게 향상될 수 있다. 루비스코가 증가한 옆 단계 내에서 식물의 선발을 육종목표로써 제시해 왔다. 그러나 유용한 증거로 루비스코가 어떤 잎 조직에서 과다하게 나타났기 때문이다. 역배열(antisense) 루비스코 유전자 내에 변형된 형질전환된 마른 담배 식물을 이용함으로써 얻이진 수량에 대한 일반적 생화하 마커가 없음을 제시해 왔다. 이유 중 하나는 루비스코는 이 효소의 농도를 유의성 있게 증가시키는 엽세포에서 다량의 루비스코를 주면 단백질 합성 내에서 질소와 에너지의 많은 투자로 끝날 이전에 언급된 운동(kinetic) 특성에서 변한다. 그리고 확실히 작물 수량은 같은 비율로 증가하지는 않는다. 반면 높은 질소량으로 식물구조를 유지하는 호흡 값은 크고 만일 루비스코 단백질이 광합성에서 효과적으로 이용되지 않는다면 수량에 부정적인 영향을 미칠 수 있다.

4. 호흡 효과의 향상과 개선

사실상 호흡은 주로 '에너지 퇴화의 경로'로 간주하였다. 그러나 지금은 이 작용에 더 나은 생화학의 지식이 있어야 하고 그것은 식물세포 대사의 정지를 통합하게 된다(예: 광합성, 질소대사). 식물 생장은 호흡 없이 불가능하다. 왜냐하면 ATP와 중개 대사물질 부족으로 탄수화물과 다른 기질이 생합성 경로에서 작용할 수 없기 때문이다. 필요한 호흡 활성의 결과로 탄소는 모든 식물로부터 유의성 있게 손실되었고, CO_2 대기에 복귀된다. 그리고 유의성 있는 탄소의 헛된 손실인지 아닌지 식물에 어떤 이점을 연관시킬 수 있는지 없는지가 의문이다. 호흡은 에너지 관점에서 오히려 효과적인 과정이라고 간주하고 효과의 개선은 어렵게 보이며 육종가들과 분자 생물학자의 주의를 충분히 끌지 못한다.

그러나 몇몇 호흡작용은 미토콘드리아 이동 경로, 가장 큰 영향을 주는 시안화물내성(cyanide-resistant)하는 대체산화효소(alternative oxidase)를 포함한 비인산화(non-phosphorylating)의 끝부분에 그런 활발한 효과가 없었고 대체경로(alternative pathway)의 작용은 현재 잘 정립되어 있지 않다. 흥미 있는 가설로 '에너지 과잉 유출(energy overflow)'처럼 대체산화효소가 생장, 유지, 이온이 동과 다른 필요조건에 과다하게 탄수화물이 있어 이용될 수 있다는 것을 제시하였다. 그러나 이 작용은 하나 더 고려해야 할 것이 대체산화효소는 전자이동에 대한 '유연성(flexibility)' 증가를 위해 호흡 체인 내에서 벨브로 작동해야 한다는 것이다. 화이트 클로버(white clover) 식물의 호흡의 중요한 부분으로 맥크리(Mccree)에 의해 발달한 실험적 균형은 광합성에 의해 얻어진 매일의 순 탄소 비율이다. 반면에 나머지는 의하면 식물의 살아있는 물질에 대한 건물중률이다. 이 호흡의 분배는 생장과 관련된 호흡 부분의 기능적 개념을 이끌고(직접적으로 광합성과 연결) 다른 부분은 식물의 생활 작용주의 유지와 연결됐다. 경험의 증거로 고려해 볼 때 이 호흡 모델의 필요한 기본과 일치한다.

그러나 엄밀히 화학적 관점에서 볼 때 생장과 유지호흡 사이에 구별은 명확하지 않다. 호흡과 식물 미토콘드리아 내의 비인산화 경로의 존재는 이 두 구성요소 사이의 관계는 에너지 관점에서 헛되이 탄수화물을 소비하므로 현재 명확하지 않다. 대체산화효소가 사실상 헛된 호흡이라고 말하는 것이 자연스럽다. 게다가 생장과 호흡 유지 그러나 경험적 증거가 더 요구된다.

리즈(Rees)에 의하면 기질의 어떤 양에 대한 산화작용은 어떤 생장, 유지 Eh는 다른 호흡을 연관이 없는 생화학 조절의 제한 내 일 수 있다고 가정하였다. 이것은 호흡이 100% 효과가 아님을 의미한다. 그러나 그것은 헛된 호흡의 증거는 아니다. 그러나 작물학적으로 불필요한 것과 연관된 호흡이 일어날 수 있고 대체경로의 작용과 반드시 연관되지 않는 상황일 수 있다. 예로 광합성산물의 존재하는 구조의 유지조건을 주었을 때 새로운 생장에 주어진 광합성산물과의 관계에서 비례적으로 증가한다. 그때 호흡은 생산적으로는 낭비일 수 있지만, 여전히 에너지적으로 잘 연관되어 있고 그 제한 내에서 대사조절에 의해 부가된다. 유지와 생장에 이용되는 광합성 생산물량 사이의 불균형은 식물 또는 작물 나이가 증가함에 따라 발생하거나 수용조직의 생장이 충분하지 않고 몇몇 스트레스 하에 있을 때 발생한다.

왜냐하면 식물 생장률은 감소하고 종종 스트레스에 적응할 수 있는 절대적인 유지값이다. 단정적인 수학 모델의 기본에서 말레(Male) 등은 어떤 환경조건에서 상대 생장률 감소는 탄소고정률을 보다 더 크게 호흡손실을 일으킨다는 것을 명백히 밝히었다. 구조적 조정의 감소는 햇빛으로부터 그늘 조건에 식물을 적용하는 것이 필요하다. 예로 정상적인 음지식물은 루비스코를 포함하여 광합성 효소의 더 낮은 양을 가진다. 식물 종은 구조적 조직 투자에서 크게 다르고 호흡 유지계수 또한 다르다. 게다가 어떤 종의 유전적 선발로 생산량에서 유의성 있게 긍정적으로 영향을 가진 성숙한 조직의 유지조건 감소를 나타내는 몇몇 증거가 있다. 광합성이 어떻게 생장,

유지 그리고 다른 에너지 요구에 효과적으로 이용되는지에 대한 더 나은 이해는 탄소 균형 모델에 의해 지적되었던 것처럼 서로 다른 환경에서 최대한의 식물 생장과 생산력을 유의성 있게 이용할 것이다. 단위면적당 성숙한 엽호흡의 종내 변이성을 고려해보면 몇 종(2년생 라이그라스, 옥수수, 밀, 톨 페스큐, 담배, 땅콩)이 발견된다. 피어만(Pearman) 등은 낟알(grain)의 생장 동안 밀이삭의 호흡에 많은 변종의 차이를 보고하였다. 이 같은 경우 조직호흡의 유전적 변이는 식물 수량과 크기와 반비례 관계에 있다.

아란다(Aranda)와 악스코(Axco), 비에토(Bieto)는 담배 계통에서 엽호흡 차이는 총 실생묘 무게와 어린 실생묘의 암 호흡 사이에 강한 빈비례 관계를 발견하였다. 성숙 조직의 암 호흡률은 유지 요소를 정상적으로 반영한다. 그것은 질소와 단백질 함량이 관련되어 있고 특히 암에서 몇 시간 후에 시토크롬(cytochrome) 경로에 의해 지배된다. 랍슨(Robson)과 파슨(Parson)은 더 낮은 호흡 유지를 위해 선택기준으로 암에서 몇 시간 둔 후 엽호흡률의 이용을 제안하였다. 서언에서 성숙한 조직의 호흡률은 육종프로그램에 유용하고 충분한 종내의 변이성을 가진 매개변수로 보인다. 엽호흡에서 변종 차이에 대한 생화학적 기초는 잘 알려지지 않았지만, 라이그라스는 몇 해당작용(glycolytic) 효소의 단계에서 변화와 관계시킬 수 있다. 게다가 대체산화효소 호흡 유지로 주로 시토크롬 경로를 포함하고 자연에서 보존된 에너지 없이 수량 증가를 위해 호흡률 조작에 목표를 가능하게 하는 것이라 가정해왔다.

어떤 세포질 웅성불임(CMS) 계통은 부족하거나 대체산화효소 활성을 조금 가지며 대체산화효소를 가진 어떤 종의 임성 계통보다 더 많은 수량을 가진다. 특히 많은 탄수화물 축적에 유리한 조건으로 자랐을 때. 그러나 다른 저자들은 같거나 다른 계통을 재현시키는 것이 불가능하다고 하였다. 왜냐하면 대체산화효소는 웅성임성 계통과 달리 많은 양에 항상 존재하기 때문이다. 따라서 대체산화효소 없이 유전자형을 찾는 것은 매우 어려웠다.

최근 대체산화효소의 단백질 성질이 유전자 조작의 가능성이 열리면서 증명되었다. 이 방법에 있어 조직에서 대체산화효소의 효소적 단계를 바꾸기 위한 역배열 유전자 기술의 가까운 미래에서의 이용은 작물 생산성과 그 기능을 이해하는 이 역배열의 중요성을 결정하는 데 매우 유용할 것이다. 높은 대기 중 CO_2가 풍부한 상태의 긴 기간(3~5년)의 실험은 C_3 식물 조직호흡에서 중요한 감소세를 보여주지만 C_4 식물은 그렇지 않다. 높은 CO_2 단계에서 자란 식물의 호흡 변화는 시토크롬 경로와 시토크롬 C 산화효소의 활성 감소와 연관이 있다. 대체산화효소함량은 CO_2 처리 때문에 바꾸지 않는다. 이 결과는 시토크롬 C 산화효소 단계가 자연 상태 아래에서 자란 식물 호흡 조절에 이바지할 것이다. 호흡에서 중요한 생리학적 제한 요소인 시토크롬 C 산화효소의 가능성은 그 이상 세밀히 조사해야 할 것이다.

5. 미래 전망

증거의 기초를 재검토해보면 우리는 광합성과 호흡 효과의 조작은 식물 수량 증가 조작이 주목적, 루비스코 운동(rubisco kinetic)의 유지, 스트레스 하에서 수량 향상, 그리고 성숙한 조직에서 유지된 호흡률의 감소를 유용하게 계획할 수 있다. 최대수량을 유용하게 할 수 있는 대체 산화효소와 시토크롬 C 산화효소(cytochrome C oxidase) 효소 단계 조작의 가능성은 더 연구되어야 할 것이다.

제7장 유전자 마커

제1절 분자 마커의 응용

1. 식물에서 RFLP 마커의 응용

1) 유전자 지도 작성

특정 농업 특성에 연결된 모든 유전자형 및 유전자의 연관지도 구성에서 촉진된 제한단편길이다형성은 RFLP(restriction fragment length polymorphism) 마커에 의해 성공적으로 맵핑된다. 통상적인 방법에서 유전자 맵핑은 일반적으로 F_1 식물체에 의한 교차 재조합 과정에서 이루어진다.

꽃 색깔, 식물 길이 등을 본 후 유전자의 작용과 그 방법은 시간이 오래 걸리는 것으로 간주한다. 게다가 RFLP 마커의 유전 패턴은 정확히 분리되고 멘델의 법칙을 따른다. RFLP 유전자 지도의 작성에는 일련의 단계가 포함된다. 광범위한 조사를 통해 부모 식물을 선택한 후 DNA를 분리하고 제한 효소로 절단하고 다형성을 스크리닝한다. 다음 단계에서는 F_1 식물을 생산하기 위해 선택된 부모 식물을 교배하여 맵핑 집단을 육성한다. 결과적으로 F_1 식물은 RFLP의 분리 또는 부모 중 하나와 여교배 되어 스크리닝 될 수 있는 자식 된 F_2 집단을 생산한다. 맵핑 집단은 이전 세대의 남은 종자도 사용할 수 있다.

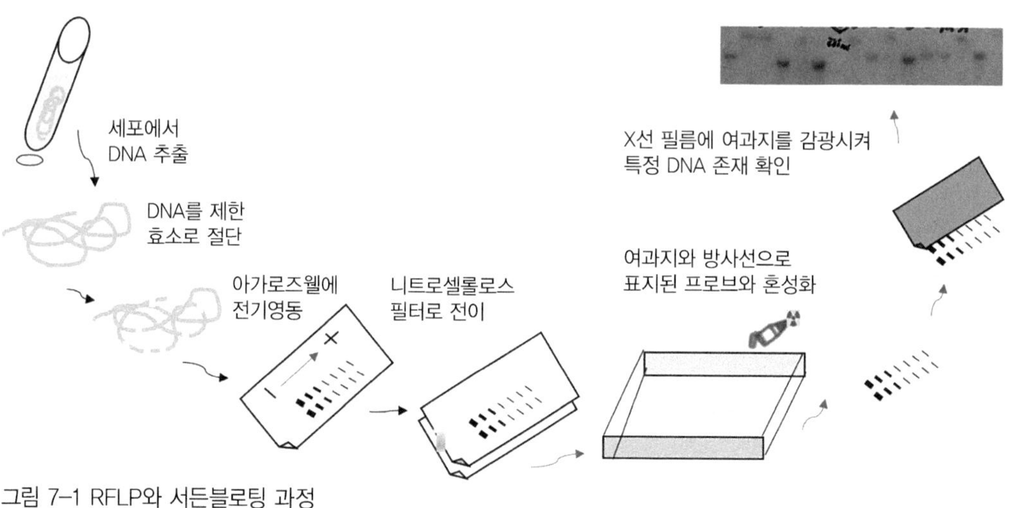

그림 7-1 RFLP와 서든블로팅 과정

이렇게 하면 최종 단계에서 교배하지 않고 육종 연한을 짧게 할 수 있다. 맵핑 집단이 확보되면 집단의 개별 식물에서 DNA를 추출한다. 집단에 있는 각 식물의 염색체에는 다양한 부모 염색체 단편이 포함되어 있다고 추정할 수 있다.

맵핑 집단 다음에는 맵핑 집단의 개별 식물에서 RFLP 점수를 매긴다. 맵핑 집단의 점수에서 얻은 데이터와 라이브러리의 정보는 유전자 지도를 작성하는 데 사용된다.

2) 병충해 관리

RFLP 기술은 식물 병원체의 검출에 의한 병충해 관리와 관련되어 있다. RFLP 분석은 균핵버섯과(Sclerotiniaceae)의 진균 속(흰곰팡이, *Sclerotinia*)을 구별하는 데 사용되었다. 프로브는 리보솜 RNA 유전자를 포함한 핵 및 미토콘드리아 유전자에서 얻는다. 붉은빵곰팡이(*Neurospora crassa*)의 프로브는 2종 또는 7종의 흰곰팡이를 구별하는 데 도움이 되고 있다.

피시움(*Pithium*, 기생 난균류의 속)의 게놈 라이브러리에서 VNTR(variable number tandem repeat)을 기반으로 하는 RFLP는 식물 병원체인 피시움을 식별하는 데 사용되고 있다. RFLP 마커는 야생에서 재배 작물로 특정 과일 품질 특성을 이전하는 데도 이용되고 있다.

자당 축적 유전자에 대해 밀접하게 연결된 RFLP 마커는 야생 토마토(*Lycopersicum chmielewski*)에서 토마토(*Lycopersicum esculentum*)로 옮기는 데도 이용되고 있다. RFLP 마커는 감자의 뿌리 낭종 선충에 대한 저항성을 부여하는 유전자에 관해 확인하는 데도 이용되고 있다. 벤톨리나(Bentolina, 1991)는 RFLP 마커와 옥수수의 *Ht*1 유전자가 4쌍의 가까운 동질 계통에 의해 곰팡이 병원균인 헬민토스포리움 투르시쿰(*Helminthosporium turcicum*, 옥수수 잎 마름병의 원인 물질)에 대한 저항성이 있는 것으로 확인했다. 유전자에 의한 유전적 왜소증은 보리의 경우 염색체 장완에 있는 RFLP 마커의 도움으로 맵핑되었다. RFLP는 미토콘드리아 유전자의 변이를 조사하는 데도 사용되고 있다.

3) 체세포 변이 분포

유전적 변이는 기내 배양(*in vitro* culture)에 의해 유도될 수 있으며, 이는 체세포 변이로 알려져 있다. 조직배양 유래 식물은 시험관 내에서 인위적인 유도 때문에 일어나므로 의도적 또는 유전적 변형이 일어나는 경향이 있다. RFLP 분자 마커는 유전적 변이를 검출하는 잠재적인 도구로 이용할 수 있다. 단일유전자를 식물에 도입하기 전에 유전적 변이의 정도를 알아야 하고, 유전적 변이도가 높으면 상업적 방출보다는 식물 육종가에게 유용한 도구로 이용될 수 있다.

4) 유전적 거리의 예측

잡종 작물에서 잡종의 성능 향상은 교배에 사용된 모 식물 사이의 유전적 거리 때문이다. RFLP와 같은 분자 마커는 가능한 부모 사이의 유전적 거리를 추정하는 데 효율적으로 사용될 수 있다. RFLP 분자 방법은 식물 유전자원 수집의 유전적 다양성 평가에서 공간과 자원이 제약일 때 더 나은 관리를 제공하고, 장일 양파로부터 단일 양파를 구별하기 위해 사용될 수 있다(그렇지 않으면 식별하기 어렵다). 단일 양파의 식별 및 보존은 자연의 유전적 다양성이 높으므로 필수적이다.

2. 식물에서 RAPD 마커의 응용

1) RAPD는 DNA 염기서열의 차이에 따라 품종을 구별

RAPD(random amplified polymorphic DNA)는 거의 20,000개 이상의 벼 품종을 식별하는 데 사용되고 있고, 형태적 특성으로 구별하기 어려운 신품종 강남콩(*Phaseolus vulgaris*)은 각 품종에서 DNA를 추출할 때 RAPD 마커 방법을 적용하기 위한 이상적인 후보로 사용되었고, 60개의 프라이머를 사용하여 12개의 샘플을 분석하였다. 이것은 296개는 마커를 생성했고 점수를 매길 수 있었으며, 거의 85%의 유사성이 예측되었다. 아래의 그림 7-2에서 식물의 DNA는 시퀀스 a, c, d의 증폭했지만, b는 증폭하지 않았다. 이것은 식물 1에서 사용된 프라이머에 대한 프라이머 사이트가 시퀀스 b에서 발견되지 않았음을 나타낸다. 유사하게, 시퀀스 'a'에 대한 프라이머 결합 부위(프라이밍) 중 하나에서 DNA 시퀀스 교체는 식물 2의 DNA가 사용될 때 증폭되는 것을 방지한다.

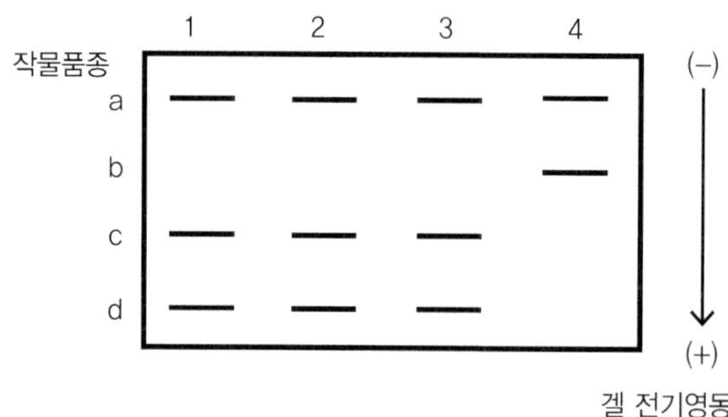

그림 7-2 작물품종별 겔 전기영동법에 의한 시퀀싱

RAPD는 다양한 원예작물에서도 품종 식별, 유전적 순도 및 성별 결정에 광범위하게 사용되고 있다. 특정 RAPD 마커를 사용하여 보리 품종 사이에서 높은 β-글루칸 함량과 낮은 β-글루칸 함량의 선발도 가능했다.

2) RAPD 마커는 유전자 지도 작성에 사용

벼와 여러 작물의 유전자 지도가 구축되었다. RAPD 마커는 벼에서 12개의 염색체 연결 그룹을 구성하는 데 사용되었고, 게놈 및 엽록체 DNA 모두 프로브 소스를 제공되었다.

RAPD 마커는 식물육종 중에 다수 간접적으로 분리 집단을 선택하는 데 사용되기도 한다. 이러한 마커는 또한 여교배 과정을 가속하고 각 세대에서 더 많은 반복 게놈으로 개별 선택을 허용하여 육종프로그램에 있어서 몇 세대 내에 완료될 수 있도록 한다.

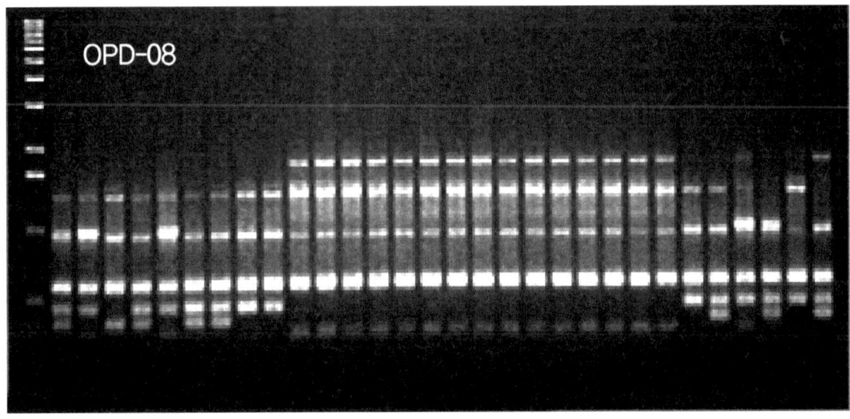

그림 7-3 OPD-08 마커로 아가로스 겔 상에 증폭된 RAPD 양상

3) 바람직한 형질의 직접 선택에 사용되는 RAPD 분자 마커

육종프로그램의 모든 단계에서 관심 형질과 연결된 분자 마커를 스크리닝할 수 있다. RAPD 및 기타 분자 마커는 성숙에 오랜 시간이 걸리고 표현형 특성을 나타내는 장수 종의 바람직한 형질 선택에 큰 가치가 있다. 예를 들어, 아보카도(*Persea americana*) 과실 품질은 RAPD 분자 마커를 사용하여 묘목 자체에서 평가할 수 있다.

4) RAPD 마커는 식물에서 여러 병 저항성 유전자를 식별

rp94 유전자는 보리의 줄기 녹병(*Puccinia gramnis*)에 대한 저항성과 아주 밀접한 관계가 있다. 이 유전자에 연결된 것으로 확인된 RAPD 마커로 내열성(heat smut) 저항성 유전자에 연결된 RAPD 마커가 특성화되었다. 특정 유전자에 의한 보리 식물의 키 조절은 RAPD 마커에 의해 왜소증 유전자를 찾는 데 사용되기도 했다.

5) 원형질체 융합을 포함하는 체세포 잡종 선별

조직배양 작업에서 원형질체 융합을 포함하는 체세포 잡종은 철저한 선별이 필요하다. 그러나 체세포 잡종의 스크리닝은 번거롭다. 따라서, RAPD 마커는 체세포 잡종을 식별하는 데 이용될 수 있다. RAPD 분석은 생물 다양성의 특성화를 위한 중요한 도구를 제공한다. 고유 유전자형이 풍부한 지역을 식별하면 서식지 보존에 도움이 되고 종의 멸종을 방지할 수 있다. 식물유전자 생식질 수집에서 RAPD 또는 RFLP를 사용한 유전적 다양성의 분자 분석은 더 나은 관리를 촉진하며 특히 공간과 자원은 심각한 제약이다. RAPD 분석은 유전자은행에서 중복을 식별하는 데 사용되고 있다. 그런 다음 이러한 복제본은 형태학적 차이가 감지되지 않으면 폐기된다. RAPD 분석은 필리핀 국제미작연구소(International Rice Research Institute, Phillipines)에서 개최된 벼 게놈 수집 분석과 관련되어 있다. 유전적 다양성은 63개의 4배체 밀 유전자형 세트에서도 수행되었다. 24종의 듀란(duran) 수집종, 18종의 듀란 재배종 및 9종의 디오코쿰(diococcum) 재배종, 2종의 야생 4배체 품종에서 연구했는데, 듀란과 디오코쿰의 밀 유전자형은 인도 4배체 밀 육종프로그램에서 유전자원으로 사용되어온 것이라는 것을 알았다.

RAPD 점수 분석은 78%가 인도 사배체 밀의 다양한 범주에서 다형성임을 나타내고 있었다. 이는 RAPD 다양성 데이터가 개선된 품종을 육종하고 유전자은행에서 유전적 다양성을 유지하는 데 사용될 수 있음을 나타낸다. 마찬가지로 RAPD 마커는 티베트 보리 23종의 6개 그룹으로 분석되었고, 거의 23개의 RAPD와 29개의 유전자 좌가 72개의 염색체에서 확인되었다. RAPD는 또한 식품 산업의 곡물 가공에서 품종 식별 및 순도에 사용되었다. 예를 들어 특정 듀란 품종의 밀은 식품 준비에 사용되고, 다른 오염은 이러한 분자 마커를 사용하여 식별할 수 있다. RAPD의 단점은 결과의 재현성에 대한 제약이 있고, RAPD 마커가 우성이므로 유전 정보의 절반만이 공동 우성 마커인 것과 Null 대립유전자는 직접 검출되지 않는다.

3. AFLP 마커의 응용

1) AFLP는 주로 유전자 맵핑에 사용

벼, 보리, 밀과 같이 경제적으로 중요한 몇 가지 작물이 AFLP(amplified fragment length polymorphism)에 의해 염색체 지도로 구축되어 있다. 다양한 제한 효소 조합에 의해 생성되는 AFLP 마커는 게놈 전체에 분포되어 있고, 증거에 따르면 AFLP 마커는 RFLP가 차지하는 영역 밖에 있다. 보리의 경우에 AFLP 마커는 7개 염색체 모두의 장완과 단완에 있는 것이 특징이다.

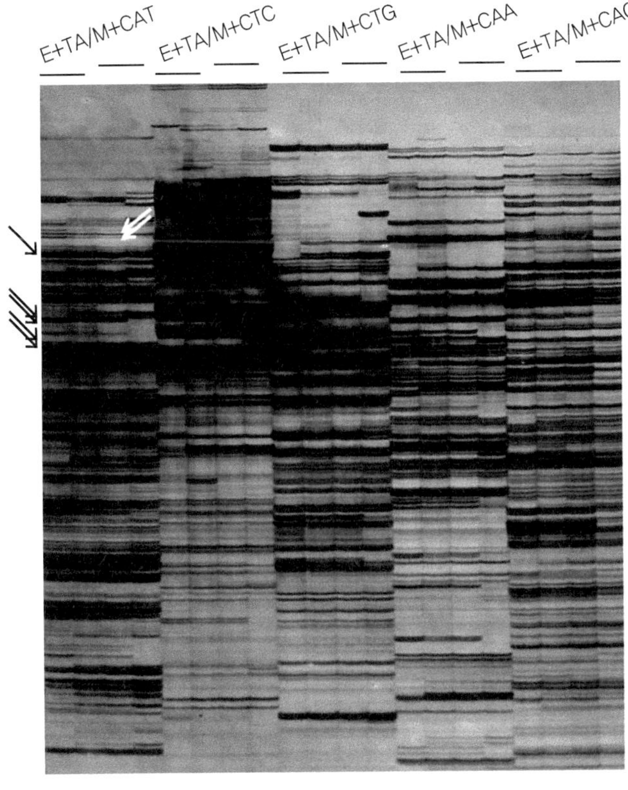

그림 7-4
아크릴아마이드겔 상에 증폭된 AFLP 밴드 양상. 왼쪽 상단의 화살표는 다형성을 나타낸다.

이러한 AFLP 마커는 염색체당 마커 수와 염색체 길이 사이에 강한 관계를 나타내고 있다. 유사하게, 벼에서 인디카(*Indica*)×자포니카(*Japonica*) 사이의 교잡은 50개의 AFLP 마커가 12번 염색체를 제외한 모든 염색체에 위치한다는 것을 밝혀냈다. 즉 벼의 게놈 전체에 분포하는 이러한 다형성 유전자좌는 AFLP 기술로 설명할 수 있다.

RFLP가 작성한 기존 보리 지도는 157개의 RFLP 유전자좌로 구성되어 있으며 118개의 AFLP 마커를 추가하여 증가하기도 했고, 총 지도 길이는 주로 갭간격 채우기, 터미널 확장 및 일반 확장으로 인해 71% 증가했다.

AFLP에 의해, 보리에서 검출된 다형성 수준은 12.2%[프록터(procter)×니 딩카(Nydinka)]에서 29.0%[엘94(L94)×보다(voda)] 범위일 수 있다. 그러나 이 다형성 범위의 검출 수준은 RFLP와 같은 다른 맵핑 기술에서 사용되는 것보다 상대적으로 적다. 증가하는 AFLP는 표적 유전자의 신속한 분리 및 특성화를 지원하기 위해 여러 응용 분야에 사용된다.

2) 저항성을 위한 육종은 곡물 연구에서 중요한 프로그램

AFLP 기술은 보리 흰 가루 병원균 내성 유전자와 밀접하게 연결된 여러 마커를 식별했고, 30kb로 구분되는 저항성 유전자좌의 AFLP 기반 미세 맵핑의 결과이다.

① AFLP는 많은 수의 다형성을 스크리닝하는 데 사용된다. 표적 유전자의 지도 기반 클로닝을 위해 게놈의 특정 영역을 포화시키는 것이 가능하다.

② AFLP는 또한 계통 발생학적 연구와 변종 간의 특징을 구별하는 데 사용되었다. 보리 연구의 경우 AFLP를 사용한 유전자형 분석을 통해 내염성 및 원산지에 따라 품종을 그룹화할 수 있다. 인종의 낮은 유전적 다양성으로 인해 이전에는 다른 분자 기술을 사용하여 불가능했던 AFLP 분석을 사용하여 밀 품종의 조상 기원 결정하는 데 이용되기도 했다.

③ AFLP는 또한 여러 클론의 플라스미드 DNA 풀을 스크리닝하는 데 사용되어 마커에 단단히 연결된 유전자를 신속하게 분리할 수 있다.

④ AFLP는 최근 보리와 벼의 양적 특성 분석에 적용되었다.

⑤ RFLP는 반우성(semi-dominant) 마커를 점수화하는 데 사용할 수 있다. 이는 핵심 유전자가 개발한 형광 중합효소연쇄반응(polymerase chain reaction, PCR) 산물의 이미지 분석을 위한 새로운 소프트웨어 개발로 인해 가능했다. 이것은 아마도 AFLP와 함께 사용하기 위해 개발되었으며 AFLP가 반우성 마커에 점수를 매길 수 있도록 하였다.

⑥ AFLP는 특히 많은 연구 분야에서 여러 가지 조사를 위해 빠르게 선호되는 분자 기술이 되었다.

3) AFLP의 단점

AFLP를 SCAR(sequence characterized amplified region)로 변환하는 데 신뢰할 수 없다. 존재하지 않는 대립유전자를 감지할 수 없으며, 독자적인 기술로 RAPD에서 요구되는 것보다 많은 양의 DNA가 필요하다. 또한 염색 및 방사선 또는 비방사선 라벨링이 필요하므로 상대적으로 비용이 많이 드는 기술이다.

제2절 DNA 마커 정의 및 특성

1. DNA 마커의 정의

쉽게 식별할 수 있는 문자를 마커 문자라고 한다. 표현형, 세포학 또는 분자 기술로 쉽게 감지할 수 있고 유전자 분석 중에 염색체 또는 염색체 부분을 따라가는 데 사용되는 모든 유전 요소(좌위, 대립유전자, DNA 서열 또는 염색체 특징)를 마커라고 한다. 제한 엔도뉴클레아제 효소에 의해 생성된 DNA 단편의 변이와 관련된 마커를 DNA 마커 또는 유전자 마커라고 한다.

DNA 마커의 다른 정의는 2가지가 있다. 첫째는 DNA 혼성화, PCR 또는 제한 맵핑 실험에서 해당 서열을 식별하는 데 사용할 수 있는 고유한 DNA 서열을 DNA 마커라고 한다. 둘째는 염색체상의 공지된 위치를 갖고 특정 유전자 또는 형질과 관련된 유전자 또는 DNA 서열은 DNA 마커를 지칭한다.

2. 마커의 유형

1) 형태학적 마커

식물육종에서 다양한 식물 부분의 모양, 크기, 색상 및 표현형의 변이와 관련된 마커를 형태학적 마커라고 한다. 이러한 마커는 식물의 형태에 명백한 영향을 미치며 이용 가능한 유전자 위치를 나타낸다. 형태, 착색, 웅성불임 또는 저항성에 영향을 미치는 유전자는 많은 식물 종에서 분석되었다. 벼에서 이러한 유형의 마커의 예로는 까락의 유무, 엽초 색상, 초장, 종피색, 향 등이 있다. 옥수수, 토마토, 완두콩, 보리 또는 밀과 같이 특성이 잘 알려진 작물에서 수십 또는 수백 개의 그러한 유전자가 서로 다른 염색체에 할당되었다.

형태학적 마커의 몇 가지 단점은 그들은 일반적으로 유기체의 발달에 늦게 나타나고, 따라서 형태적 마커의 탐지는 유기체의 발달 단계에 달려 있다. 일반적으로 우성을 나타낸다. 때때로 해로운 영향을 미친다. 다발성(pleiotropy), 상위(epistasis)를 나타낸다. 결정적으로 다형성이 적다. 또한, 환경 요인에 의해 크게 영향을 받는다.

2) 생화학적 마커

단백질 및 아미노산 밴딩 패턴의 변이와 관련된 마커는 생화학적 마커로 알려져 있다. 유전자는 추출하고 관찰할 수 있는 단백질을 암호화한다. 예를 들어, 동질효소(isozymes) 및 저장 단백질 등이다. 분자 마커가 나타나기 전에 생화학 마커를 사용하여 초기 실험 중 일부를 수행했다. 특정 동질효소(isozymes, isoenzymes)는 천연 마커로서의 중요성으로 인해 식물육종 및 유전학의 다양한 측면에서 생화학 마커로 사용되었다.

일반적으로 알려진 생화학적 동질효소 마커 중 일부는 에스테라아제(esterases), 과산화효소(peroxidases), 탈수소효소(dehydrogenases) 등이다. 기본적으로 이러한 마커는 유전자 발현 산물이며 전기영동 및 염색이 특징이다. 정의에 따르면 동종 효소는 같은 기능을 수행하는 같은 효소의 여러 분자 형태이다. 그들은 하나 또는 여러 유전자의 다른 대립유전자의 산물이다. 여러 경우에 단량체 및 이량체 동위 효소는 초기 분리 과정 때문에 가장 자주 사용된다. 생화학적 마커 및 평가는 이들이 공우성 마커임을 보여주었다. 동질효소는 잠재적으로 신뢰할 수 있는 마커이지만 다형성은 재배종 내에서 상대적으로 열악하다.

3) 세포학적 마커

염색체 수, 모양, 크기 및 밴딩 패턴의 변이와 관련된 마커를 세포학적 마커라고 한다. 즉, 다른 염색 때문에 생성된 염색체 밴딩을 말한다. 예를 들어, G 밴딩이다.

4) DNA 마커

게놈에서 위치가 알려진 유전자 또는 기타 DNA 조각을 DNA 마커라고 한다. 관심 있는 유전자 또는 유전자좌 부근에서 발생하는 고유한(DNA 서열) 것이다. DNA 혼성화, PCR

또는 제한 맵핑 실험에서 해당 서열을 식별하는 데 사용할 수 있는 고유한 DNA 서열을 말한다. RFLP(restriction fragment length polymorphism), RAPD(random amplified polymorphic DNA), AFLP(amplified fragment length polymorphism), SNP(single nucleotide polymorphism, 1염기다형), SCAR(sequence characterized amplified region), SSR(simple sequence repeat), 마이크로새틀라이트(microsatellite) 등과 같은 다양한 분자 기술로 식별할 수 있다.

DNA 마커는 분자 마커 또는 유전 마커로도 알려져 있다. 형태학적 마커와 관련된 문제를 극복하기 위해 DNA 기반 마커가 개발되었으며, DNA 마커의 장점은 매우 다형성이 있고, 단순한 유전(종종 공동 우성)을 하고 있다. 게놈 전체에서 마커를 만들 수 있고, 쉽고 빠르게 감지할 수 있다. 최소한의 다발성 효과를 나타내고 마커 탐지는 유기체의 발달 단계에 의존하지 않는다.

표 7-1 형태학적 마커와 DNA 마커의 비교

번호	세부 사항	형태적 마커	DNA 마커
1	마커 특성(nature)	우성	공우성
2	다형성(polymorphism)	낮음	높음
3	발생(occurrence)	낮음	높음
4	검출(detection)	쉬움	쉬움
5	다발성 효과(pleiotropic effect)	높음	최소
6	상위성(epistasis)	존재	부재
7	환경적 영향(environmental effect)	높음	없음

3. DNA 마커의 특성

이상적인 DNA 마커는 몇 가지 속성이나 특징을 가지고 있어야 하고, 이상적인 DNA 마커의 중요한 특성은 다음과 같다.

1) 다형성

마커는 높은 수준의 다형성을 나타내야 한다. 즉, 마커에 가변성이 있어야 하고, 형질 유형 및 관심 유전자 간의 발현에서 측정 가능한 차이를 입증해야 한다.

2) 공우성

마커는 공우성이어야 한다. 이는 유전자좌 내 상호 작용이 없어야 함을 의미하고, 동형접합체와 이형접합체를 식별하는 데 도움이 된다.

3) 다중 대립유전자

마커(marker)는 다중 대립유전자이어야 한다. 이는 특성에 대해 더 많은 가변성 또는 다형성을 얻는 데 유용하다.

4) 상위성 없음

상위성이 없어야 한다. 모든 표현형(동형 및 이형접합체)을 쉽게 식별할 수 있어야 한다.

5) 중립

마커는 중립적이어야 하고, 마커 유전자 좌에서 대립유전자의 대체가 개체의 표현형을 변경해서는 안 된다. 이 속성은 거의 모든 DNA 마커에서 적용된다.

6) 환경 영향 없음

마커는 환경에 둔감해야 하고, 이 속성은 거의 모든 DNA 마커에서도 적용된다.

4. 작물 개량에서의 DNA 마커의 응용

DNA 마커는 작물 개량에 여러 가지 유용한 용도로 사용되고, 중요한 응용 프로그램은 다음과 같다. DNA 마커는 유전자은행, 품종 및 첨단 육종 소재의 유전적 다양성을 평가하는 데 유용하다. DNA 마커는 유전자연관지도 작성하는 데 사용할 수 있다. DNA 마커는 유전자은행 및 작물의 야생종에서 새로운 유용한 대립유전자를 식별하는 데 유용하다. DNA 마커는 마커보조 또는 마커보조선택에 사용된다. MAS(marker assisted selection)는 직접 선택보다 몇 가지 장점도 있다. DNA 마커는 작물 진화 연구에 유용하다.

제3절 식물의 분자 표지 및 분자육종

1. 육종프로그램의 분자 마커

분자 기술의 발전은 작물 유전학 및 작물 유전체학의 분야에 대한 지식을 증가시키는 데 중요한 역할을 했다. RFLP 마커는 농작물에서 대부분 작업에 대한 기초가 되었지만 RAPD 및 AFLP와 같이 귀중한 마커로 발전되었다.

최근에는 SSR(simple sequence repeats), 마이크로새틀라이트 마커(미세 부수체, microsatellite marker)와 같은 다른 즉석 분자 마커가 주요 작물용으로 육성되었으며 마커 개발 및 육종프로그램의 구현 모두에서 급속한 발전을 시작하게 되었다.

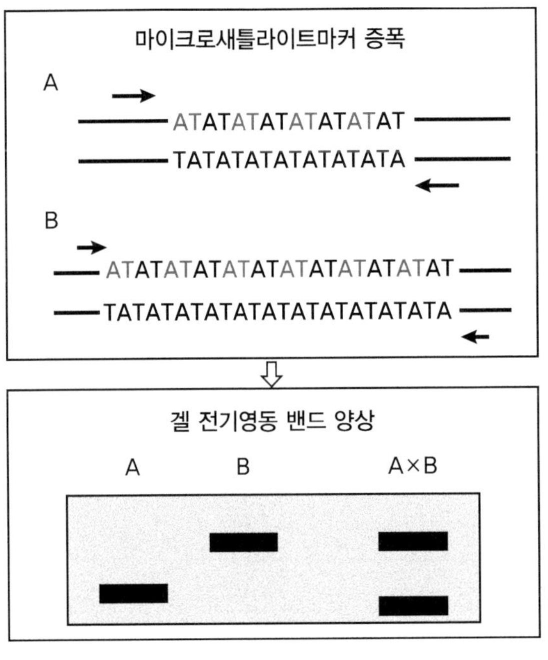

그림 7-5
마이크로새틀라이트마커 증폭에 의한 증폭 방법과 겔 전기영동의 공우성 밴드 양상. 화살표는 증폭방향이다.

기존의 식물 육종은 시간이 오래 걸리고 환경 조건에 따라 달라지는데, 예를 들어 신품종 육성을 위한 육종은 품종 출시 보장 없이 8~12년이 걸린다. 따라서 육종은 전체 육종 실험을 간단하고 신속하며 효율적으로 만들 수 있는 새로운 분자 육종기술에 매우 열성적이며 극도로 관심이 있게 되었다. 이 기술은 또한 바람직한 특성 조합의 선발을 제공해준다. 이 접근법은 분자 마커와 선택될 특성 사이의 연결을 확립할 수 있다. 이 접근법이 완료되면 특정 표현형에 대한 유전자의 발현을 기다리지 않고 실험실에서 육종 과정을 수행할 수 있다. 예를 들어, 식물 병원균에 대한 저항성은 질병이 없는 상태에서 평가할 수 있다. 모든 스트레스 내성은 묘목 단계 자체에서 분석할 수 있다.

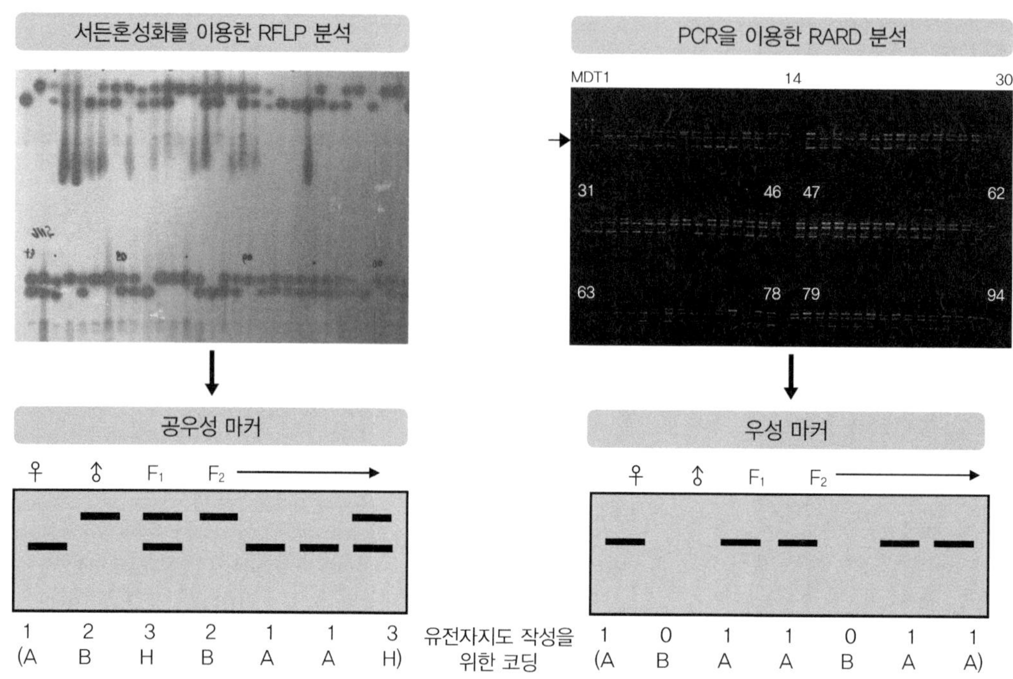

그림 7-6 공우성 마커와 우성 마커의 비교. 특히 유전자 지도 작성을 위하여 코딩의 표기는 프로그램마다 약간 차이가 날 수 있으나 모본, 부본, 교잡형을 아라비아 숫자나 알파벳으로 표기한다.

2. 마커보조 선발(MAS)

1) 식물 게놈의 맵핑

몇 가지 중요한 농작물 중에서 벼는 집중적인 지도 작성 연구의 대상 식물이었다. 그러나 모델 식물인 애기장대(*Arabidopsis thaliana*)도 광범위한 지도 작성 연구를 위해 고려되었다. 현재 벼와 애기장대에 대한 유전자 지도 작성도 완료되었다.

게놈의 크기를 작게 맵핑하는 것은 복잡한 게놈에서 유전자를 식별하기 위한 핵심 전략에 이상적이다. 밀접하게 관련된 종의 RFLP 마커와 같은 분자 마커는 유전자 지도를 구성하기 위한 좋은 신뢰할 수 있는 마커이다. 마이크로새틀라이트는 각종에 대한 유전자 지도를 구성하는 데 유용한 도구지만 RFLP 좌는 관련 분류군에서 더 큰 수준으로 맵핑하는 데 사용할 수 있다.

2) 원하는 형질에 대한 분자 마커의 연결

유용한 형질을 담당하는 유전자의 확인은 일반적으로 연결된 마커를 확인하기 위해 사용되는 식물 게놈 다형성 마커의 유전자 지도상의 마커와의 연관 분석 때문에 확립될 수 있다. 벌크 분리 분석(bulked segregate analysis, BSA)와 같은 특정 유용한 기술을 사용하여 연결된 마커를 찾을 수 있다. 이 기술은 분리 집단에서 개개의 벌크로 구성된 두 DNA 표본 사이의 다형성을 감지하는 데 사용된다.

예를 들어, 개개의 벌크 표본 DNA에는 표적 유전자가 포함됐지만, 이 유전자가 없는 다른 DNA에는 표적 유전자가 포함되어 있을 수 있다. 분리 모집단 유래 표본은 대부분 유전자를 포함하는 두 벌크 모두를 포함한다. 벌크 사이의 다형성은 특성에 대한 유전자와 연결될 가능성이 있다. 우성(RAPD) 및 공우성 마커(RFLP 또는 마이크로새틀라이트)에 대한 연관 분석에는 F_2 모집단과 별도의 고유한 맵핑 분석이 필요하다.

3) 세대단축 여교배

마커보조선발은 전체 육종 과정의 세대단축을 하여 상업적인 식물을 조기에 출시할 수 있다. 이것은 가속 역교배 및 원하는 특성에 대한 선택과 같은 두 가지 중요한 방법에 따라 달성된다. 바람직한 특성의 도입은 다른 특성이 변경되지 않기 때문에 식물 육종가들이 선호하는 방법이다.

이는 필요한 유전적 배경을 가진 식물에 반복적으로 교배함으로써 달성될 수 있다. 세대마다 도입된 특성의 선발이 필요하다. 이것은 분자 마커가 각 세대에서 더 많은 반복 게놈을 가진 개체의 선발을 쉽게 하므로 교배의 수와 더 많은 세대를 필요로 한다. 때로는 육종프로그램이 몇 세대로 완료될 수도 있다. 몇 가지 바람직한 특성은 분자 마커에 의해 직접 선택될 수 있으며 육종프로그램의 모든 단계에서 선별될 수 있다. 일상적으로 사용할 수 있는 마커 외에도 RFLP 마커를 PCR 기반 마커로 변환하면 분자 사용의 경제성에 크게 도움이 된다. 또한, 식물육종에서 종자 선택을 위한 분자 마커를 사용하려면 다음 선택 단계에 대한 평가에서 빠른 결과를 제공하는 간단하고 저렴한 기술이 필요하다.

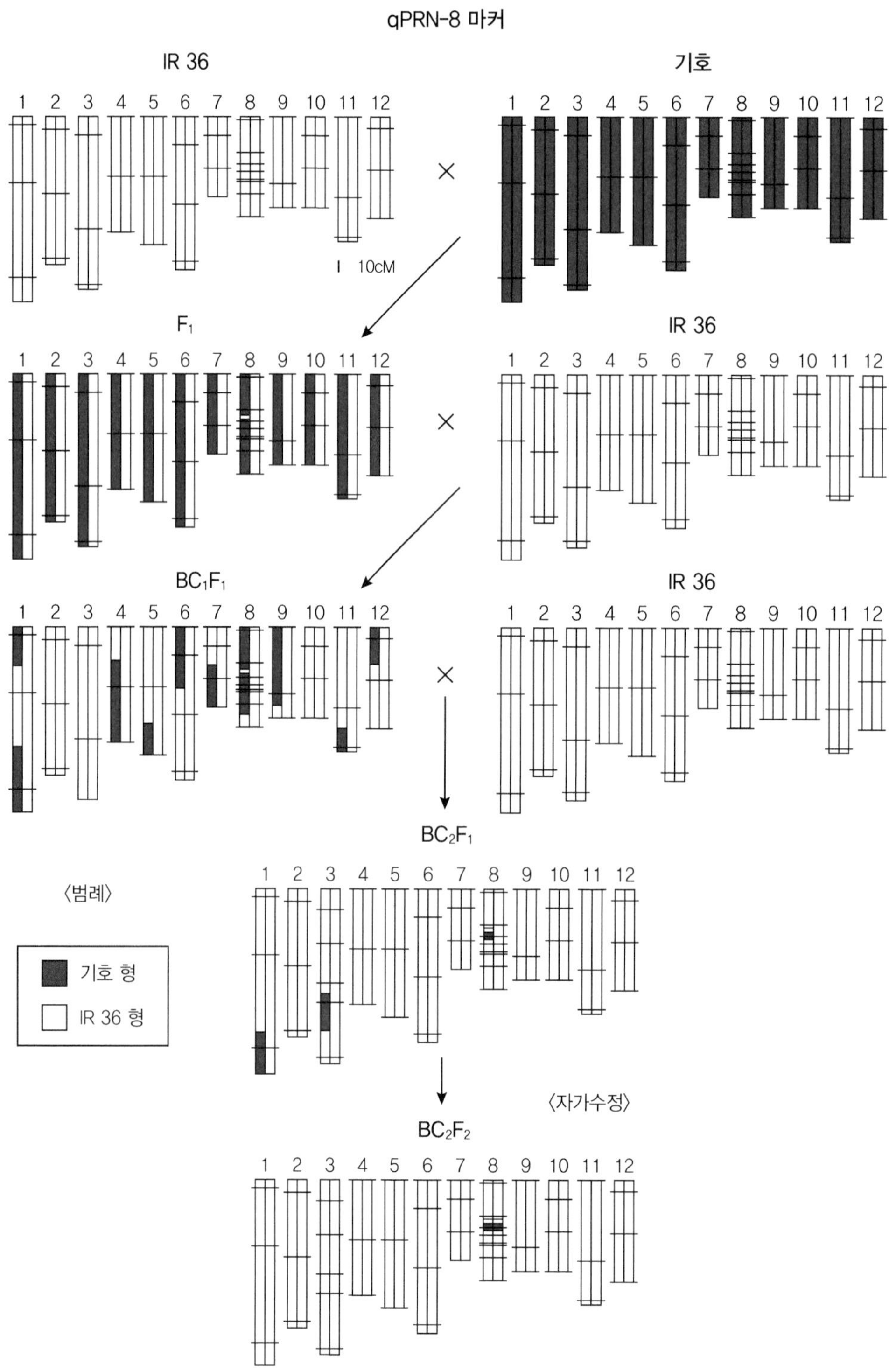

그림 7-7 마커보조선발여교배에 의한 qPRN-8 마커 활용도

4) 저항성과 분자육종

PCR 기반 마커는 식물에서 바이러스와 진균 병원체에 대한 바람직한 저항성을 육종하는 데 사용된다. 보리황색모자이크바이러스(Ba YMU)는 유럽에서 중요한 바이러스성 질병으로 여겨져 왔다. 따라서 병에 대한 저항성을 위한 육종은 특히 중요하다. 보리 황색 모자이크 바이러스에 대한 내성 유전자들의 전달을 위한 밀접하게 연결된 PCR 기반 마커의 적용은 현재 성공적이고 효율적이다. 유사하게 진균 병원체에 대한 저항성을 위한 육종이 진행되었는데, 푸사리움 적매병(FHB, Fusarium head blight)은 밀의 심각한 질병이다.

푸사리움적매병 저항성과 관련된 주요 QTL과 밀접하게 유사한 분자 마커가 확인되었으며 엘리트 밀 품종에 저항성 대립유전자를 도입하기 위한 마커보조선발(MAS)의 적용 가능성이 크다. 이들은 번식의 안전 전략 중 일부이다. 새로운 품종은 높은 수량과 푸사리움 병원균에 대한 높은 수준의 저항성을 가진 품종 육성을 가능하게 하였다.

5) 번식 계통 식별

유전자은행에서 라벨링 오류는 육종 인공물(artifact)을 유발할 수 있다. 그 이유는 많은 수의 계통을 처리하면 육종 계통을 확인하는 데 사용할 수 있는 분자 마커를 식별하는 데 문제가 발생할 수 있기 때문이다.

6) 잡종성 구별

분자 마커는 특히 자가수분 종에서 개개의 잡종 특성을 식별하는 데 사용할 수 있다. 체세포 잡종과 같은 비전통적인 잡종 방법을 통한 잡종 생산도 RAPD 분석을 통해서도 구별할 수 있다.

7) 육종 계통 순도

우발적인 종자 혼합 또는 수확된 종자의 교배 오염으로 인해 육종 라인이 오염될 수 있다. 분자 마커는 순수육종계통의 확립을 돕고 육종의 오염을 확인하는 데 사용될 수 있다.

8) 하이브리드(잡종강세) 성능 예측

교배에 사용된 부모 사이에 유전적 거리를 설정하면 잡종의 성능을 확인할 수 있다. 가능한 부모 사이의 유전적 거리는 분자 마커를 사용하여 추정할 수 있다. RFLP 마이크로새틀라이트 마커는 이러한 예측에 유용한 마커로 선택된다.

9) 유전자은행 식별

육종에 사용하기 위한 가능한 부모의 몇 가지 유용한 유전자원을 확인하려면 적절한 분자 기술이 필요하다. RAPD 마커는 유전자은행 조사에 유용한 도구이다. 예를 들어, RAPD를 사용한 벼 유전자은행 조사는 특정 마커의 존재와 신규 특성에 대한 QTL(quantitative trait loci) 사이의 연관성을 보여준다.

제8장 유전자 지도와 양적형질유전자좌

제1절 서론

식물육종의 전통적인 방법은 작물 개량에 주목할 만한 투입물이 되었지만, 수량, 품질, 가뭄 및 질병 저항성과 같은 복잡한 특성을 목표로 삼는 데는 느리고 무능했다. 그러나 강력한 생명공학 도구가 개발된 후 단순히 유전되는 특성과 정량적 특성을 모두 분석하고 관심 특성을 제어하는 개별 유전자를 식별하는 것이 가능해졌다. 유전학의 발전은 유전물질로서의 DNA의 결정, DNA의 이중 나선 구조의 발견, 동질효소의 전기영동 분석법의 개발 및 다양한 분자 마커를 포함하여 여러 이정표와 함께 기하급수적으로 발전했다. 이러한 각각의 이정표는 유전학 및 식물육종 분야에서 엄청난 발전의 물결을 일으켰다.

유기체 유전학에 대한 우리의 이해는 이제 표현형에서 분자 수준으로 확장되어 육종 전략에서 더욱 효율적으로 우수한 유전자형을 선택하기 위한 새롭거나 개선된 스크리닝 방법으로 이어질 수 있다. 정량적 특성은 농작물을 포함한 모든 진핵생물 집단의 자연적 변이의 공통된 특징이기 때문에 100년 넘게 유전학 연구의 주요 영역이었다. 수량, 품질 및 일부 형태의 질병 저항성과 같은 많은 농업적으로 중요한 특성에 대해 주어진 인구에서 멘델식으로 분리되는 여러 유전자가 있었고 대부분은 그 효과는 거의 부가적이었다. 이 유전자는 마더(Mather, 1949)에 의해 '폴리유전자'라고 명명되었다.

우리는 이제 겔더만(Gelderman, 1975)이 만든 용어인 'QTL(Quantitative Trait Loci, 양적형질유전자좌)'이라는 보다 매력적인 약어로 폴리유전자(poly gene, 폴리진)를 언급한다. QTL은 "정량적 특성에 대한 영향과 관련된 게놈 영역"으로 정의된다. 개념적으로 QTL은 단일 유전자일 수도 있고 특성에 영향을 미치는 연결된 유전자 클러스터일 수도 있다. 정통 표현형 조사에만 기반한 QTL 식별은 불가능하다.

QTL을 선택할 기회를 만든 정량적 특성 특성화의 주요 혁명은 1980년대의 두 가지 주요 개발 때문에 시작되었다. 첫 번째는 마커로 사용할 수 있는 광범위하지만, DNA 수준에서 쉽게 시각화된 분리 집단에서 생성된 분자 마커 데이터와 일치하는 정량적 특성의 변이를 분석하는 데 도움이 될 수 있는 통계 패키지가 개발되었다. 분자 마커의 중요한 응용 중 하나는 유전 맵핑이라고도 하는 모든 종에서 연관 맵핑의 개발이다. 그것은 DNA 분자(염색체)에서 유전자의 상대적인 위치와 그들 사이의 거리를 결정하는 것을 말한다. 유전자 지도는 염색체를 따라 마커 사이의 위치와 상대적인 유전적 거리를 나타낸다. 최초의 유전자 지도는 1911년 모건(T.H.

Morgan)과 그의 학생인 알프레드 스터테반트(Alfred Sturtevant)에 의해 발표되었는데, 그는 초파리 염색체에서 6개의 성 관련 유전자의 위치를 보여주었다. 연관지도는 QTL 분석을 사용하여 단일 형질(단일유전자에 의해 제어됨) 및 정량적 형질을 제어하는 유전자를 포함하는 염색체 영역을 식별하는 데 활용되었다. 특성과 관련된 게놈 영역을 식별하기 위해 연관지도를 구성하고 QTL 분석을 수행하는 프로세스는 QTL 맵핑으로 알려져 있다. 유전 저항성은 농작물의 질병 관리에 가장 비용 효율적이고 환경적으로 적절한 접근 방식이다. 정성적 및 정량적 질병 저항성 유전자는 게놈 위치 측면에서 광범위하게 연구되고 있다.

QTL 도구에 의한 정량적 저항성 유전자 연구는 유전자좌 수, 위치, 효과 및 상호 작용의 추정치에서 정량적 저항성을 체계적으로 분석할 수 있게 한다. 여러 질병에 강한 품종의 사용이 필요하다. 결정유전자의 수, 위치, 영향에 대한 정보를 통해 다수의 질병에 대한 저항성을 가진 품종의 개발을 기대할 수 있다. 따라서 게놈 지도 구성의 기본 개념과 원리를 검토하고 주요 유전자와 QTL(quantitative trait loci)을 검출할 방법을 설명하는 것이다. 기존의 식물 육종가, 생리학자, 병리학자 및 기타 식물 과학자에게 유용한 참고 자료가 될 것이다.

제2절 양적형질유전자좌(QTL) 맵핑

서튼(Sutton)의 염색체 유전 이론에 따르면 유전자(마커 또는 유전자좌)는 감수 분열(유성생식) 동안 염색체 재조합을 통해 분리된다. 유전자 맵핑은 자손에서 유전자 분리 분석이 가능하다는 이 원리에 기반한다. 멘델의 독립 분류 제2 법칙에 따르면 한 유전자의 대립유전자 분리는 감수 분열 동안 염색체가 배우자로 무작위로 분류되기 때문에 다른 유전자의 대립유전자와 독립적이다. 독립 분류의 법칙은 다른 염색체에 있는 유전자에는 항상 적용되지만 같은 염색체에 있는 유전자에는 항상 적용되는 것은 아니다. 모건(Morgan)에 따르면, 이중 잡종 교배에서 두 개의 유전자가 같은 염색체에 위치할 때 부모 유전자 조합의 비율은 부모가 아닌 유형보다 훨씬 높게 유지된다.

모건은 이것을 두 유전자의 물리적 연관성 또는 연결로 간주하고 염색체에서 유전자의 이러한 물리적 연결을 설명하기 위해 연결이라는 용어를 만들었다. 서로 더 가깝거나 밀접하게 연결된 유전자는 멀리 떨어져 있는 유전자보다 부모에서 자손에게 더 자주 함께 전달된다.

재조합이라는 용어는 부모가 아닌 유전자 조합의 생성을 말한다. 감수 분열 과정에서 부모 사이의 유전물질 교환 과정이다. 감수 분열이 시작되면 한 쌍의 상동 염색체가 일어난 다음 상동 염색체 쌍이 서로 얽혀서 염색체 일부를 교환하는 키아스마 형성(교차)이 뒤따른다. 이러한 과정 또는 일련의 과정을 DNA 분자가 상호 작용하여 유기체의 유전 정보를 재배열하는 재조합이라고 한다. 이 재조합 과정에서 배우자의 형성은 부모와 다른 유전자의 새로운 조합으로 발생한다. 이것을 재조합체라고 하며 비율은 재조합 빈도로 나타난다.

두 유전자좌 사이에서 관찰된 재조합 분률은 교차가 4가닥 단계에서 발생하고 단일 교차 이벤트의 경우 4가닥 중 2가닥만이 재조합에 참여하기 때문에 두 유전자좌 사이의 교차 또는 교차 이벤트 수의 절반을 추정한 것이다. 자매가 아닌 2개의 염색분체는 교차에 참여하고 다른 2개의 염색분체는 염색체 구분을 교환하지 않는다. 두 개의 유전자가 서로 다른 염색체에 위치하면 독립적으로(연결되지 않음) 재조합 빈도가 50%이고, 같은 염색체에 있으면(연결된 유전자) 재조합 빈도가 50% 미만이다. 유전자 간 재조합을 일으키는 교차의 기회는 두 유전자 사이의 거리와 직접적인 관련이 있다. 두 마커 사이의 재조합 빈도가 낮을수록 염색체에 더 가깝게 위치하며 그 반대도 마찬가지이다.

QTL 맵핑은 단순히 유전자 마커와 측정할 수 있는 표현형 간의 연관성을 찾는 것과 관련이 있다. 예를 들어, 키가 다양한 250개의 개별 완두콩 식물 중 모든 키가 큰 식물이 유전자 마커의 특정 대립유전자를 가지고 있는 경우 식물 키에 대한 QTL이 이 식물 집단에서 이 마커와 연관될 가능성이 매우 크다. 따라서 QTL이 마커에 연결되어 있는지를 결정하는 기본 원칙은 맵핑 모집단을 마커 유전자좌의 유전자형에 따라 서로 다른 유전자형 클래스로 나누고 상관 통계를 적용하여서 한 유전자형의 개체가 다른 유전자형의 개체는 측정되는 형질과 관련하여 다른 유전자형의 개체와 상당히 다르다.

제3절 양적형질유전자좌(QTL) 맵핑의 주요 단계

1. 집단 맵핑

표현형이 대조되는 특성(높은 질병 저항성 및 감수성 다양성)을 가진 두 부모 계통의 적합한 맵핑 집단 개발이 필요하다. 적합한 분자 마커의 선택 및 포화 연결 지도의 개발이 필요하다. 맵핑 모집단의 유전자형의 자료가 있어야 한다. 적절한 통계 패키지를 사용하여 유전자형 및 표현형 정보를 사용하여 연관 분석을 수행한다.

연결 지도 구축을 위한 주요 요구 사항은 분리된 식물 집단(즉, 유성 생식에서 파생된 집단)이 있어야 한다. 맵핑 집단에 대해 선택된 양친은 하나 이상의 관심 특성(예: 높은 질병 저항성 및 높은 질병 감수성)이 있어야 한다. 이는 게놈 전체에 잘 분포된 대규모 다형성 마커 세트를 식별할 가능성을 높이는 데 중요하다. 예비 유전자 지도 연구에 사용되는 집단 크기는 일반적으로 50~250개체 범위이다. 표적 형질에 작은 영향을 미치는 QTL의 분석을 위해서는 많은 수의 개체(~500개)가 필요하다. 그러나 200~300개체 크기의 맵핑 집단은 주요 효과가 있는 QTL을 탐지하기에 충분하다.

2. 지도 작성 모집단 선택

모집단 선택은 성공적인 연관지도 작성에 매우 중요하며 유전자형 분석에 사용할 분자 마커가 우성인지 또는 공우성인지 여부, 기간 및 사용 가능한 자원, 실험의 주요 목적에 따라 달라질 수 있다. 두 번째 자손 세대(F_2), 여교배(BC), 재조합근친교잡계통(recombinant inbred lines, RIL), 배가반수체(doubled haploid, DH) 및 근동질계통(near isogenic lines, NIL) 등은 장단점을 가지고 있지만, 같은 여러 다른 집단의 각 집단 유형으로 주어진 식물 종 내에서 맵핑에 활용될 수 있다.

자가수분 종에서 지도로 이용되는 집단은 둘 다 고도로 동형접합성(근친 번식)인 부모로부터 유래한다. 타가수분(이종 교배) 종에서는 대부분 종이 근친 교배를 용납하지 않기 때문에 지도 작성이 더 복잡하다.

1) 맵핑 모집단의 유형

자가 F_1 잡종(양친을 교배하여 파생됨)에서 자식된 F_2 모집단 및 F_1 잡종을 부모 중 하나와 교배하여 파생된 여교배 집단이 주로 이용하는 맵핑 집단이다.

F_1 잡종을 양친 중 하나와 교배하는 것은 자가수분 종을 위해 개발된 가장 간단한 유형의 맵핑 집단이다. 개별 F_2 식물로부터의 근친교잡은 7~8세대 후에 재조합근친교잡계통의 구성을 해야만 이용될 수 있고, 이는 일련의 동형접합 계통으로 구성되며, 각각은 원래 부모의 염색체 단편의 고유한 조합을 포함한다.

여교배 선택 시 적어도 6세대 동안 반복된다면, BC_6 이상의 후대에서 게놈의 99% 이상이 반복친으로부터 될 때 맵핑 집단으로서 가능하다. BC_7F_1에서 선택된 개체의 자가교잡은 표적 유전자에 대해 동형접합성인 BC_7F_2 계통을 생산할 것이며, 근동질계통으로서 거의 동질유전자만 가지는 집단이 된다. 배가반수체 집단은 꽃가루로부터 염색체 배가 유도 때문에 식물을 재생함으로써 생성될 수 있지만, 배가반수체 집단의 생성은 조직배양이 가능한 종(예: 벼, 보리, 밀과 같은 곡물 종)에서만 가능하다.

2) 모집단 맵핑의 장단점

F_2 모집단의 주요 장점은 특정 유전자 좌에서 추가 및 우성 유전자 작용의 효과를 측정할 수 있다는 것이다. 또한, 제작하기 쉽고 생산하는 데 짧은 시간만 필요하다는 것이다. 재조합근친교잡계통은 본질에서 동형접합체이기 때문에 부가적인 유전자 작용만 측정할 수 있다. 재조합근친교잡계통 및 근동질계통 집단을 생성하는 데 필요한 시간은 일반적으로 6~8세대가 필요하므로 주요 단점이다.

재조합근친교잡계통 및 배가반수체 집단의 주요 이점은 유전적 변화 없이 증식 및 재생산될 수 있는 동형접합 또는 '진정한 육종' 계통을 생산한다는 것이다. F_2 및 BC 집단은 다음과 같은 이유로 임시 집단으로 간주하고 있다. 고도의 이형접합체이며 종자를 통해 무기한 번식할 수 없다. 재조합근친교잡계통, 근동질계통 및 배가반수체는 유전적 변화 없이 증식 및 재생산될 수 있는 동형접합 또는 '진정한 육종' 계통이기 때문에 영구 집단이라 한다. 재조합근친교잡계통, 근동질계통 및 배가반수체의 종자를 연관 맵핑을 위해 서로 다른 실험실 간에 분양하여 모든 공동작업자가 같은 재료를 검사하도록 할 수 있다.

3) 우성 또는 공우성 마커와 연관된 맵핑 집단

우성 마커와 비교하여 공우성 마커는 F_2 집단에서 더 많은 유전정보를 나타낸다. 우상 마커는 재조합근친교잡계통, 근동질계통 및 배가반수체의 공우성만큼 많은 정보를 제공한다. 반복친의 모든 좌위가 동형접합이고 수여친과 반복친이 대조되는 다형성 마커 대립유전자를 가지고 있는 경우 여교배 집단은 우성 마커를 맵핑하는 데 유용할 수 있다.

3. 분자 마커

1) 유전자 마커

유전자 마커에는 세 가지 주요 유형이 있다. 첫째는 그 자체가 표현형 특성 또는 특성인 형태학적 마커, 둘째는 동질효소라고 불리는 효소의 대립유전자 변이체를 포함하는 생화학적 마커, 셋째는 DNA(또는 분자) 마커는 DNA의 변이 부위를 나타낸다. 형태학적 및 생화학적 마커의 주요 단점은 숫자가 제한될 수 있고 환경 요인 또는 식물의 발달 단계에 의해 영향을 받을 수 있다는 것이다. DNA 마커는 풍부하므로 가장 널리 사용되는 마커 유형이다. 형태학적 및 생화학적 마커와 달리 DNA 마커는 실질적으로 수에 제한이 없으며 환경 요인 또는 식물의 발달 단계에 영향을 받지 않는다.

2) 분자 마커의 종류, 장단점

유전자 지도를 작성하기 위한 최초의 대규모 노력은 주로 가장 잘 알려진 유전자 마커인 RFLP 마커를 사용하여 수행되었다. 오늘날 식물 과학에서 사용되는 다양한 유형의 분자 마커는 제한효소절편길이다형성(restriction fragment length polymorphisms, RFLP), 미세부수체(microsatellites) 또는 단순서열반복(simple sequence repeats, SSR), 발현된서열태그(expressed sequence tags, ESTs), 절단된증폭다형성서열(cleaved amplified polymorphic sequence, CAPS), 임의증폭다형성DNA(randomly amplified polymorphic DNA, RAPD), 증폭단편길이다형성(amplified fragment length polymorphisms, AFLP), 단순서열간반복(inter simple sequence repeat, ISSR), 다이버시티어레이기술(Diversity arrays technology, DArT) 및 단일 뉴클레오티드 다형성(single nucleotide polymorphism, SNP) 등이다. 이 마커 시스템에는 각각 장단점이 있다(표 8-1).

표 8-1 QTL 분석에 가장 일반적으로 사용되는 분자 마커의 장단점

번호	우성특성	장점	단점
1	**제한효소절편길이다형성(RFLP)**		
	공우성	•높은 재현성 •개체군 전체로 전달 가능 •확실하고 신뢰성 있음 •유전자좌 특이적	•높은 품질의 DNA 다량 필요 •방사선 탐침 필요 •많은 시간이 요구되고 힘들고 비용이 많이 듦 •제한적인 다형성 •자동화에 부적합
2	**미세부수체(microsatellites) 또는 단순반복염기서열(SSRs)**		
	공우성	•높은 재현성 •개체군 전체로 전달 가능 •확실하고 신뢰성 있음 •유전자좌 특이적 •자동화가 가능하고 기술적으로 단순함	•높은 개발 비용 •프라이머 개발에 많은 시간이 요구되고 힘듦 •일반적으로 힘들고 많은 시간이 요구되는 폴리아크릴아마이드 전기영동이 필요
3	**발현유전자단편(EST-SSR)**		
	공우성	•높은 재현성, 확실하고 신뢰성 있음 •높은 수준의 서열 보존 •계통과 종에 걸쳐 전달 가능 •종 간 연계 정보 전달 가능	•시퀀싱 데이터베이스가 이미 존재하는 종으로 마커 개발이 제한됨
4	**유전자증폭산물길이다형성(AFLP)**		
	우성	•높은 재현성 •높은 다형성 •서열 정보가 없는 모든 유기체에 사용 •우수한 게놈 범위 제공	•높은 품질의 DNA 다량 필요 •복잡한 방법론
5	**임의증폭다형성DNA(RAPD)**		
	우성	•빠르고 간단함 •저렴함 •소량의 DNA 필요	•재현 불가능 •일반적으로 전달 불가
6	**단순서열간반복(ISSRs)**		
	우성	•높은 다형성 •간단함	•재현 불가능 •일반적으로 전달 불가

4. 다형성 분자 마커에 의한 지도 집단의 유전형

연관지도를 작성하기 위해서는 양친 사이에 충분한 다형성이 존재하는 것이 중요하다. 따라서 연관지도 작성의 다음 단계는 양친 간의 차이를 나타내는 다형성 분자 마커를 식별하는 것이다. 맵핑에 사용되는 DNA 마커의 선택은 특성화된 마커의 가용성 또는 특정 종에 대한 특정 마커의 적합성에 따라 달라질 수 있다. 더 많은 다형성을 제공하는 분자 마커는 일반적으로 원하는 특성에 대해 선택된다.

일반적으로 교잡수분 종은 근친 교배종보다 DNA 다형성 수준이 더 높다. 근친 교배종의 맵핑에는 일반적으로 유전적 거리가 멀면서 교잡이 가능한 양친을 선택해야 한다. 대부분 경우, 양친 사이의 유전적 다양성 수준을 기준으로 적절한 다형성을 제공하는 양친을 선택한다. 다형성과 함께 고밀도 연관지도를 제공하는 마커가 QTL 분석에 더 적합하다. 조밀한 유전적 연관지도를 구성하는 방법론은 다음과 같다.

첫째, 다형성 마커는 양친에게서 확인하고 테스트해야 하며, 일반적으로 선택한 양친 사이에서 다형성이 좋은 마커를 선택해야 한다.

둘째, 이들은 F_1 식물체로부터 모든 F_2 식물 개체에 이르기까지 전체 집단에서 선별되어야 한다. 선별된 각각의 분자 마커는 자손에서 마커의 분리를 연구하기 위해 F_2 집단의 모든 개체로 테스트해야 한다. 이를 집단의 유전자형 분석이라고 한다. 동시에 표현형 변이 패턴도 F_2 모집단에서 측정해야 한다. 분자 마커(유전자형)와 표현형 형질의 분리율의 유의한 편차는 예상되는 분리율과 비교하여 적절한 생물통계학적 방법이나 소프트웨어를 사용하여 분석할 수 있다. F_2 모집단에서 공우성 및 우성 마커에 대한 예상 분리 비율은 각각 1:2:1(AA:Aa:aa) 및 3:1이다. 일반적으로 마커는 멘델 방식으로 분리되지만 왜곡된 분리 비율이 발생할 수도 있다.

5. 마커의 연관 분석

연관지도는 최종적으로 모집단의 각 개체에 대한 각 분자 마커에 대한 데이터를 코딩하여 컴퓨터 프로그램을 사용하여 준비한다. JoinMap, MAPMAKER/EXP, MAPMAKER, GMENDEL, LINKAGE, Map Manager QTX와 같은 연결 분석에 사용할 수 있는 수많은 컴퓨터 패키지가 있다. 그 중 JoinMap이 널리 사용된다. 마커는 승산비(즉, 연결 대 연결 없음의 비율)를 사용하여 연결 그룹에 할당된다. 이 비율은 더욱 편리하게 비율의 로그로 표현되며 LOD(logarithm of odds) 값 또는 LOD 값이라 한다. LOD 값은 〉3.0 (〉2.0의 값이 이용되기도 함)의 LOD 값은 일반적으로 연결 지도를 구성하는 데 사용된다. 두 마커 사이의 LOD 값이 3이면 연결 가능성 연결이 없는 것보다 가능성이 1,000배 더 높다(즉, 1,000:1)는 것을 나타낸다(귀무가설).

임계 LOD 값이 클수록 더 적은 수의 마커가 있는 조각화된 연관그룹이 더 많아지고 LOD 값이 작을수록 그룹당 마커 수가 많은 연관그룹이 거의 생성되지 않는다. 두 개의 마커는 다른 그룹의 구성원과 연결되지 않으면 별개의 연관그룹에 배치된다. 연관그룹은 염색체 구분 또는 전체 염색체를 나타낸다. 같은 수의 연관그룹 및 염색체를 얻는 것과 관련된 어려움은 검출된 다형성 마커가 반드시 염색체 전체에 고르게 분포되지 않고 일부 영역에 모여 있고 다른 영역에는 존재하지 않는다는 것이다. 마커의 비무작위 분포 외에도 재조합 빈도는 염색체를 따라 같지 않다. 유전적 거리를 측정하고 마커 순서를 결정하는 정확도는 맵핑 모집단에서 연구된 개체의 수와 직접적인 관련이 있다.

6. 유전적(지도) 거리 결정

맵핑 절차는 기본적으로 가장 유익한 좌(loci) 쌍(연관 정보가 가장 많은 좌 쌍)부터 시작하여 좌를 하나씩 추가하여 지도를 구축하는 과정이다. 각 단계에서 이전에 지도에 배치된 마커와의 전체 연결 정보를 기반으로 마커가 지도에 추가된다. 추가된 각 좌에 대해 최상의 위치가 검색되고 적합도 측정이 계산된다. 연관지도에 따른 거리는 유전자 마커 간의 재조합 빈도로 측정된다. 전자 마커 사이의 거리가 감수 분열 동안 잠복하는 재조합의 기회보다 크면 또한 더 크고, 재조합 빈도와 교차 빈도는 선형적으로 관련이 없으므로 재조합 분률을 센티모건스(centiMorgans, cM)로 변환하려면 맵핑 함수가 필요하다.

일반적으로 사용되는 두 가지 맵핑 함수는 재조합 이벤트가 인접한 재조합 이벤트의 발생에 영향을 미친다고 가정하는 코삼비(Kosambi) 맵핑 함수와 교차 이벤트 간에 간섭이 없다고 가정하는 할데인(Haldane) 맵핑 함수이다.

7. QTL을 검출하는 통계적 방법

위양성(false positive) 발생을 최소화하면서 QTL 검출에 사용되는 몇 가지 통계적 방법(마커와 QTL이 실제로 존재하지 않을 때 마커와 QTL 사이의 연관성 선언), QTL을 검출하기 위해 널리 사용되는 방법은 다음과 같다.

1) 단일마커분석

단일마커분석은 단일 요인 분산 분석(single factor analysis of variance, SF-ANOVA)이라고도 하는 가장 간단한 방법이다. 선형 회귀(linear regression), 분산분석(ANOVA) 및 t-검정(t-test) 통계 방법은 주로 단일 마커 분석에 사용되고 있다.

2) 단순간격 맵핑

단순간격 맵핑은 인접한 마커 유전자좌 쌍(목표 간격) 사이의 여러 분석 지점에서 특성값과 가상 QTL(목표 QTL)의 유전자형 사이의 목표 연관성을 평가한다.

3) 복합간격 맵핑

얀센(Jansen)과 스탐(Stam, 1994)이 개발한 복합간격 맵핑은 주어진 간격의 단일 QTL에 대한 간격 맵핑을 다른 QTL과 관련된 마커에 대한 다중회귀분석(multiple regression analysis)과 결합한다.

4) 다중간격 맵핑

다중간격 맵핑은 간격의 확장이다. 다중회귀가 분산분석을 확장하는 것처럼 다중 QTL에 맵핑한다. 다중간격 맵핑은 마커 사이의 위치에 대한 QTL의 위치를 추론하고 빠진 유전자형 데이터에 대한 적절한 허용을 허용하며 QTL 간의 상호 작용을 허용할 수 있다.

식물에서 양적 질병 저항성을 제어하는 유전자는 오랫동안 정확하게 식별하거나 특성화하기가 너무 어려웠다. 양적형질 유전자좌(quantitative trait loci, QTL) 맵핑이 등장한 후 이 압도

적으로 미지의 일들이 해결되었다. 분자 마커 및 양적형질 유전자좌 맵핑을 통해 복잡한 형태의 질병 저항성과 그 기본 유전자에 훨씬 더 쉽게 접근할 수 있었다. 애기장대, 옥수수, 벼, 밀, 보리, 토마토, 감자, 해바라기, 완두콩, 콩, 호밀, 기장, 목화, 대두, 수수, 동부, 담배, 순무, 콜리플라워, 알팔파, 당근, 사탕수수, 사탕무, 커피, 포도와 같이 경제적으로 중요한 여러 작물에 대해 분자 마커를 기반으로 한 유전자 지도를 사용할 수 있었다.

양적형질 유전자좌의 분자적 성질에 대한 정확한 정보가 부족하지만, 옥수수, 토마토, 벼와 같은 일부 농작물에서 육종 시 양적형질 유전자좌에 대한 엘리트 계통 또는 생식질 및 마커 지원 선택으로의 양적형질 유전자좌의 유전자 이입이 성공적으로 수행될 수 있다.

옥수수의 노균병에 대한 저항성을 부여하는 양적형질 유전자좌로서 뿌리혹선충(*Meloidogyne graminicola* IARI)에서 맵핑되고 검증되었다. 또한, 노균병 저항성을 위한 2개의 주요 양적형질 유전자좌를 엘리트(우량계통)이지만 노균병에 민감한 근교계 계통인 CM139로 옮겼다.

양적형질 유전자좌 분석과 관련하여 여전히 몇 가지 중요한 주의 사항이 있다. 효과가 가장 큰 양적형질 유전자좌와 마커 위치에 가장 가까운 양적형질 유전자좌만 통계적으로 신뢰할 수 있는 연관성을 나타낸다. 양적형질 유전자좌 정보가 현장에서 효과적으로 적용되려면 양적형질 유전자좌의 미세맵핑 또는 고해상도 맵핑이 특히 중요하다.

제9장 유전자교정기술

제1절 게놈 편집의 개요

게놈에서 DNA를 수정하는 기술은 수십 년 동안 존재해 왔지만, 더 빠르고 저렴하며 효율적인 기술로 인해 게놈 편집의 과학 및 윤리에 관한 대화가 더 커졌다.

유전자 편집은 살아있는 유기체의 Genomic DNA를 결실, 삽입, 대체 또는 변형하는 유전자 조작이다. 유전자 편집은 다양한 기술을 통해 DNA를 손상하기 위한 영역 특이적 표적화이며 항상 복구 기전을 포함하는 것은 아니다. 비활성화와 교정의 두 가지 기술로 구성된다.

CRISPR/Cas9(Clustered Regularly-Interspaced Short Palindromic Repeats/CRISPR Associated Protein 9) 시스템의 개발로 더 넓은 과학계에서 게놈 편집에 더 쉽게 접근할 수 있게 되었다. 원래 화농성 연쇄상구균(*Streptococcus pyogenes*)에서 파생된 이 시스템은 단일 가이드 RNA(sgRNA) 또는 두 부분으로 구성된 CRISPR RNA(crRNA) 및 트랜스 활성화 crRNA(tracrRNA)를 포함하는 Cas9 뉴클레아제와 가이드 RNA(gRNA)로 구성된다. gRNA는 Cas9을 이중 가닥 파손 생성을 위한 표적 서열로 안내하는 약 20nt 길이의 맞춤형 서열을 포함한다. gRNA 합성의 상대적 용이성으로 인해 CRISPR/Cas9이 게놈 편집 도구로 선택되었다.

최근에는 주요 유전자 편집 기술인 CRISPR가 널리 사용되었지만, 유전자 편집은 1900년대 후반에 처음 연구되었다. 과거에는 야심찬 응용 분야였던 CRISPR가 시작된 이후로, 유전자 치료는 유전자 편집의 가장 인기 있는 응용 분야가 되었다. 이는 기존의 유전자 물질에 유전자를 추가하여 불완전 유전자나 누락된 유전자를 보충하는 유전자 보강과 질병 관련 DNA를 직접 변형하여 질병을 치료하는 유전자 편집의 두 가지 접근 방식을 통해 달성할 수 있다.

crRNA와 유사한 가이드 RNA(gRNA)는 유전자의 특정 영역을 표적으로 하도록 설계되었으며 Cas9 효소는 숙주 세포의 유전체 특정 영역에서 이중 가닥을 절단할 수 있다(그림 9-1). 이중 가닥이 절단된 후 세포에서는 두 가지 복구 경로인 비상동말단연결 경로 또는 상동성지향재조합 경로 중 하나가 발생한다. 상동성지향재조합 경로는 일반적으로 염기 삽입 또는 결실(indel)을 통해 유전자를 파괴하는 데 사용되는 반면, HDR 경로는 2개의 유사하거나 동일한 DNA 분자 간 염기서열을 교환함으로써 리포터 유전자 또는 편집된 염기서열의 유전자 삽입에 사용할 수 있다.

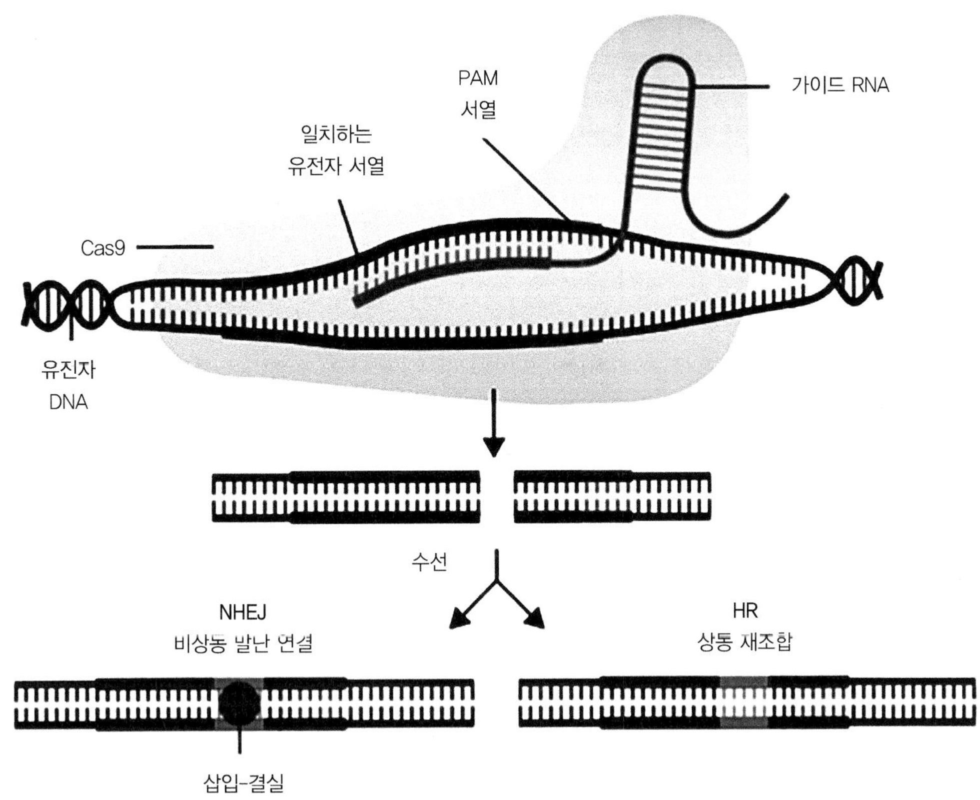

그림 9-1 게놈편집 모식도

*CRISPR(clustered regularly interspaced short palindromic repeats)/Cas9(CRISPR-associated protein 9) 기전으로 Cas9 효소는 먼저 가이드 RNA에 결합한 다음 3-뉴클레오티드 프로토스페이서인접모티프(Protospacer-Adjacent Motif, PAM) 염기서열 바로 앞에 있는 이에 대응하는 게놈 서열에 결합하여 활성화된다. 그런 다음 Cas9 효소는 이중 가닥을 절단하고 비상동말단연결(Non-homologous end joining DNA repair pathway, NHEJ) 또는 상동성지향재조합(Homology-directed repair pathway, HDR) 경로를 사용하여 DNA를 복구하여 편집된 유전자 염기서열을 생성한다.

오프 타겟 편집은 문제의 초기 시스템의 특이성과 함께 현재 게놈 편집 분야 내에서 주요 관심사이다. 야생형 Cas9의 변형 버전이 특이성을 높이기 위해 개발되고 있다. 예를 들어, Cas9 nickase(Cas9 D10A)로 알려진 Cas9의 돌연변이 형태는 지정된 표적에서 단일 가닥만 생성할 수 있으며 DNA 복구를 시작하지 않는다. 두 개의 복합체가 근접한 반대쪽 가닥을 표적으로 삼으면 이중 가닥 절단이 발생하여 DNA 복구가 시작된다. Cas9 닉카아제와 기타 개선된 방법은 미래의 디지털 육종에서 CRISPR/Cas9을 사용할 수 있는 길을 닦고 있다.

제2절 게놈 편집 방법

과학자들은 수년 동안 게놈을 편집할 수 있는 지식과 능력을 갖추고 있었지만, CRISPR 기술은 게놈 편집의 속도, 비용, 정확성 및 효율성을 크게 개선했다. 게놈 편집 기술의 역사는 이 분야의 놀라운 발전을 보여주고 있으며, 연구 도구 및 잠재적인 질병 치료법의 개발, 신품종 개발에서 기초과학 연구가 수행하는 중요한 역할을 한다.

1. 상동 재조합(Homologous Recombination)

살아있는 세포에서 게놈을 편집하기 위해 과학자들이 사용한 최초의 방법은 상동 재조합이었다. 상동 재조합은 두 개의 유사한(상동) DNA 가닥 간의 유전 정보 교환(재조합)이다. 과학자들은 효모가 다른 유기체와 마찬가지로 상동 재조합을 자연적으로 수행할 수 있다는 관찰 이후 1970년대 후반에 이 기술을 개발하기 시작했다. 실험실에서 상동 재조합을 수행하려면 편집할 게놈 부분과 유사한 게놈 서열을 포함하는 DNA 단편을 생성하고 분리해야 한다. 이 분리된 조각은 개별 세포에 주입되거나 특수 화학 물질을 사용하여 세포에 흡수될 수 있다. 일단 세포 내부에 들어가면 이러한 DNA 조각은 세포의 DNA와 재결합하여 게놈의 표적 부분을 대체할 수 있다. 이러한 유형의 상동 재조합은 대부분의 세포 유형에서 극도로 비효율적이라는 사실에 의해 제한되기도 한다. 이 기술은 성공적인 편집의 확률이 백만분의 일 정도로 낮을 수 있다. 상동 재조합의 또 다른 약점은 주입된 DNA 조각이 게놈 내에 의도하지 않은 부분에 삽입될 때 부정확한 오류율이 높아 이른바 오프타겟 편집(off-target edits)을 일으키는 것이다.

2. 징크핑거 뉴클레아제(Zinc-Finger Nucleases, ZFN)

1990년대에 연구자들은 게놈 편집의 특이성을 개선하고 비표적 편집을 줄이기 위해 '징크핑거 뉴클레아제'를 사용하기 시작했다. '징크핑거 뉴클레아제'의 구조는 진핵 유기체에서 발견된 자연 발생 단백질로 조작되고, 과학자들은 이러한 단백질을 조작하여 게놈의 특정 DNA 서열에 결합하고 DNA를 절단할 수 있다. 표적 DNA 서열에 결합 되면 '징크핑거 뉴클레아제'는 지정된 위치에서 게놈을 절단하여 과학자들이 표적 DNA 서열을 삭제하거나 동종 재조합을 통해 새로운 DNA 서열로 교체할 수 있도록 한다.

'징크핑거 뉴클레아제'는 게놈 편집의 성공률을 약 10%까지 향상했지만, 성공적인 징크핑거 단백질을 설계, 구축 및 생산하는 것은 어렵고 시간이 많이 소요되며, 각각의 새로운 표적 DNA 서열에 대해 새로운 '징크핑거 뉴클레아제'를 조작해야 하는 어려움이 있다.

3. 전사 활성제 유사 효과기 뉴클레아제 (Transcription Activator-Like Effector Nucleases, TALEN)

2009년에 '전사 활성제 유사 효과기 뉴클레아제'라는 새로운 종류의 단백질이 게놈 편집 분야에 등장했다. '징크핑거 뉴클레아제'와 유사하게 '전사 활성제 유사 효과기 뉴클레아제'는 자연에서 발견되는 단백질에서 조작되며 특정 DNA 서열에 결합할 수 있다.

'전사 활성제 유사 효과기 뉴클레아제'와 '징크핑거 뉴클레아제'는 게놈에 대한 편집을 얼마나 효율적으로 만들 수 있는지에 대해 비교할 수 있지만 '전사 활성제 유사 효과기 뉴클레아제'는 더 단순하다는 이점이 있다. '징크핑거 뉴클레아제'를 합성하는 것보다 '전사 활성제 유사 효과기 뉴클레아제'을 설계하기가 훨씬 쉽다.

4. 클러스터된 규칙적인 간격의 짧은 회문 반복(Clustered Regularly Interspaced Short Palindromic Repeats, CRISPR)

'징크핑거 뉴클레아제' 및 '전사 활성제 유사 효과기 뉴클레아제' 기술은 게놈 편집의 특이성과 효율성을 증가시키지만, 실험실에서 사용하기에는 상대적으로 비용이 많이 들고 복잡하다. 각각의 편집에는 새로운 '징크핑거 뉴클레아제' 또는 '전사 활성제 유사 효과기 뉴클레아제' 단백질의 구성이 필요하며 엔지니어링 단백질은 오류가 발생하기 쉬운 어려운 프로세스일 수 있다. 이것이 CRISPR로 판도를 바꾸는 기술인 이유 중 하나이다. 이전 제품과 달리 CRISPR는 조립이 거의 필요하지 않은 간단한 기술이다. CRISPR 관련 DNA 서열은 1990년대 초 박테리아에서 처음 관찰되었지만, 과학계는 2000년대가 되어서야 특정 게놈 서열을 인식하고 CRISPR와 함께 작동하는 단백질인 Cas9 단백질을 통해 절단하는 능력을 확인했다. 본질에서 CRISPR는 박테리아가 침입하는 바이러스를 죽이기 위한 면역 체계로 사용하지만 이제 실험실에서 사용하도록 조정된다.

CRISPR을 사용하여 연구자들은 게놈의 표적 DNA 서열과 일치하는 짧은 RNA 템플릿을 만들고, 합성 RNA 서열을 생성하는 것은 '징크핑거 뉴클레아제' 및 '전사 활성제 유사 효과기 뉴클레아제'에 필요한 것처럼 단백질을 엔지니어링하는 것보다 훨씬 쉽다. RNA와 DNA의 가닥은 일치하는 서열을 가질 때 서로 결합할 수 있다. 가이드 RNA라고 하는 CRISPR의 RNA 부분은 Cas9 효소를 표적 DNA 서열로 안내하고, Cas9은 이 위치에서 게놈을 절단하여 편집한다. CRISPR은 게놈에서 결실을 만들거나 새로운 DNA 서열을 삽입하도록 조작될 수 있다. 한 과학자 그룹은 CRISPR가 '징크핑거 뉴클레아제' 또는 '전사 활성제 유사 효과기 뉴클레아제'보다 게놈에 표적 돌연변이를 생성하는 데 6배 더 효율적이라는 사실을 발견했고, 한때 수년과 수만 달러가 소요되었던 대규모 유전체학 프로젝트를 이제 적은 시간과 비용으로 완료할 수 있다.

그림은 가장 많이 이용되고 있는 3종류의 유전자 편집 기술을 식물에 적용한 것이다. SDN1은 유전자 본래의 기능을 연구하기 위해 활용하는 방법으로 원하는 유전자만을 골라서 기능을 망가뜨려 단백질을 생산하지 못하게 하는 방법이고, SDN2는 특정 유전자의 단 1개의 DNA 서열에 변이가 일어나 발생하여, 그 기능 및 치료를 위한 도구로 변이를 특이적으로 유도하려는 방법이다. SDN3는 유전자 발현을 살펴보기 위한 리포트시스템(예, 형광단백질)을 삽입하거나 바이러스 벡터를 사용하여 특정 유전자를 삽입하기도 하는 쉽게 정확한 위치에 삽입이 가능한 방법이다. 플라보박테륨 오케아노코이테스(*Flavobacterium okeanokoites*, Fok)에서 자연적으로 발견되는 제한 엔도뉴클레아제 Fok1은 N-말단 DNA-결합 도메인과 C-말단의 비특이적 DNA 절단 도메인으로 구성된 박테리아 유형 IIS 제한 엔도뉴클레아제이다. CRISPR-Cpf1(CRISPR-enzyme scissors cutting both RNA and DNA, CRISPR from Prevotella and Francisella 1)은 4세대 유전자 편집이다. 또한, 앞에서 설명된 세대별 유전자 편집의 특징은 표 9-1과 같다.

표 9-1 유전자 편집의 발전단계(세대)별 특징

구분	1세대(ZFNs)	2세대(TALENs)	3세대(CRISPR-Cas9)
DNA 인식	징크핑거 단백질	TALE 단백질	가이드 RNA
Nuclease(핵산분해효소)	Fok1	Fok1	Cas9/Cpf1
Nuclease activity	낮음(~24%)	높음(~99%)	높음(~90%)
변이생성 효율	낮음(~10%)	높음(~20%)	높음(~20%)
Non specific cleavage (원치않는 DNA 부분절단 가능성)	높음	낮음	다양함
장점	-	설계가 쉽고 저렴함 (ZFNs 대비)	단순한 구조로 세삭이 용이 (정확성 및 효율성)
단점	설계가 어렵고 가격이 비쌈	-	-

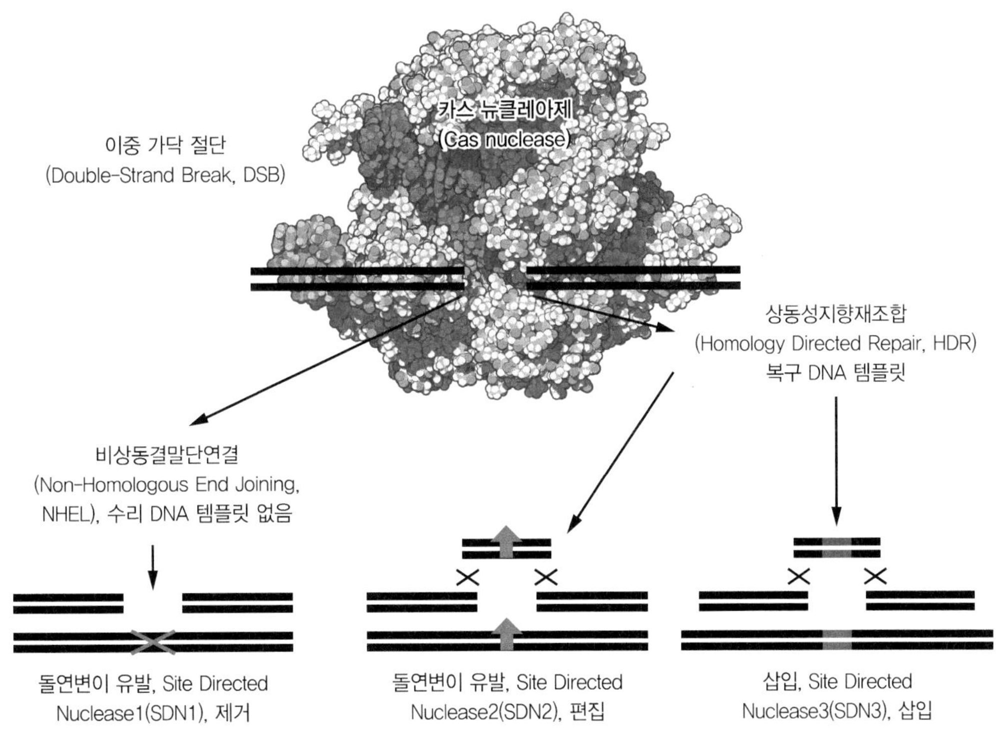

그림 9-2 CRISPR/Cas9 모식도. 부위 특이적 핵산 분해 효소(site directed nuclease, SDN) 종류를 이용한 유전자 편집 원리를 식물 개발에 적용한다.

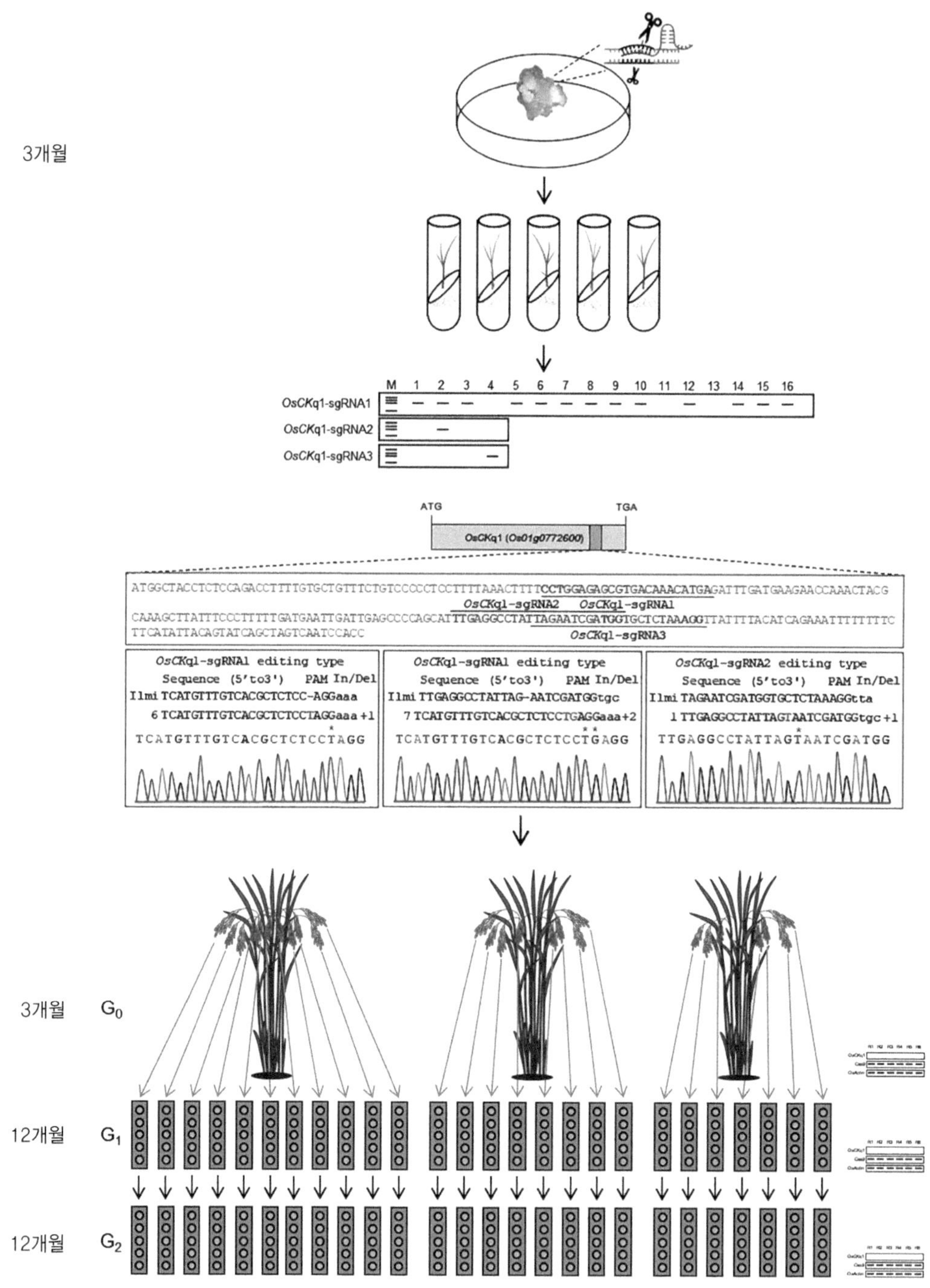

그림 9-3 벼에서 CRISPR/Cas9을 사용한 짧은 육종 주기 전략의 개략도

* 아그로박테리움 매개 형질전환을 이용하여 벼 캘러스로부터 재분화 식물체를 얻었다. 재생 식물에서 교정된 라인은 T-DNA 삽입 및 시퀀싱을 통해 선별했다. G_0 벼에서 각 분얼마다 서로 다른 계통번호를 부여했다. G_1 벼를 일수일렬법을 사용하여 논에 전개했다. G_2 종자는 현장에서 대량으로 수확되었다.

CRISPR/Cas9 기술의 SDN1의 일부분의 시퀀스를 제거하여 돌연변이를 만들면 목표로 했던 유전자의 기능을 확인할 수 있는 이점으로 훌륭한 예를 들 수 있다. 벼 개화 억제 관련 유전자의 게놈 유전자 편집을 통해 조생벼 품종이 육종되고 있다. 그러나 조생벼 품종은 만생 벼 품종보다 영양 생장 기간이 짧아 궁극적으로 수량이 감소할 수 있다.

이러한 현상은 쌀 수량 확보에 대한 기대치를 충족시키지 못한다. *OsCK*q1-G_2(*Oryza sativa* casein kinase I protein, 벼 개화 억제 관련 유전자) 계통에서는 출수기를 제외한 주요 농업 형질의 표현형이 일미와 같거나 개선되어 일미보다 수량이 증가하였다. 벼 개화 억제 관련 유전자는 초기 벼의 영양 생장 발달에 이바지할 수 있으며, 식량안보와 기아 제로화를 위한 해결책으로 제시될 수 있음을 시사한다.

제3절 유전자 편집 실험과정

확인된 편집 세포주를 얻기 위해 CRISPR 기전을 사용하는 유전자 편집 실험과정에는 다양한 단계가 있다. 올바른 도구를 사용하여 이러한 단계를 효과적으로 최적화하면 다양한 과학적 발전의 시간, 노력, 비용을 줄이는 효율적인 과정에 이바지한다. 이 접근 방식은 연구·개발을 가속하고, 신약 개발, 질병 치료, 유전자 변형 작물 생산 등의 혁신을 돕는다. 우리는 전 세계 과학 공동체가 유전자 편집을 통해 노력의 결실을 얻을 수 있도록 지원하고자 관련된 단계와 효과적인 솔루션에 대해 간단하게 정의한다. 먼 훗날 그 과정이 발전하면 방식은 조금 바뀌지만, 기본적인 실험적인 방법은 비슷할 것으로 판단된다.

게놈 편집을 위한 CRISPR/Cas9 벡터를 구성한다(그림 9-4). 선택된 sgRNA를 합성한 후 정방향 및 역방향 sgRNA의 100p mole 용액을 준비하였다. 그 후, T4 리가아제 완충액 5㎕, 정방향 및 역방향 sgRNA 각각 5㎕, 증류수(DW) 35㎕를 함유하는 50㎕ 반응 혼합 용액을 제조하였다. 이 혼합 용액을 37℃에서 30분, 94℃에서 5분 동안 가열한 후 28초 간격으로 1℃씩 30℃까지 점차 온도를 낮춘 후 10℃에서 10분 동안 처리하였다. 이중 가닥 sgRNA 조각을 합성한다.

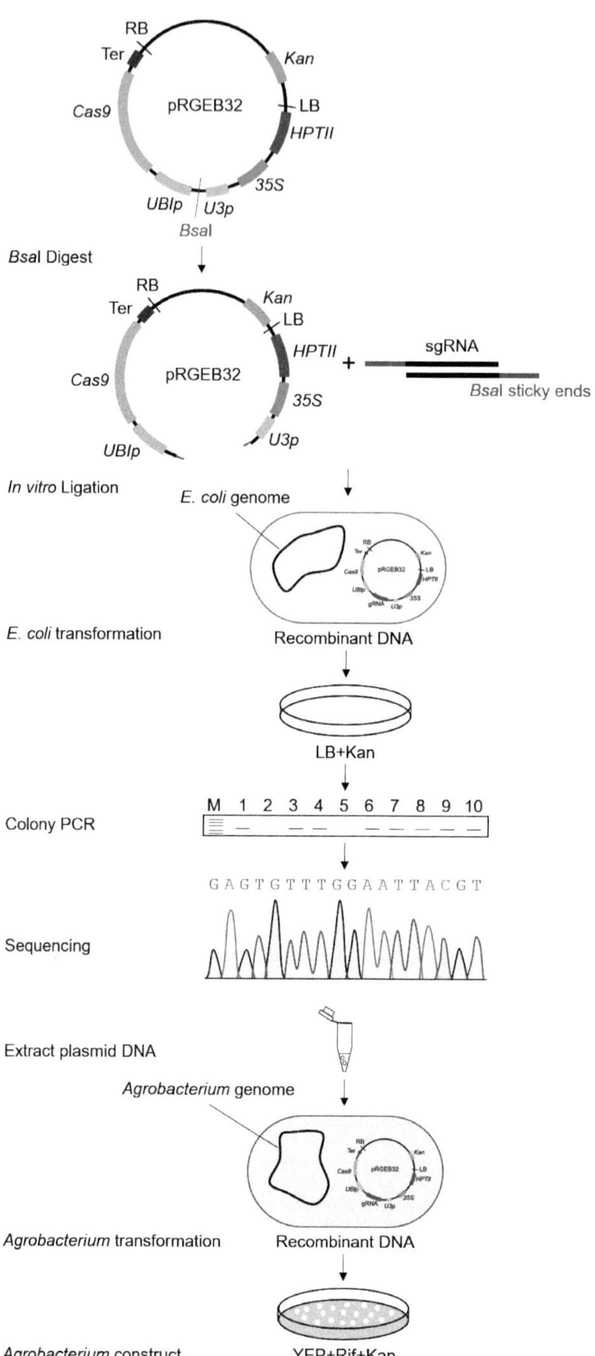

그림 9-4 벼의 게놈 편집을 위한 CRISPR/Cas9 벡터의 구성

* pRGEB32의 BsaI 제한 효소 부위에 sgRNA를 삽입하였다. BsaI 처리로 인해 스티커엔드(sticky end)가 형성되기 때문에 gRNA는 스티커엔드에 상보적인 서열을 포함하도록 설계하여 특이적으로 연결하였다. 재조합 플라스미드를 대장균으로 형질전환하고 카나마이신을 포함하는 LB 배지에서 배양하였다.

이 sgRNA를 얻은 후 3㎕의 BsaI 및 3㎕의 1X CutSmart 버퍼(NEB)를 1μg pRGEB32 벡터 및 DW에 최종 부피 30㎕로 추가하고 이 혼합물을 37℃에서 1시간 30분 동안 가열했다. 이중 가닥 sgRNA와 *BsaI*으로 절단된 pRGEB32 벡터의 연결을 위해 이중 가닥 gRNA 2㎕, T4 리가아제 완충액 1㎕, T4 리가아제 1㎕ 및 pRGEB32 벡터 10ng을 포함하는 혼합물을 사용했다. 16℃에서 3시간 동안 배양한 DW를 사용하여 최종 부피 10㎕로 만들었다.

이 반응 용액을 대장균(*Escherichia coli*) 세포에 도입한 후, 이 세포를 고체 루리아-베르타니(Luria-Bertani, LB) 배지에 도포하고 암실에서 37°C에서 16시간 동안 카나마이신이 포함된 액체 LB 배지에서 배양하였다. sgRNA 삽입을 확인하기 위해, 플레이트 콜로니를 사용하여 카나마이신이 포함된 액체 LB 배지를 접종하고 37℃에서 16시간 동안 배양했다. 그 후, 단일 콜로니에서 플라스미드 DNA를 추출하여 시퀀싱하였다. 시퀀싱 결과를 바탕으로 sgRNA가 삽입된 플라스미드를 선택하여 *Agrobacterium tumefaciens*에 형질전환하여 사용하였다.

콜로니 PCR과 시퀀싱을 통해 sgRNA가 정확히 삽입된 플라스미드 DNA를 선별하여 아그로박테리움(*Agrobacterium*)으로 형질 전환한다. 형질 전환된 아그로박테리움을 리팜피신 및 카나마이신 포함된 YEP 배지에서 배양하였다.

제4절. 유전자교정 기술을 이용한 작물 육성 및 실용화

미국 농무부(USDA-APHIS)는 2011년부터 운영하는 'Am I Regulated?'라는 온라인 질의 절차를 통해 유전자가위 기술 등을 통해 육성된 제품의 규제대상 여부 관련 문의들에 대한 답변을 제공하고 있으며, 유전자교정 식물의 최종산물에 삽입 유전물질(foreign gene)이 존재하지 않는 등의 상황에 해당하는 개체는 규제대상이 아니라고(not to be regulated) 결정하고 있다(USDA-APHIS 2019). 2014년 이후 2019년 4월 현재까지 규제대상이 아닌 것으로 답변한 유전자교정 식물은 약 24건에 달한다(표 9-2). 최종산물에 삽입 유전물질이 존재하지 않는 경우 이외에도 이미 해당 식물의 유전자은행에 존재하는 서열을 도입하거나 표적 서열을 단순 제거한 경우 등도 미국 농무부의 규제 범위에서 제외될 수 있다. 'Am I Regulated?'의 공개된 정보(표 9-2)에 따르면, 현재까지 미국에서는 CRISPR, TALEN 등 유전자교정 기술을 적용한 다양한 작물들이 육성되고 있다.

예를 들어, 펜실베이니아 주립대학(Pennsylvania State University)의 갈변 방지 양송이, 듀폰–파이오니어 사(DuPont Pioneer Co.)의 찰옥수수, 잎마름병(Northern Leaf Blight) 저항성 옥수수, 플로리다 대학(University of Florida)의 수확성 개선 토마토, 미국 농무부 농업연구센터(USDA–ARS)의 가뭄 저항성/내염성 대두 등은 CRISPR 기술을 적용하여 육성한 것이며, 칼릭스트 사[셀렉티스(Cellectis) 자회사]의 고올레산 대두, 흰가루병 저항성 밀, 갈변 방지 감자, 영양성 개선 알팔파, 아이오와 주립대(Iowa State University)의 병 저항성 벼, 심플롯(Simplot) 사의 흑변 감소 감자 등은 TALEN 기술을 적용하여 육성한 것이다.

이외, 아그리비다(Agrivida) 사의 전분 함량 증대 옥수수와 노스캐롤라이나 주립대학(North Carolina State University)의 니코틴 함량 저감 담배는 메가뉴클레아제(Meganuclease) 기술로써 큰 인식 부위를 특징으로 하는 엔도데옥시리보뉴클레아제이며, 결과적으로 이 사이트는 일반적으로 주어진 게놈에서 한 번만 발생하는 원리를 적용한 것이다.

우리와 같은 주요 곡물 수입국인 일본도 유전자교정기술을 이용한 작물의 육성 및 생산성 향상을 위해 연구를 진행하고 있다(표 9-3). 일본에서는 주로 국가연구소와 대학의 연구기관에서 연구가 이루어지고 있으며, 현재 CRISPR를 이용한 벼와 토마토, 그리고 TALEN을 이용한 감자가 실용화 단계에 접근하고 있다.

표 9-2 미국 농무부(USDA)가 규제 범위를 벗어난 것으로 간주한 유전자 교정 작물 (2019년 4월 기준)[z]

개발 연도	기관	식물	의도된 형질	기술
2019/4/19	일리노이 주립대학교	말냉이	"미공개"	크리스퍼
2019/2/25	막스 플랑크 협회	코요테 담배	과즙 조성 수정	크리스퍼
2019/2/8	인트렉손	상추	"미공개"	"미공개"
2018/9/27	일드10 바이오사이언스	양구슬냉이	"미공개"	크리스퍼
2018/8/6	일리노이 주립대학교	말냉이	"미공개"	크리스퍼
2018/5/14	플로리다 대학교	토마토	꽃자루 탈리층이 없는 과실	크리스퍼
2018/3/20	칼릭스트	밀	영양 강화	탈렌
2018/3/19	벤슨 힐 바이오시스템	옥수수	수확량 증가	"미공개"
2018/1/16	듀폰 파이오니어	옥수수	북부 잎마름병 저항성 개선	크리스퍼
2017/12/29	노스캐롤라이나 주립대학교	담배	니코틴 수준 감소	메가뉴클레이즈
2017/10/16	미국 농무부 농업연구청	콩	가뭄과 염분 저항성	크리스퍼
2017/9/25	칼릭스트	알팔파	영양 품질	탈렌
2017/8/29	일드10 바이오사이언스	카멜리나	"미공개"	크리스퍼
2017/4/7	도널드 댄포스 식물과학센터	강아지풀	개화시기 지연	크리스퍼
2016/12/2	심플로트	감자	PPO5 단백질 감소	탈렌
2016/9/15	칼릭스트	감자	PPO 제거	탈렌
2016/4/18	듀폰 파이오니어	옥수수	밀랍 전분	크리스퍼
2016/4/13	펜실베이니아 주립대학교	양송이버섯	갈변 방지	크리스퍼
2016/2/11	칼릭스트	밀	흰가루병 저항성	탈렌
2015/11/30	아그리비다	옥수수	전분 증가	메가뉴클레이즈
2015/5/22	아이오와 주립대학교	벼	내병성	탈렌
2015/5/20	셀렉티스	콩	올레산 고함량	탈렌
2014/8/28	셀렉티스	감자	"미공개"	탈렌
2012/3/8	다우 아그로사이언스	옥수수	피트산염 감소	징크핑거

[z]미국 농무부(USDA)가 유기체 도입에 관한 규정에 따라 규제되는 것으로 간주하지 않는 제품 및 유전공학을 통해 변경되거나 생산된 제품이다.

표 9-3 일본에서 육성 중인 것으로 알려진 유전자교정 작물 (2019년 4월 기준)

기관	작물	개발 목적	적용 기술
농업·식품 산업기술종합 연구 기구	벼	수확량 증가	크리스퍼
쓰쿠바 대학	토마토	감마 아미노뷰티르산 생산 증가	크리스퍼
오사카 대학	감자	스테로이드성 글리코알칼로이드 수치 감소	탈렌

표 9-4 유전자 편집(GMO) 작물에 대한 육성 여부(YES/NO) (2019년 4월 기준)

항목	국가	기관	이종의 DNA 서열 없음				이종 DNA 삽입
			대상 삭제	대상 편집	무효 분리	대상 삽입	
정책명	아르헨티나	아르헨티나 농림수산부	No	No	No	Yes	Yes
	칠레	칠레 농축산청(SAG)	No	No	No	Yes	Yes
	브라질	국가 생물안전 기술위원회 (CTNBio)	No	No	No	Yes	Yes
	콜롬비아	콜롬비아 농업연구소(ICA)	No	No	No	Yes	Yes
	일본	일본 환경성	No	No	No	미공개	Yes
		일본 후생노동성	No	No	No	미공개	Yes
	이스라엘	유전자 편집 작물에 대한 이스라엘 국립위원회	No	No	No	Yes	Yes
	미국	미국농무부[z]	No	No	No	No	No
	캐나다	캐나다 식품 검사국 및 캐나다 보건국	캐나다는 새롭게 유발된 위험 기반 규제 접근 방식을 따름				
법령 해석[y]	유럽연합	유럽 사법재판소	Yes	Yes	미공개	Yes	Yes
	뉴질랜드	뉴질랜드 고등법원	Yes	Yes	Yes	Yes	Yes
심의중	호주	유전자기술규제국	No	Yes	No	Yes	Yes
	온두라스	농식품 보건 및 안전을 위한 국가 서비스	No	No	No	Yes	Yes

[z] 식물 해충이 공여자, 수용자, 또는 벡터 유전자로 관여하지 않는 경우이다.
[y] 기존 규정의 법적 해석. 실질적 정책 논의가 미래에 시작될 수 있다.

유전자교정 작물의 개발 및 실용화 과정 사례 2018년 세계 최초로 상업적 재배가 시작된 유전자교정 작물인 고올레산 대두를 육성한 칼릭스트(Calyxt) 사는 TALEN을 기술적 기반으로 하여 2010년 창업한 NASDAQ 등록 기업으로서, 비교적 신생기업임에도 불구하고 연구개발 투자를 기반으로 하여 상당히 다양한 연구개발 파이프라인(pipeline)을 진행하고 있다(그림 9-6). 칼릭스트 사의 연구개발 파이프라인(pipeline)은 소비자 편익 증진을 위한 형질 군(고올레산 대두, 저온 저장 가능한 감자 등) 및 농민편익 증진을 위한 형질 군(흰가루병 내성 밀)으로 크게 나뉜다. 칼릭스트 사가 공개한 유전자교정 형질과 작물 육성 과정에는 관심 있는 유전자(genes of interest)를 동정하는 발견(Discovery) 과정 이외 3단계(단계(Phase) I, II, III)로 분류된 절차가 포함된다(그림 9-6). 단계 I에는 유전자가위 기술을 적용하여 관심 있는 유전자에서 원했던 교정이 이뤄진 종자를 생산한다. 이들 종자는 단계 II에서 형질 검증(trait validation)하는데, 이를 위해 표현형 및 성분 기능 확인을 위해 검정한다.

또한, 이 단계에서 미국 농무부(USDA)로부터 해당 제품이 규제 대상이 아니라는 것을 확인받은 후에 복수 시험지역에서 포장시험을 반복 시행한다. 단계 III에 상업적 규모로 첫 파일럿 생산하고, 공급망과 재고 처리망 구축을 시작하며, 상품성 시험(customer testing)을 시행한다. 이러한 유전자교정 작물 개육성 기술은 관행 육종은 물론 GMO 육성에 비해 빠르고 정확하며 경제적이라는 장점이 있다(그림 9-6).

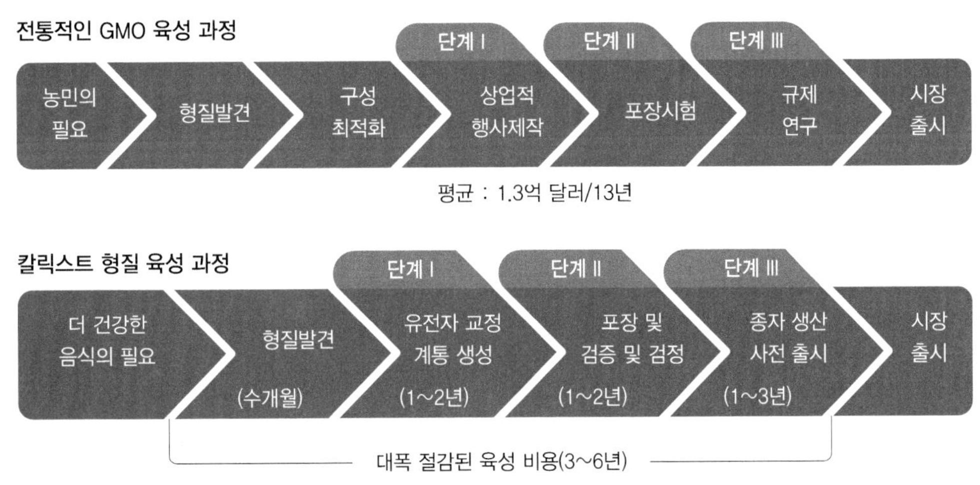

그림 9-6 유전자 변형작물(GMO)과 유전자교정 작물(칼릭스트)의 육성 과정 비교.
* 출처: www.calyxt.com/technology/comparison-of-crop-development-processes-traditional-vs-calyxt/

칼릭스트 사의 상용화 모델의 예로서 2019년 상업화된 TALEN으로 육성한 고올레산 대두의 경우에는 현재까지 유전자교정 작물에 대한 정책이 수립되지 않은 국가들이 있으므로, 해당 산물의 유통 및 소비가 미국으로 한정될 수 있도록 '종자 생산-재배-가공-유통' 과정을 일반

농산물과 구분하여 관리하는 폐쇄루프(closed-loop) 시스템을 적용하고 있는 것으로 알려져 있는데, 고올레산 대두 등 소위 '특산품(specialty product)'의 경우에는 세계 주요국들이 신육종 기술 산물을 GMO 규제에서 제외하는 정책을 수립하더라도 산물의 순도 유지를 위하여 일반 품목의 혼입을 방지해야만 할 것이므로, 폐쇄루프(closed-loop) 시스템의 유지는 불가피할 것이다. 이러한 칼릭스트 사에 의한 세계 최초 유전자교정 농작물의 성공적 상업화는 유전자교정 기술에 대한 미국의 과학에 기반한 적극적 정책 수립에 의한 것으로 분석되고 있다. 현재 전 세계 모든 국가가 유전자교정 기술로 육성된 작물에 대한 정책을 마련한 것이 아니지만, 유전자 교정된 식물을 GMO 규제에서 제외하는 정책을 수립하는 사례가 증가하고 있다.

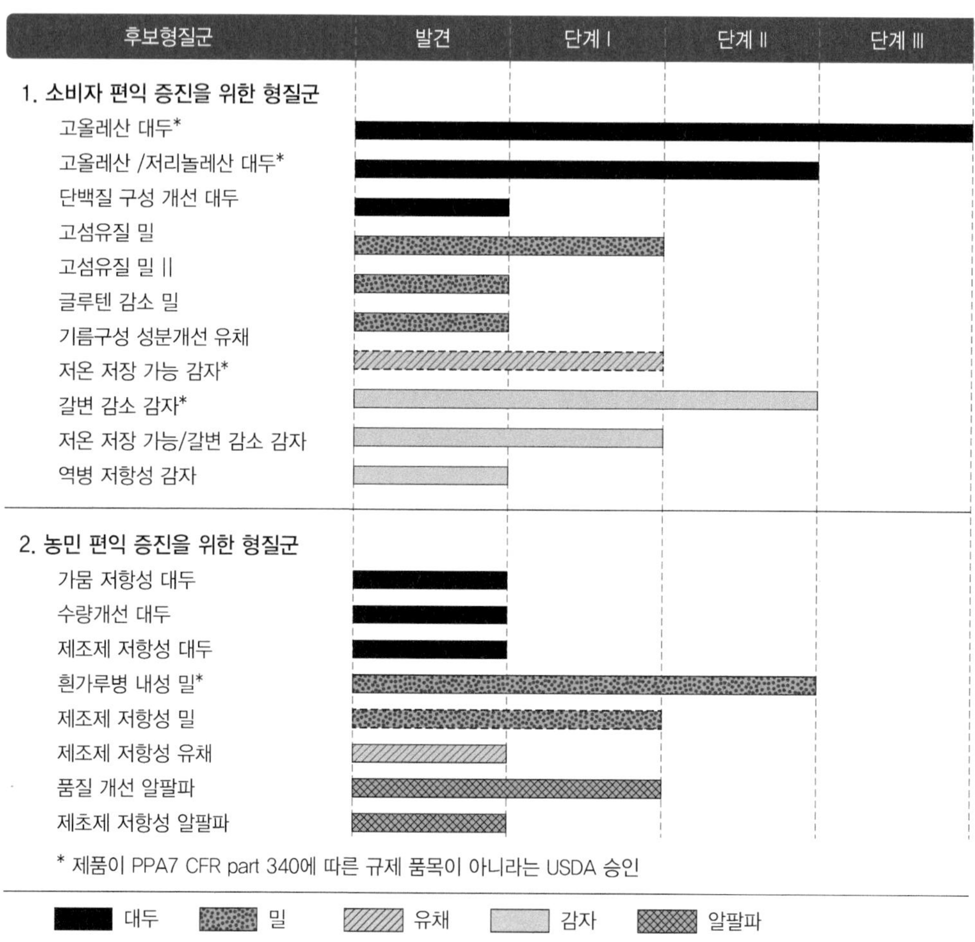

그림 9-6 칼릭스트 사 제품의 파이프라인(출처: www.calyxt.com/products/)

제10장 종합적인 식물육종 전략

인구증가, 세계 식량 공급과 농산업의 유지는 세계 2차대전 후 개발도상국에서 식량 생산의 증가를 위하여 전통적인 농법에 의한 경작지의 증가로 이루어져 왔다. 이런 결과로 1960년대 모든 경작지에서 농산물이 쏟아져 나왔다. 농업생산에 있어서는 제한적인 성장에 반해 인구는 급속도로 증가하여 아시아, 라틴 아메리카, 아프리카 등의 개발도상국들은 종종 기근을 맞이하게 되었다. 대량 기아의 위협은 멕시코에 있는 국제밀연구소(Centro Internacional de Mejoramiento de Maíz y Trigo, International Maize and Wheat Improvement Center, CIMMYT)와 필리핀에 있는 국제미작연구소(International Rice Research Institute, IRRI) 연구소에 관심을 두고 있다. 식물 육종가는 밀과 벼에서 있어서 다수확, 준단간 품종을 육성하는데, 신경을 쓰고 있으며, 열대지방의 국가들은 비료와 해충과 함께 현대적인 농업 기술을 육성하고 있다. 이런 노력을 통해 우리가 알다시피 녹색혁명이란 말과 더불어 1972년과 1982년 사이 농산물은 25% 더 증가하였다.

우리나라도 국제미작연구소(IRRI)와 협력으로 당시 통일벼를 육성하여 쌀의 자급자족 시대를 여는 계기가 되었다. 심지어 이 동안 개발도상국에는 벼의 수량이 33%까지 증가하였다. 산업국가조차도 평균 18% 증가하였다. 여기까지만 해도 많은 국가에서는 국내 수요뿐만 아니라 수출 기회까지 얻었으며 잉여농산물은 저장을 하고 남아돌기까지 하게 되었다.

그림 10-1 필리핀에 있는 국제미작연구소에서 벼의 특성을 조사하고 있는 모습
출처: IRRI 홈페이지 www.irri.org/our-solutions/irri-bio-innovation-center

부록

1. 참고문헌

Addieni Zulfa Karimah, Tri Agus Siswoyo, Kyung Min Kim, Mohammad Ubaidillah. 20210101. Genetic Diversity of Rice Germplasm(Oryza sativa L.) of Java island, Indonesia. Journal of Crop Science and Biotechnology 24(1):93-101.

Agaba Kayihura Fred, Gilang Kiswara, Gihwan Yi, Kyung-Min Kim. 20160528. Screening rice cultivars for resistance to bacterial leaf blight. Journal of Microbiology and Biotechnology 26(5):938-945.

Anisa Maharani, Wahyu Indra Duwi Fanata, Faida Nur Laeli, Kyung-Min Kim, Tri Handoyo. 20200101. Callus induction and regeneration from anther cultures of Indonesian indica black rice cultivar. Journal of Crop Science and Biotechnology 23(1):21-28.

A-Ra Cho, Dong-Kil Lee, Kyung-Min Kim. 20150630. High-frequency plant regeneration from transgenic rice expressing Arabidopsis thaliana Bax Inhibitor(AtBI-1) tissue cultures. Journal of Plant Biotechnology 42(2):83-87.

Arcade A, Anselin F, Faivre RP, Lesage MC, Paques LE, Prat D, Application of AFLP, RAPD and ISSR markers to genetic mapping of European and Japanese larch, Theor. Appl. Genet., 2000, 100: 299–307.

Arjun Adhikari, Ko-Eun Lee, Muhammad Aaqil Khan, Sang-Mo Kang, Bishnu Adhikari, Muhammad Imran, Rahmatullah Jan, Kyung-Min Kim, In-Jung Lee. 20200130. Effect of silicate and phosphate solubilizing rhizobacterium Enterobacter ludwigii GAK2 on Oryza sativa L. under cadmium stress. Journal of Microbiology and Biotechnology 30(1):118-126.

Babu R, Nair SK, Prasanna BM, Gupta HS, Integrating marker assisted selection in crop breeding – Prospects and challenges, Curr. Sci., 2004, 87: 607-619.

Barnason and Fry, pers.comm.

Basoran et al. 1987. Plant Cell Rep 6,396.

Beckmann J, Soller M, Restriction fragment length polymorphisms in plant genetic improvement, Oxford Surveys of Plant Mol. Biol. Cell Biol., 1986, 3: 197–250.

Bong-Gyu Mun, Chan-Ju Lee, Adil Hussain, Gang Sub Lee, Sang-Uk Lee, Kyung-Min Kim, Byung-Wook Yun. 20170201. High-throughput screening of rice for nitrosative-stress response and the identification of effective pH range for nitric oxide donor S-Nitrocysteine. International Journal of Agriculture and Biology 19(1):41-47.

Burr B, Burr FA, Thompson KH, Albertson MC, Stuber CW, Gene mapping with recombinant inbreds in maize, Genetics, 1988, 118: 519-526.

Byung-Wook Yun, Min-Gyu Kim, Tri Handoyo, Kyung-Min Kim. 20140124. Analysis of rice grain quality-associated quantitative trait loci by using genetic mapping. American Journal of Plant Sciences 5(9):1125-1132.

Caltlin et al. 1988. Plant Cell Report 8,100.

Calyxt. 2019a. First commercial sale of Calyxt high Oleic Soybean oil on the U.S. market. http://www.calyxt.com/first-commercial-sale -of-calyxt-high-oleic-soybean-oil-on-theçu-s-market/.

Calyxt. 2019b. Product overview. https://www.calyxt.com/products/.

Calyxt. 2019c. Calyxt Trait Development process vs. traditional trait development. https://www.calyxt.com/technology/comparison-of -crop-development-processes-traditional-vs-calyxt/.

Capecchi, M. R. (2005). Gene targeting in mice: functional analysis of the mammalian genome for the twenty-first century. Nat Rev Genet, 6(6), 507-512. doi:10.1038/nrg1619.

Cato S, Gardner R, Kent J, Richardson T, A rapid PCR based method for genetically mapping ESTs, Theor Appl Genet, 2001, 102: 296–306.

Chalmers KJ et al., Construction of three linkage maps in bread wheat, Triticum aestivum, Aus. J. Agr. Res., 2001, 52:1089–1119.

Chen K, Wang Y, Zhang R, Zhang H, Gao C. 2019. CRISPR/Cas Genome Editing and precision plant breeding in agriculture. Annu Rev Plant Biol 70: 667-697.

Collard BCY, Pang ECK, Taylor PWJ, Selection of wild Cicer accessions for the generation of mapping populations segregating for resistance to ascochyta blight, Euphytica, 2003, 130: 1–9.

Court of Justice of the European Union. 2018. Organisms obtained by mutagenesis are GMOs and are, in principle, subject to the obligations laid down by the GMO Directive. Press Release No 111/18.

Dan-Dan Zhao, Jae-Ryoung Park, Yoon-Hee Jang, Eun-Gyeong Kim, Xiao-Xuan Du, Muhammad Farooq, Byeong-Ju Yun, Kyung-Min Kim. 20220217. Identification of one major QTL and candidate genes associated with tiller number in rice using QTL analysis. Plants 2022.

Dan-Dan Zhao, Ju Hyeong Son, Muhammad Farooq, Kyung-Min Kim. 20210705. Identification of candidate gene for internode length in rice to enhance resistance to lodging using QTL analysis. Plants 2021,10,1369.

Dan-Dan Zhao, Ju-Hyeong Son, Gang-Seob Lee, Kyung-Min Kim. 2021021다. Screening for a novel gene, OsPSLSq6, using QTL analysis for lodging resistance in rice. Agronomy 2021:11(2):334.

Daniel Dooyum Uyeh, Senorpe Asem-Hiablie, Tusan Park, Kyung-Min Kim, Alexey Mikhaylov, Seungmin Woo, Yushin Ha. 20210812. Could japonica rice be an alternative variety for increased global food security and climate change mitigation?. Foods 2021,10(8):1869.

Datta et al. 1990. Bio/Technology 8,736.

David et al. 1984. Bio/Technology 2,73.

David, Tempé. 1988. Plant Cell Rep 7,88.

De Block et al. 1984. EMBO J 31,681.

De la Peña et al. 1987. Nature 325,274.

Deak et al. 1986. Plant Cell Rep 5,97.

Defense gene expression and phenotypic changes of rice(Oryza sativa L.) at the reproductive stage in response to whitebacked planthopper(Sogatella furcifera Horvath) infestation. Cereal Research Communications 45(3):456-465.

Demeke T, Sasikumar B, Hucl P, Chibbar RN, Random amplified polymorphic DNA (RAPD) in cereal improvement, Maydica, 1997, 42: 133–142.

Dempewolf H, Baute G, Anderson J, Kilian B, Smith C, Guarino L. 2017. Past and future use of wild relatives in crop breeding. Crop Sci 57: 1070-1082.

Dhingani RM, Umrania VV, Tomar RS, Parakhia MV, Golakiya BA, Introduction to QTL mapping in plant. Annals of Plant Sciences, 2015, 4 (04), 1072-1079.

Dirlewanger E, Pronier V, Parvery C, Rothan C, Guye A, Monet R, Genetic linkage map of peach (Prunuspersica L. Batsch) using morphological and molecular markers, Theor. Appl. Genet., 1998, 97: 888–895.

Dong Won Jeon, Jae-Ryoung Park, Eun-Gyeong Kim, Yoon-Hee Jang, Kyung-Min Kima. 2021062. Safety vertification through assessment of major anxiety factors of GM rice such as morphology, hereditary nature, and rice quality. Environmental Sciences Europe(2021)33:73.

Ester Bruno, Yun-Sik Choi, Il Kyung Chung, Kyung-Min Kim. 20170301. QTLs and analysis of the candidate gene for amylose, protein, and moisture content in rice(Oryza sativa L.). 3 Biotech 7(1):40.

Eun-Gyeong Kim, Sopheap Yun, Jae-Ryoung Park, Kyung-Min Kim. 20210102. Identification of F3H, a major secondary metabolite-related gene that confers resistance against whitebacked planthopper through QTL mapping in rice. Plants 2021,10(1),81.

Eun-Gyeong Kim, Sopheap Yun, Jae-Ryoung Park, Yoon-Hee Jang, Muhammad Farooq, Byoung-Ju Yun, Kyung-Min Kim. 20220128. Bio-efficacy of Chrysoeriol7, a natural chemical and repellent, against brown planthopper in rice. International Journal of Molecular Sciences 2022,23(3),1540.

Evertte et al. 1987. Bio/Technology 5,1201.

Fika Ayu Safitri, Mohammad Ubaidillah, Kyung-Min Kim. 20160331. Efficiency of transformation mediated by *Agrobacterium* tumefaciens using vacuum infiltration in rice(Oryza sativa L.). Journal of Plant Biotechnology 43(1):66-75.

Fika Ayu Safitri, Mohammad Ubaidillah, Miswar, Kyung-Min Kim. 20130131. Response explants calli rice(Oryza sativa L) Japonica cv. Ilmi on gene transformation treatment using *Agrobacterium* tumefaciens-mediated. American Journal of Plant Sciences 4(4):838-843.

Fillatti et al. 1987. Mol Gen Genet 206,192.

Firoozabady et al. 1987. Plant Mol Bil 10,105.

Fritsche S, Poovaiah C, MacRae E, Thorlby G. 2018. A new zealand perspective on the application and regulation of gene editing. Front Plant Sci 9: 1323.

Fry et al. 1987. Plant Cell Rep 6,321.

Gardiner J, Coe E, Melia-Hancock S, Hoisington D, Chao S, Development of a core RFLP map in maize using an immortalized F2 population, Genetics, 1993, 134: 917–930.

George MLC, Prasanna BM, Rathore RS, Setty TAS, Kasim F, Azrai M, Vasal S, Balla O, Hautea D, Canama A, Regalado E, Vargas M, Khairallah M, Jeffers D, Hoisington D, Identification of QTLs conferring resistance to downy mildews of maize in Asia, Theor. Appl. Genet., 2003, 107: 544–551.

Gi Hwan Yi, Hyun-Suk Lee, Kyung-Min Kim. 20150501. Improved marker-assisted selection efficiency of multi-resistance in doubled haploid rice plants. Euphytica 203(2):421-428.

Giese H, Holm-Jensen AG, Jensen HP, Jensen J, Localization of the laevigatum powdery mildew resistance gene to barley chromosome 2 by the use of RFLP markers, Theor Appl Genet, 1993, 85:897–900.

Gi-hwan Yi, Hyun-Suk Lee, Jae-Keun Sohn, Kyung-Min Kim. 20120107. Physico-chemical properties of Arabidopsis Ca2+/H+ antiporter, CAX1, transgenic rice grain. Bioscience Research 9(1):8-16.

Gihwan Yi, Kyung-Min Kim, Jae-Keun Sohn. 20130630. Use of androgenesis in haploid breeding. Current Research on Agriculture and Life Sciences 31(2):75-82.

GihwanYi, Kyung-Min Kim. 20130529. Analysis of low amylose and processability fractured endosperms derived from somatic variation. Food and Nutrition Sciences 4(6A):21-27.

Gilang Kiswara, Jong-Hee Lee, Yeon-Jae Hur, Jun-Hyeon Cho, Ji-Yoon Lee, Sang-Yeol Kim, Yeong-Bo Sohn, You-Chun Song, Min-Hee Nam, Byung-Wook Yun, Kyung-Min Kim. 20140114. Genetic analysis and molecular mapping of low amylose gene du12(t) in Rice(Oryza sativa L.). Theoretical and Applied Genetics 127(1):51-57.

Glover KD, et al., Near isogenic lines confirms a soybean cyst nematode resistance gene from PI 88788 on linkage group, J. Crop Sci, 2004, 44: 936–941.

Gordon-Kamm et al. 1990. Plant Cell 2,603.

Graner A, Tekauz A, RFLP mapping in barley of a dominant gene conferring resistance to scald (Rhynchosporium secalis), Theor Appl Genet, 1996, 93:421—425.

Gyu Hwan Park, Jin-Hee Kim, Kyung-Min Kim. 20140401. QTL analysis of yield components in rice using a Cheongcheong/Nagdong doubled haploid genetic map. American Journal of Plant Sciences 5(9):1174-1180.

Gyu-Ho Lee, Byung-Wook Yun, Kyung-Min Kim. 20141001. Analysis of QTLs associated with the rice quality related gene by double haploid populations. International Journal of Genomics 2014,781832.

Gyu-Ho Lee, In-Kyu Kang, Kyung-Min Kim. 20160620. Mapping of novel QTL regulating grain shattering using doubled haploid population in rice(Oryza sativa L.). International Journal of Genomics 2016,2128010.

Hak Yoon Kim, Kyung-Min Kim. 20160229. Mapping of grain alkali digestion trait using a Cheongcheong/Nagdong doubled haploid population in rice. Journal of Plant Biotechnology 43(1):76-81.

Hasina Khatun, Partha S. Biswas, Hung Goo Hwang, Kyung-Min Kim. 20160830. A quick and simple in-house screening protocol for cold-tolerance at seedling stage in rice. Plant Breeding and Biotechnology 4(3):373-378.

He P, Li JZ, Zheng XW, Shen LS, Lu CF, Chen Y, Zhu LH, Comparison of molecular linkage maps and agronomic trait loci between DH and RIL populations derived from the same rice cross, Crop Sci., 2001, 41: 1240-1246.

Helentjaris T, Slocum M, Wright S, Schaefer A, Nienhuis J, Construction of genetic linkage maps in maize and tomato using restriction fragment length polymorphisms, Theor. Appl. Genet., 1986, 72: 761-769.

Hernalsteems et al. 1984. EMBO J 3,3039.

Hinchee et al. 1988. Bio/Technology 6,915.

Hirofumi Uchimiya, Seiichi Fujii, Jirong Huang, Takaomi Fushimi, Masanori Nishioka, Kyung-Min Kim, Maki Kawai, Takamitsu Kurusu, Kazuyuki Kuchitsu, and Michito Tagawa. 20020201. Transgenic rice plants conferring increased tolerance to rice blast and multiple environmental stresses. Molecular Breeding 9(1):25-31.

Home Regina Wacera, Fika Ayu Safitri, Hyun-Suk Lee, Byung-Wook Yun, Kyung-Min Kim. 20150831. Genetic mapping of QTLs that control grain characteristics in rice(Oryza sativa L.). Journal of Life Science 25(8):925-931.

Horn et al. 1989. Plant Cell Rep 7,469.

Horsh et al. 1984. Science 223,496.

Horsh et al. 1984. Science 223,496.

HyeRee Kim, XiaoXuan Du, Sungwook Kim, Pilun Kim, Ruchire Eranga Wijesinghe, Byoung-Ju Yun, Kyung-Min Kim, Mansik Jeon, Jeehyun Kim. 2019052다. Non-invasive morphological characterization of rice leaf bulliform and aerenchyma cellular regions using low coherence interferometry. Applied Sciences 2019,9(10),2104.

Hyun-Suk Lee, Gi-Hwan Yi, Kyung-Min Kim. 20120930. Comparison of genetic safetly of transgenic rice in large-scale GM crop field. 생명과학회지 22(9):1173-1179.

Hyun-Suk Lee, Gihwan Yi, Kyung-Min Kim. 20150507. Stability of PAC(Psy-2A-CrtI) gene and agronomic traits in the F2:3 of IR36/PAC transgenic plants. Journal of Integrative Agriculture 14(6):1163-1170.

Hyun-Suk Lee, Kyung-Min Kim. 20130630. Compare of agriculture character of drought-tolerant GM in large GM field. Current Research on Agriculture and Life Sciences 31(2):124-130.

Innani Mukarromatus Sholehah, Didik Pudji Restanto, Kyung-Min Kim, Tri Handoyo. 20200301. Diversity, physicochemical, and structural properties of Indonesian aromatic rice cultivars. Journal of Crop Science and Biotechnology 23(2):171-180.

ISAAA Brief 53. 2017. Global Status of Commercialized Biotech/GM Crops in 2017.

Jae Keun Sohn, Jong Joon Lee, Yong Sham Kwon, Kyung Min Kim. 20020228. Varietal difference and inheritance of resistance to ozone stress in rice(Oryza sativa L.). SABRAO J Breeding and Genetics 34(2):65-71.

Jae-Ryoung Park, Dany Resolus, Kyung-Min Kim. 20210225. OsBRKq1, related grain size mapping, and identification of grain shape based on QTL mapping in rice. International Journal of Molecular Sciences 22(5):2289.

Jae-Ryoung Park, Eun-Gyeong Kim, Yoon-Hee Jang, Byoung-Ju Yun, Kyung-Min Kim. 20220208. Selection strategy for damping-off resistance gene by biotechnology in rice plant. Plant and Soil 2022.

Jae-Ryoung Park, Eun-Gyeong Kim, Yoon-Hee Jang, Kyung-Min Kim. 20210607. Screening and identification of genes affecting grain quality and spikelet fertility during high-temperature treatment in grain filling stage of rice. BMC Plant Biology(2021)21;263.

Jae-Ryoung Park, Eun-Gyeong Kim, Yoon-Hee Jang, Rahmatullah Jan, Muhammad Farooq, Mohammad Ubaidillah, Kyung-Min Kim. 20220202. CRISPR/Cas9-based genetic engineering for crop improvement under drought stress in rice plants. Frontier in Plant Science 2002.

Jae-Ryoung Park, Rahmatullah Jan, Seul-Gi Park, Tri Handoyo, Gang-Seob Lee, Sopheap Yun, Yoon-Hee Jang, Xiao Xuan Du, Taeho Lee, Jong-Sup Bae, Yong-Sham Kwon, Doh Hoon Kim, Kyung-Min Kim. 20211026. The QTL mapping of rice plant and the components of its extract confirmed the anti-inflammatory and platelet aggregation effects *In Vitro* and *In Vivo*. Antioxidants 2021,10(11),1691.

Jae-Ryoung Park, Sopheap Yun, Rahmatullah Jan, Kyung-Min Kim. 20201126. Screening and identification of brown planthopper resistance genes OsCM9 in rice. Agronomy 2020,10,1865.

Jae-Ryoung Park, Won-Tae Yang, Doh-Hoon Kim, Kyung-Min Kim. 20200822. Identification of a novel gene, Osbht, in response to high temperature tolerance at booting stage in rice. International Journal of Molecular Science 2020,21(16),5862.

Jae-Ryoung Park, Won-Tae Yang, Yong-Sham Kwon, Hyeon-Nam Kim, Kyung-Min Kim, Doh Hoon Kim. 20191104. Assessment of the genetic diversity of rice germplasms characterized by black-purple and red pericarp color using simple sequence repeat markers. Plants 2019,8(11),471.

James et al. 1989. Plant Cell Rep 7,658.

Jansen J, de Jong AG, Van Ooijen JW, Constructing dense genetic linkage maps, Theor. Appl. Genet., 2001, 102, 1113—1122.

Japan-MHLW. 2019. Sanitary handling of foods obtained using genome editing technology. Pharmaceutical Affairs, Food Sanitation Council Subcommittee Report.

Japan-MOE. 2019. Handling of organisms obtained by using genome editing technology that do not fall under "genetically modified organisms, etc." regulated by the Cartagena Act.

Jeong Hoon Min, Jin Soo Sim, Hyun-Suk Lee, Young-Hie Park, GyuHwan Park, Kyung-Min Kim. 20150630. Comparison of the efficiency to one-step and two-step anther culture in rice(Oryza sativa L.). Journal of Agriculture and Environmental Sciences 4(1):77-82.

Jeong-Gwan Ham, Hak Yoon Kim, Kyung-Min Kim. 20190518. QTL analysis related to the flag-leaf angle related with it gene in rice(Oryza sativa L.). Euphytica 215(6):107.

Jin-Hee Kim, Il Kyung Chung, Kyung-Min kim. 20171011. Construction of genetic map by EST-SSR markers and QTL analysis of major agronomic characters in hexaploid sweetpotato(Ipomoea batatas(L.) Lam). PLoS One 12(10):e0185073.

Jin-Hee Kim, Jun-Hoi Kim, Won-Sam Jo, Jung-Gwan Ham, Il Kyung Chung, Kyung-Min Kim. 20161017. Characterization and development of EST-SSR markers in sweetpotato [Ipomoea batatas(L.) Lam.]. 3 Biotech 6(2):243.

Jong-Chan Park, Youngchul Yoo, Hyemin Lim, Sopheap Yun, Kay Tha Ye Soe Win, Kyung-Min Kim, Gang-Seob Lee, Man-Ho Cho, Tae Hoon Lee, Hiroshi Sano, Sang-Won Lee. 20220130. Intracellular Ca2+ accumulation triggered by caffeine provokes resistance against a broad range of biotic stress in rice. Plant Cell and Environment 2022.

Jong-Won Kang, Rahmatullah Jan, Kyung-Min Kim. 20190704. Analysis of quantitative trait loci(QTLs) associated with wettability in rice(Oryza sativa L.). Euphytica 215(7):137.

Jordan and McHughen. 1988. Plant Cell Rep 7,281.

Jordan, McHughen. 1988. Plant Cell Rep 7,281.

Joung, J. K., & Sander, J. D. (2013). TALENs: a widely applicable technology for targeted genome editing. Nat Rev Mol Cell Biol, 14(1), 49-55. doi:10.1038/nrm3486.

Jun Hoi Kim, Hak Yoon Kim, Gang-Seob Lee, Kyung-Min Kim. 20170901. Agricultural safety assessment for the progeny of drought-tolerant Agb0103 GM rice. International Journal of Agriculture and Biology 19(6):1414-1420.

K.-M. Kim, Y.-H. Park, C. K. Kim, K. Hirschi, J.-K. Sohn. 20051031. Development of transgenic rice plants overexpressing the Arabidopsis H+/Ca2+antiporter CAX1 gene. Plant Cell Reports 23(10):678-682.

Khozim Maksal Mina, Bambang Sugiharto, Kyung-Min Kim, Mohammad Ubaidillah. 20180701. Introgression blast resistance gene(pita, pik-s, pib, piz-t, and pi54), and blight resistance gene(xa4 dan xa7) into transgenic plant 940302-2 golden rice through marker-assisted selection. Bioscience Research 15(3):2272-2285.

Ki-Deuk Bae, Tae-Young Um, Won-Tae Yang, Tae-Hyeon Park, So-Yeon Hong, Kyung-Min Kim, Young-Soo Chung, Dae-Jin Yun, Doh Hoon Kim. 20210201. Characterization of dwarf and narrow leaf(dnl-4) mutant in rice. Plant Signaling & Behavior 16(2):1849490.

Kim KM, Sohn JK, Chung IK. 19990630. Analysis of OPT8511RAPD fragments closely linked with cold sensitivity at seedling stage in rice(Oryza sativa L.). Mol Cells 10(4):382-385.

Klein et al. 1988. Proc Natl Acad Sci USA 85,8502.

Kleter GA, Kuiper HA, Kok EJ. 2019. Gene-edited crops: Towards a harmonized safety assessment. Trends Biotechnol 37: 443-447.

Kyung Min Kim, Gyu Hwan Park, Jin Ho Kim, Yong Sham Kwon, Jae Keun Sohn. 1990630. Selection of RAPD Marker for Growth of Seedlings at Low Temperature in Rice. Molecules and Cells 9(3):265-269.

Kyung-Min Kim, Chang-Hoon Kim, Yong-Sham Kwon, Jae-Keun Sohn. 20031201. QTL mapping and DNA marker selection associated with root growth of rice seedlings. Korean J Genetics 25(4):317-322.

Kyung-Min Kim, Yong-Sham Kwon, Jong-Jun Lee, Moo-Young Eun, Jae-Keun Sohn. 20031201. QTL mapping and associated marker selection for the resistance of rice to ozone. Molecules and Cells 17(1):151-155.

Köhler et al. 1987. EMBO J 6,313.

Lander, E. S. (2016). The Heroes of CRISPR. Cell, 164(1-2), 18-28. doi:10.1016/j.cell.2015.12.041.

Leitao Pedro Isabel, Jae-Ryoung Park, Gang Seob Lee, Gyu Hwan Park, Kyung-Min Kim. 20190911. Development of EST-SSR markers and analysis of genetic relationship it's resources in hexaploid oats. Journal of Crop Science and Biotechnology 22(3):243-251.

Lloyd et al. 1986. Science 234,464.

Manly KF, Cudmorejr RH, Meer JM, Map Manager QTX, crossplatform software for genetic mapping, Mamm. Genome, 2001, 12: 930–932.

Markert CL, Moller F, Multiple forms of enzymes: Tissue, ontogenetic and species specific patterns, Proc. Natl. Acad. Sci. USA, 1959, 45: 753-763.

McCabe et al. 1988. Bio/Technology 6,923.

McCormick et al. 1986. Plant Cell Rep 5,81.

McCouch SR, Doerge RW, QTL mapping in rice. Trends Genet, 1995, 11: 482–487.

McDougall P. 2011. The cost and time involved in the discovery, development and authorisation of a new plant biotechnology derived trait: A consultancy study for Crop Life International.

McGranahan et al. 1988. Bio/Technology 6,800.

Michelmore et al. 1987. Plant Cell Rep 6,439.

Michelmore R, Molecular approaches to manipulation of disease resistance genes, Annu Rev Phytopathol, 1995, 33: 393–427.

Mohammad Ubaidillah, Fika Ayu Safitri, Jun-Hyeon Jo, Sang-Kyu Lee, Adil Hussain, Bon-Gyu Mun, Il Kyung Chung, Byung-Wook Yun, Kyung-Min Kim. 20161112. Roles of plant hormones and anti-apoptosis genes during drought stress in rice(Oryza sativa L.). 3 Biotech 6(2):247.

Mohammad Ubaidillah, Fika Ayu Safitri, Sangkyu Lee, Gyu-Hwan Park, Kyung-Min Kim. 20150729. Alteration of plant hormones in transgenic rice(Oryza sativa L.) by overexpression of anti-apoptosis genes during salinity stress. Journal of Plant Biotechnology 42(3):168-179.

Mohammad Ubaidillah, Miswar Faperta, Kyung-Min Kim. 20190912. Identification of phytohormone changes and its related genes under abiotic stresses in transgenic rice. Biocell 43(3):215-224.

Mohan M et al., Genome mapping, molecular markers and marker-assisted selection in crop plants, Mol Breed, 1997, 3: 87–103.

Mohan M, Nair S, Bhagwat A, Krishna TG, Yano M, Genome mapping, molecular markers and marker-assisted selection in crop plants, Mol. Breed, 1997, 3: 87-103.

Moon-Tae Song, Kyung-Min Kim, Seung-Keun Jong, Jeom-Ho Lee, Youn-Sang Cho, Ja-Hwan Gu, Sang-Bok Lee, Seong-Ho Choi, Heung-Goo Hwang. 20031030. Comparison of DNA-based and pedigree-based gnetic similarity among Korean rice cultivars. Korean J Genetics 25(3):223-230.

Muhammad Aaqil khan, Sajjad Asaf, Abdul Latif Khan, Rahmatullah Jan, Sang-Mo Kang, Kyung Min Kim, In-Jung Lee. 20200908. Plant growth-promoting endophytic bacteria augment growth and salinity tolerance in rice plants Plant Biology 22(2020)850-862.

Muhammad Farooq, Jae-Ryoung Park, Yoon-Hee Jang, Eun-Gyeong Kim, Kyung-Min Kim. 2021081다. Rice cultivars under salt stress show differential expression of genes related to the regulation of Na+/K+ balance. Frontiers in Plant Science 12:680131.

Muhammad Farooq, Rahmatullah Jan, Kyung-Min Kim. 20201014. Gravistimulation effects on Oryza sativa amino acid profile, growth pattern and expression of OsPIN genes. Scientific Reports(2020)10:17303.

Muhammad Waqas, Raheem shehzad, Sajjad Asaf, Abdul Latif Khan, Sang-Mo Kang, Muhammad Hamayun, sopheap Yun, Kyung-Min Kim, In-Jung Lee. 20180126. Biochar amendment changes jasmonic acid levels in two rice varieties and alters their resistance to herbivory. PLoS One 13(1):e0191296.

Nafula Racheal, Jae-Ryoung Park, Dong Won Jeon, Kyung-Min Kim. 20200530. A comparison between the agricultural traits of GM and Non-GM rice in drought stress and non-stress conditions. Journal of Life Science 30(5):411-419.

Nair SK, Prasanna BM, Garg A, Rathore RS, Identification and validation of QTLs conferring resistance to sorghum downy mildew (Perono sclerospora sorghi) and Rajasthan downy mildew (P. heteropogoni) in maize, Theor. Appl. Genet., 2005, 110: 1384-1392.

Neuhaus et al. 1987. Theor Appl Genet 75,30.

Nkulu Kabange Rolly, Qari Muhammad Imran, Hyun-Ho Kim, Nay Chi Aye, Adil Hussain, Kyung-Min Kim, Byung-Wook Yun. 20201126. Pathogen-induced expression of OsDHODH1 suggests positive regulation of basal defense against Xanthomonas oryzae pv. Oryzae. Agriculture 2020,10,573.

Noda et al. 1987. Plant Cell Rep 6,283.

Nur Meili Zakiyah, Tri Handoyo, Kyung-Min Kim. 20190331. Genetic diversity analysis of Indonesian aromatic rice varieties(Oryza sativa L.) using RAPD. Journal of Crop Science and Biotechnology 22(1):55-63.

Ooms et al. 1987. Theor Appl Genet 73,744.

Pacher M, Puchta H. 2017. From classical mutagenesis to nuclease-based breeding-directing natural DNA repair for a natural end-product. Plant J 90: 819-833.

Park JH, Hong MY, Han JH. 2018. New plant breeding technique. KISTEP.

Park SH, Cho JL, Kim YS, Kim SM, Lim SM, Lee GS, Park SC. 2018. National program for developing biotech crops in Korea. Plant Breed Biotech 6: 171-176.

Paszkowski et al. 1984. EMBO J 3,2717.

Paterson AH, Making genetic maps. In: Paterson AH (ed.) Genome mapping in plants, San Diego, California: Academic Press, Austin, Texas, 1996, pp. 23–39.

Prado JR, Segers G, Voelker T, Carson D, Dobert R, Phillips J, Cook K, Cornejo C, Monken J, Grapes L, Reynolds T, Martino-Catt S. 2014. Genetically engineered crops: From idea to product. Annu Rev Plant Biol 65: 769-790.

Pua et al. 1987. Bio/Technology 5,815.

Pythoud et al. 1987. Bio/Technology 5,1323.

Qari Muhammad Imran, Muhammad Kamran, Shafiq Ur Rehman, Abdul Ghafoor, Noreen Falak, Kyung-Min Kim, In-Jung Lee, Byung-Wook Yun, Muhammad Jamil. 20160520. GA mediated OsZAT-12 expression improves salt resistance of rice. International Journal of Agriculture and Biology 18(2):330-336.

Rahmatullah Jan, Kim Nari, Seo-Ho Lee, Muhammad Aaqil Khan, Sajjad Asaf, Lubna, Jae-Ryoung Park, Saleem Asif, In-Jung Lee, Kyung-Min Kim. 20211221. Enhanced flavonoid accumulation reduces combined salt and heat stress through regulation of transcriptional and hormonal mechanisms. Frontiers in Plant Science 12:796956.

Rahmatullah Jan, Muhammad Aaqil Khan, Sajjad Asaf, Lubna Lubna, In-Jung Lee, Kyung-Min Kim. 2019092다. Metal resistant endophytic bacteria reduces cadmium, nickel toxicity and expression of metal transporter genes with improved growth of Oryza sativa, via regulating its antioxidant machinery and endogenous hormones. Plants 2019,8(10),363.

Rahmatullah Jan, Muhammad Aaqil Khan, Sajjad Asaf, Lubna, In-Jung Lee, Kyung-Min Kim. 20211025. Over-expression of chorismate mutase enhances the accumulation of salicylic acid, lignin, and antioxidants in response to the white-backed planthopper on rice plants. Antioxidants 2021,10(11),1680.

Rahmatullah Jan, Muhammad Aaqil Khan, Sajjad Asaf, Lubna, Jae-Ryoung Park, In-Jung Lee, Kyung-Min Kim. 20210607. Flavanone 3-hydroxylase relieves bacterial leaf blight stress in rice by over-accumulation of antioxidant flavonoids and induction of defense genes and hormones. International Journal of Molecular Sciences 2021,22(11):6152.

Rahmatullah Jan, Muhammad Aaqil Khan, Sajjad Asaf, Lubna, Jae-Ryoung Park, In-Jung Lee, Kyung-Min Kim. 20220301. Drought and UV-light stress tolerance in rice is improved by an over-accumulation of non-enzymatic antioxidant flavonoids. Frontiers in Plant Science 2022.

Rahmatullah Jan, Muhammad Aqil Khan, Sajjad Asaf, In-Jung Lee, Jong-Sup Bae, Kyung-Min Kim. 20201111. Overexpression of OsCM alleviates BLB stress via phytohormonal accumulation and transcriptional modulation of defense-related genes in Oryza sativa. Scientific Reports(2020)10:19520.

Rahmatullah Jan, Muhammad Aqil Khan, Sajjad Asaf, In-Jung Lee, Kyung-Min Kim. 20201201. Modulation of sugar and nitrogen in callus induction media alter PAL pathway, SA and biomass accumulation in rice callus. Plant Cell Tissue and Organ Culture 143(3):517-530.

Rahmatullah Jan, Muhammad Khan, Sajjad Asaf, In-Jung Lee, Kyung-Min Kim. 20200907. Overexpression of OsF3H modulates WBPH stress by alteration of phenylpropanoid pathway at a transcriptomic and metabolomic level in Oryza sativa. Scientific Reports(2020)10:14685.

Rahmatullah Jan, Sajjad Asaf, Muhammad Numan, Lubna, Kyung-Min Kim. 2021051다. Plant secondary metabolite biosynthesis and transcriptional regulation in response to biotic and abiotic stress conditions. Agronomy 2021,11(5),968.

Rahmatullah Jan, Sajjad Asaf, Sanjita Paudel, Sang-Kyu Lee, Kyung-Min Kim. 20210106. Discovery and validation of a novel step catalyzed by OsF3H in the flavonoid biosynthesis pathway. Biology 2021,10(1),32.

Reiter RS et al., Global and local genome mapping in Arabidopsis thaliana by using recombinant inbred lines and random amplified polymorphic DNAs, Proc. Natl. Acad. Sci. USA, 1992, 89: 1477-1481.

Rhodes et al. 1988. Science 240,204.

Risch N, Genetic linkage: Interpreting LOD scores, Science, 1992, 255: 803–804.

SAGP. 2015. Secretaria de agricultura ganaderia Y pesca, resolution 173.

Sais-Beul Lee, Yeon-Jae Hur, Tae-Heon Kim, Dongjin Shin, Jong-Hee Lee, Sang-Ik Han, Jun-Hyeon Cho, Young-Nam Yoon, Gilang Kiswara,You-Chun Song,Young-Up Kwon,Kyung-Min Kim, Dong-Soo Park. 20170202. Molecular mapping of a QTL qSTV11Z harboring rice stripe virus resistance gene, Stv-b. Plant Breeding 136(1):61-66.

Sang-Uk Lee, Qari Muhammad Imran, Adil Hussain, Bong-Gyu Mun, Kyung-Min Kim, Byung-Wook Yun. 20190719. Nitrosative stress-mediated inhibition of OsDHODH1 gene expression suggests roots growth reduction in rice(Oryza sativa L.). 3 Biotech(2019)9:273.

Sayed H, Kayyal H, Ramsey L, Ceccarelli S, Baum M, Segregation distortion in doubled haploid lines of barley (Hordeumv ulgare L.) detected by simple sequence repeat markers, Euphytica, 2002, 225: 265–272.

Scheben A, Wolter F, Batley J, Puchta H, Edwards D. 2017. Towards CRISPR/Cas crops-bringing together genomics and genome editing. New Phytol 216: 682-698.

Schmidt S. 2018. To regulate or not to regulate: Current legal status for gene-edited crops. Global-Engage.

Seul Gi Park, Monammad Unidilla, Kyung-Min Kim. 20131025. Effect of maltose concentration on plant regeneration of anther culture with different genotypes in rice(Oryza sativa L.). American Journal of Plant Sciences 4(11):2265-2270.

Shahin et al. 1986. Crop Sci 23,1235.

Sheerman and Bevan. 1988. Plant Cell Rep 7,47.

Shäfer et al. 1987. Nature 327,529.

Siti Nabilah, Tri Handoyo, Kyung-Min Kim, Mohmmad Ubaidillah. 20220105. Expression analysis of the OsSERK, OsLEC1 and OsWOX4 in rice(Oryza sativa L.). Biocell 2022,019111.

So Young Lee, Eun-Gyeong Kim, Jae-Ryoung Park, Kyung-Min Kim. 20200930. Investigation on whether agronomic traits are fixed for the breeding of drought tolerance and BPH resistant crosses. Journal of Life Science 30(9):798-803.

So Young Lee, Eun-Gyeong Kim, Jae-Ryoung Park, Yoon-Hee Jang, Rahmatullah Jan, Taehun Ryu, Kyung-Min Kim. 20210301. Construction of risk assessment manual for genetically modified rice(Oryza sativa L.). Journal of Crop Science and Biotechnology 24(2):221-228.

Somers DJ, Isaac P, Edwards K, A high-density microsatellite consensus map for bread wheat (Triticum aestivumL.), Theor. Appl. Genet., 2004, 109: 1105-1114.

Song QJ, Shi JR, Singh S, Fickus EW, Costa JM, Lewis J, Gill BS, Ward R, Cregan PB, Development and mapping of microsatellite (SSR) markers in wheat, Theor. Appl. Genet., 2005, 110: 550-560.

Sopheap Yun, Gyu-Ho Lee, Kyung-Min Kim. 20160630. Optimum screening time for improved WBPH-associated QTL analysis in rice. International Journal of Agriculture and Biology 18(4):844-850.

Statement by the Group of Chief Scientific Advisors. 2019. A scientific perspective on the regulatory status of products derived from gene editing and the implications for the GMO Directive. European Commission.

Tae Heon Kim, Kyung Min Kim, Norbie L Manigbas, Gihwan Yi, Jae Keun Sohn. 20130614. Identification of quantitative trait loci(QTL) for resistance to whitebacked planthopper(Sogatella furcifera) with background of Tongil rice variety Milyang 46; 'Cheongcheongbyeo'. Philippine Journal of Crop Science 38(2):30-36.

Tae-Heon Kim, Yeon-Jae Hur, Sang-Ik Han, Jun-Hyun Cho, Kyung-Min Kim, Jong-Hee Lee, You-Chun Song, Yeong-Up Kwon, Dongjin Shin. 20170215. Drought-tolerant QTL qVDT11 leads to stable tiller formation under drought stress conditions in rice. Plant Science 256(2017):131-138.

Tanksley SD, Young ND, Paterson AH, Bonierbale M, RFLP mapping in plant breeding: New tools for an old science, Biotechnology, 1989, 7: 257–264.

Tepfer. 1987. Cell, 37,959.

Than Vicheka, Sopheap Yun, Andrea F. Lindain, Mao Sopheareth, Il Kyung Chung, Kyung-Min Kim. 20170811

Tilman D, Balzer C, Hill J, Befort BL. 2011. Global food demand and the sustainable intensification of agriculture. Proc Natl Acad Sci USA 108: 20260-20264.

Toriyama et al. 1988. Bio/Technology 6,1072

Trulson et al. 1986. Theor Appl Genet 73,11.

Umbeck et al. 1987. Bio/Technology 5,263.

USDA. 2018. Secretary Perdue Issues USDA Statement on Plant Breeding Innovation. 21. USDA Press Release No. 0070.18.

USDA-APHIS. 2019. Regulated article letters of inquiry. "Am I Regulated?" Process (Data Updated: April 25 2019).

USDA-FAS. 2017. Israel: Agricultural biotechnology annual.

Varshney, G. K., Pei, W. H., LaFave, M. C., Idol, J., Xu, L. S., Gallardo, V., Burgess, S. M. (2015). High-throughput gene targeting and phenotyping in zebrafish using CRISPR/Cas9. Genome Research, 25(7), 1030-1042. doi:10.1101/gr.186379.114.

Vasquez, K. M., Marburger, K., Intody, Z., & Wilson, J. H. (2001). Manipulating the mammalian genome by homologous recombination. Proc Natl Acad Sci U S A, 98(15), 8403-8410. doi:10.1073/pnas.111009698.

Vikranth Kumar, Sung Hoon Kim, Ryza A. Priatama, Jin Hee Jeong, Moch Rosyadi Adnan, Bernet Agung Saputra, Chul Min Kim, Byoung Il Je, Soon Ju Park, Ki Hong Jung, Kyung Min Kim, Yuan Hu Xuan, Chang-deok Han. 20201001. NH4+ Suppresses NO3− -dependent lateral root growth and alters gene expression and gravity response in OsAMT1 RNAi mutants of rice(Oryza sativa). Journal of Plant Biology 63(5):391-407.

Whelan AI, Lema MA. 2015. Regulatory framework for gene editing and other new breeding techniques (NBTs) in Argentina. GM Crops Food 6: 253-265.

Williams J, Kubelik A, Livak K, Rafalski J, Tingey S, DNA Polymorphisms amplified by arbitrary primers are useful as genetic markers, Nucleic Acids Res, 1990, 18: 6531–6535.

Winter P, Kahl G, Molecular marker technologies for plant improvement, World Journal of Microbiology & Biotechnology, 1995, 11: 438–448.

Won-Sam Jo, GyuHwan Park, Kyung-Min Kim. 20210331. Improvement of soil fertility and rice productivity using green manure crops in paddy fields. Transylvanian Review 29(1):15604-15610.

Won-Sam Jo, Hye-Yeong Kim, Kyung-Min Kim. 20170726. Development and characterization of polymorphic EST based SSR markers in barley(Hordeum vulgare). 3 Biotec 7(4):265.

Xiao-Han Wang, Il Kyung Chung, Hak Yoon Kim, Kyung-Min Kim. 20180110. Plant development of new ecological model related to yield using QTL analysis. Euphytica 214(2):24.

Xiao-Xuan Du, Jae-Ryoung Park, Hyeree Kim, Sm Abu Saleah, Byoung-Ju Yun, Mansik Jeon, Kyung-Min Kim. 20210816. Quantitative trait locus analysis of microscopic phenotypic characteristic data obtained using optical coherence tomography imaging of rice bacterial leaf blight infection in the field. Agronomy 11(8):1630.

Xiao-Xuan Du, Jae-Ryoung Park, Xiao-Han Wang, Eun-Gyeong Kim, Gang-Seob Lee, Kyung-Min Kim. 20211009. Applying HPLC to screening QTLs for BLB resistance in rice. Plants 2021,10(10),2145.

Xiao-Xuan Du, Jae-Ryoung Park, Xiao-Han Wang, Rahmatullah Jan, Gang-Seob Lee, Kyung-Min Kim. 20220121. Genotype and phenotype interaction between OsWKRYq6 and BLB after Xanthomonas oryzae pv. Oryzae inoculation in the field. Plants 2022,11(3),287.

Xiao-Xuan Du, ZhongZe Piao, Kyung-Min Kim, Gang-Seob Lee. 20211201. Gene flow from transgenic rice to conventional rice in china. Plant Breeding and Biotechnology 9(4):259-271.

Xinhua Zhao, Yang Qin, Baoyan Jia, Suk-Man Kim, Hyun-Suk Lee, Moo-Young Eun, Kyung-Min Kim, Jae-Keun Sohn. 20101231. Comparison and analysis of main effects, epistatic effects, and QTL × Environment interactions of QTLs for agronomic traits using DH and RILs populations in rice. Journal of Crop Science and Biotechnology 13(4):235-241.

Xinhua Zhao, Yang Qin, Baoyan Jia, Suk-Man Kim, Hyun-Suk Lee, Moo-Young Eun, Kyung-Min Kim, Jae-Keun Sohn. 20101231. Comparison and analysis of main effects, epistatic effects, and QTL × Environment interactions of QTLs for agronomic traits using DH and RILs populations in rice. Journal of Crop Science and Biotechnology 13(4):235-241.

Yang Qin, Suk-Man Kim, Xinhua Zhao, Baoyan Jia, Hyun-Suk Lee, Kyung-Min Kim, Moo-Young Eun, Il-Doo Jin, Jae-Keun Sohn. 20100430. Identification for quantitative trait loci controlling grain shattering in rice. Genes & Genomics 32:173-180.

Yang Qin, Suk-Man Kim, Xinhua Zhao, Hyun-Suk Lee, Baoyan Jia, Kyung-Min Kim, Moo-Young Eun, Jae-Keun Sohn. 20100430. QTL detection and MAS selection efficiency for lipid content in brown rice(Oryza sativa L.). Genes & Genomics 32:506-512.

Ye-Jin Son, Hyun-Suk Lee, Byung-Wook Yun, Kyung-Min Kim. 2014040다. Analysis of high-resolution QTL markers associated with rice yields using data for two consecutive years in different environmental conditions. Natural Science 6(11):818-827.

Yeon-Jae Hur, Young Byung Yi, Jai Heon Lee, Young Soo Chung, Ho Won Jung, Dae Jin Yun, Kyung-Min Kim, Dong Soo Park, Doh Hoon Kim. 20120112. Molecular cloning and characterization of OsUPS, a U-box containing E3 ligase gene that respond to phosphate starvation in rice(Oryza sativa). Molecular Biology Reports 39(5):5883-5888.

Yong Sham KWON, Kyung Min KIM, Jae Keun SOHN, Moo Young EUN. 20001231. Quantitative trait loci mapping associated with plant regeneration ability from seed derived calli in rice(Oryza sativa L.). Mol Cells 11(1):64-67.

Yong Sham KWON, Kyung Min KIM, Jae Keun SOHN, Moo Young EUN. 2001112다. QTL mapping and associated marker selection for the efficacy of green plant regeneration in anther culture of rice. Plant Breeding 121(1):10-16.

Yong-Hwa Cho, Pradeep Puligundla, Sung-Dug Oh, Hyang-Mi Park, Kyung-Min Kim, Si-Myung Lee, Tae-Hoon Ryu, Young-Tack Lee. 20160229. Comparative evaluation of nutritional composition between transgenic rice harboring the CaMsrB2 gene and the conventional counterpart. Food Science and Biotechnology 25(1):49-54.

Yong-Sham KWON, Kyung-Min KIM, Do-Hoon KIM, Moo-Young EUN, and Jae-Keun SOHN. 20020101. Marker-assisted introgression of quantitative trait loci associated with plant regeneration ability in anther culture of rice(Oryza sativa L.). Mol Cells 14(1):24-28.

Yoon-Ha Kim, Abdul Latif Khan, Duk-Hwan Kim, Seung-Yeol Lee, Kyung-Min Kim, Muhammad Waqas, Hee-Young Jung, Jae-Ho Shin, Jong-Guk Kim, In-Jung Lee. 20131122. Silicon mitigates heavy metal stress by regulating P-type heavy metal ATPases, Oryza sativa low silicon genes, and endogenous phytohormones. BMC Plant Biology 14(13):1471-2229.

Yoon-Hee Jang, Jae-Ryoung Park, Kyung-Min Kim. 20201030. QTL analysis of rice heading related gene using Cheongcheong/Nagdong doubled haploid genetic map. Journal of Life Science 30(10):844-850.

Yoon-Hee Jang, Jae-Ryoung Park, Kyung-Min Kim. 20201107. Antimicrobial activity of Chrysoeriol7 and Cochlioquinone9, white-backed planthopper-resistant compounds, against rice pathogenic strains. Biology 2020,9(11),382.

Yoon-Hee Jang, Sopheap Yun, Jae-Ryoung Park, Eun-Gyeon Kim, Byoung-Ju Yun, Kyung-Min Kim. 20211204. Biological efficacy of Cochlioquinone 9, a natural plant defense compound for white-backed planthopper control in rice. Biology 2021,10(12),1273.

Young-Hie Park, Gi-Hwan Yi, Hyun-Suk Lee, Jae-Keun Sohn, Kyung-Min Kim. 20111231. Functional analysis for opaque endosperm of somaclonal mutant in rice(Oryza sativa L.). SABRAO Journal of Breeding and Genetics 43(2):214-225.

Young-Hie Park, Hyun-Suk Lee, Gi-Hwan Yi, Jae-Keun Sohn, Kyung-Min Kim. 20101231. Functional analysis for rolling leaf of somaclonal mutants in rice(Oryza sativa L.). American Journal of Plant Sciences 2:56-62.

Yu-Mi Choi, Kyung-Min Kim, Sukyeung Lee, Sejong Oh, Myung-Chul Lee. 20181230. Development of a core collection based on EST-SSR markers and phenotypic traits in foxtail millet [Setaria italica(L.) P. Beauv.]. Journal of Crop Science and Biotechnology 21(4):395-405.

ZHAO Xin-hua, QIN Yang, JIA Bao-yan, Suk-Man Kim, Hyun-Suk Lee, Moo-Young Eun, Kyung-Min Kim, Jae-Keun Sohn. 20120930. Comparison and analysis of QTLs, epistatic effects and QTL×Environment interactions for yield traits using DH and RILs populations in rice. Journal of Integrative Agriculture 12(2):198-208.

권용삼, 김경민, 김도훈, 손재근. 20010830. 벼의 종자배양에서 배의 성숙정도와 Gelrite 농도가 캘러스형성 및 식물체 재분화에 미치는 영향. 생명과학회지 11(4):311-315.

권용삼, 김경민, 조용구, 은무영, 손재근. 20000930. 벼 약배양시 캘러스 형성 및 식물체 재분화 능력과 관련된 양적형질 유전자좌(QTL) 분석. 한국육종학회지 32(3):266-271.

권용삼, 이효신, 김경민, 이병현, 조진기, 손재근. 20000331. *Agrobacterium* tumefaciens에 의한 벼 형질전환에 미치는 품종과 acetosyringone의 영향. 한국조직배양학회지 27(2):95-100.

김경민, 김창길, 김병오. 20081030. 애기장대 칼슘수송체를 발현하는 형질전환 현미쌀의 생쥐 식이를 통한 안전성평1. 한국생명과학회지 18(8):1390-1394.

김경민, 남우일, 권용삼, 손재근. 20040930. 벼의 doubled-haploid 집단육성과 SSR 마커를 이용한 유전자 지도작성. 식물생명공학회지 31(3):179-184.

김경민, 남지희, 박규환, 손재근. 20061231. CAX1 유전자 도입에 의한 칼슘강화 벼 계통의 분석. 한국육종학회지 38(5):343-348.

김경민, 류태훈, 서상재. 20100630. Studies on insect diversity related to genetically engineered vitamin a rice under large scale production. 한국육종학회지 42(2)157-162.

김경민, 류태훈, 서상재. 20100630. 비타민 A 강화 벼의 대규모 GMO 포장에서 곤충다양성 분석. 한국육종학회지 42(2)157-162.

김경민, 박영희. 20180331. Studies on the life cycle and rearing methods of whitebacked planthopper(Sogatella furcifera Horváth). Journal of Life Science 28(3):357-360.

김경민, 설일환. 20060630. 효모의 미토콘드리아 형질전환을 통한 인위적인 operon 형식의 유전자 발현 규명. 생명과학회지 16(3):365-368

김경민, 손재근, 加藤 明, 大野 清春. 19970630. 벼 RAPD 표지이용 저온유묘생육관여 양적형질유전자좌(QTL) 분석. 한국육종학회지 29(2):342-348.

김경민, 손재근. 19910130. 벼의 배양세포로부터 체세포배의 발생과 식물체 재분화. 한국식물조직배양학회지 18(1):27-32.

김경민, 손재근. 19971231. Construction of linkage map using RAPD and RFLP markers in rice. 한국육종학회지 29(4):383-392.

김경민, 임용숙, 신동일, 설일환. 20060428. 식물의 초경량 조직을 이용한 미토콘드리아의 DNA와 RNA 정제. 생명과학회지 16(2):240-244.

김경민. 19970930. RAPD 방법을 이용한 벼의 유연관계분석. 한국육종학회지 29(3):327-332.

김경민. 20060630. DNA marker를 이용한 벼의 조직배양 효율 개선. 생명과학회지 16(3):527-533.

김경민. 20091230. 분자마크를 이용한 벼의 유전자지도 작성. 생태환경연구 1:1-4.

김경민. 20091231. CAX 1 형질전환체 벼의 *In Vivo*에서 주요특성 분석. 한국작물학회지 54(4):375-383.

김경민. 20091231. Major character analysis of CAX 1(cation exchanger 1) transgenic rice plants in *In Vivo*. 한국작물학회지 54(4):375-383.

김경민. 20111231. CAX1이 형질전환된 벼의 저온저항성. Journal of Ecology & Environmental Science 3:149-152.

김경민. 20121231. 내건성 GM벼의 *In Vivo*에서 작물학적 특성. Journal of Ecology & Environmental Science 4:113-116.

김경민. 20201201. COVID-19에 대한 가장 안전한 식량에 대한 단상. 한국생물안전협회 전자저널 1(2):12-15.

김제윤, 김경민, 손재근. 20030630. 벼 육묘 생장에 미치는 팽화왕겨의 효과. 한국작물학회지 48(3):179-183.

김태헌, 손재근, 김경민. 20091230. 쌀의 호응집성에 대한 QTLs 분석. 한국육종학회지 41(4):474-481.

남문식, 권용삼, 김경민, 손재근. 20021231. 벼의 자동화 육묘에서 파종량이 묘생육 및 수량성에 미치는 영향. 한국작물학회지 47(6):448-452.

박규환, 박대규, 정도철, 김경민. 20060830. 중산간지에서 냉수처리가 벼 품종의 생육과 수량에 미치는 영향. 한국자원식물학회지 19(4):497-508.

박수철, 정영희, 김경민, 김주곤, 고희종. 20190901. Gene-Edited Crops: Present Status and their Future. Korean Journal of Breeding Science 51(3):175-183.

박영희, 김경민. 20180331. QTL analysis related to the palatability score according to rice-polishing. Journal of Life Science 28(3):314-319.

박영희, 김태헌, 이현숙, 김경민, 손재근. 20100930. Morphological and Progeny Variations in Somaclonal Mutants of 'Ilpum'(Oryza sativa L.). 한국육종학회지 42(4)413-418.

박영희,김태헌,이현숙,김경민,손재근. 20100930. '일품'벼 체세포변이체의 표현형과 후대변이. 한국육종학회지 42(4)413-418.

박용, 김경민, 권용삼, 손재근. 19991231. Variation of agronomic characters in the progenies derived from unpollinated ovary, anther, and seed culture of rice. 한국육종학회지 31(4):378-385.

서지훈, 김경민, 김석만, 손재근. 20051231. 청청벼에서 유래한 벼멸구 저항성관련 RAPD Marker의 선발. 한국작물학회지 50(6):453-456.

손재근, 권용삼, 김경민, 곽태순. 19980331. Inheritance of grain size of large-grain mutants derived from anther culture of a Japonica rice "Hwayeongbyeo". 한국육종학회지 30(1):65-68.

손재근, 권용삼, 김경민. 19971130. Factors affecting plant regeneration in unpollinated ovary culture of rice. 한국식물조직배양학회지 24(6):319-322.

손재근, 권용삼, 김경민. 19980630. Inheritance of resistance to ozone in rice. 한국육종학회지 30(2):168-171.

손재근, 김경민, 김종수. 19950530. 벼 뿌리조직 유래의 캘러스로부터 체세포배 형성과 식물체 재분화. 한국식물조직배양학회지 22(3):143-147.

손태호, 김경민, 이종준, 손재근. 19991231. Inheritance of pericarp color and plant pigmentation in rice. 한국육종학회지 31(4):373-377.

왕샤오한, 이명철, 최유미, 김성훈, 한세희, Kebede Taye Desta, 윰혜명, 이윤정, 오미애, 이정훈, 신명재, 김경민. 20211201. Development of EST-SSRs and assessment of genetic diversity in germplasm of the finger millet, Eleusine coracana(L.) Gaertn. Korean Journal of Crop Science 66(4):443-451.

이기환, 김경민, 손재근. 20130630. Use of androgenesis in haploid breeding. Current Research on Agriculture and Life Sciences 31(2):75-82.

이기환, 이현숙, 손재근, 김경민. 20121231. Antioxidant activity and grain properties of colored rice induced by insertional mutagenesis. 생명과학회지 22(12):1628-1636

이기환, 이현숙, 손재근, 김경민. 20121231. Antioxidant activity and grain properties of colored rice induced by insertional mutagenesis. 생명과학회지 22(12):1628-1636.

이기환, 최준호, 김경민, 정응기, 박향미, 김도훈, 구연충, 은무영, 김호영, 남민희. 20050430. Generation and DNA characterization of high-lysine mutants by biochemical selection from callus culture of "Hwayeongbyeo". 식물자원학회지 8(1):60-66.

이현숙, 강현구, 박영희, 정희영, 김창길, 손재근, 김경민, 박규환. 20081030. 분자육종기법에 의해 선발된 형질전환된 벼 계통의 작물학적 특성. 한국자원식물학회지 21(5):388-394.

이현숙, 강현구, 박영희, 정희영, 김창길, 손재근, 김경민, 박규환. 20081030. 분자육종기법에 의해 선발된 형질전환된 벼 계통의 작물학적 특성. 한국자원식물학회지 21(5):388-394.

이현숙, 김경민. 20130630. 대규모 GM포장에서 내건성GM 벼의 농업적 특성비교. Current Research on Agriculture and Life Sciences 31(2):124-130.

이현숙, 류태훈, 정희영, 박순기, 박규환, 손재근, 김경민. 20100330. Characteristics of agronomy to vitamin A strengthening rice at large scale GMO field. 한국육종학회지 42(1):56-60.

이현숙, 류태훈, 정희영, 박순기, 박규환, 손재근, 김경민. 20100330. 대규모 GMO 포장에서 비타민 A 강화 벼의 농업 특성 검정. 한국육종학회지 42(1):56-60.

이현숙, 이기환, 김경민. 20120331. GM 벼의 유전자이동 가능성 및 잡초 특성비교. 한국잡초학회지 32(1):10-16.

이현숙, 이기환, 김경민. 20120331. GM 벼의 유전자이동 가능성 및 잡초 특성비교. 한국잡초학회지 32(1):10-16.

이현숙, 이기환, 김경민. 20120930. Comparison of genetic safetly of transgenic rice in large-scale GM crop field. 생명과학회지 22(9):1173-1179.

이현숙, 이기환, 박종석, 서석철, 손재근, 김경민. 20110630. 비타민A 강화 벼의 잡초화 가능성 분석. 한국잡초학회지 31(2):160-166.

이형규, 김경민, 손재근. 20010930. Identification of RAPD markers associated with grain weight in rice. 한국작물학회지 46(4):261-265.

장윤희, 박재령, 김경민. 20190331. Characterization of heading- and yield-related gene loci in the Cheongcheong/Nagdong doubled haploid line using rice QTLs. Korean Journal of Crop Science 64(1):1-17.

장재기, 손재근, 김호영, 김경민. 19971231. Genetic analysis of traits associated with low-tillering, heavy-panicle type in rice. 한국육종학회지 29(4):466-473.

정일경, 김경민. 20170430. QTL analysis of concerned on ideal plant form in rice. 한국자원식물학회지 30(2):214-219.

정종민, 정지웅, 강경호, 이상복, 모영준, 김정곤, 김경민, 손재근. 20130630. 벼 형질전환계통의 미질특성에 대한 고찰. 한국작물학회지 58(2):203-211.

정종민, 정지웅, 강경호, 이상복, 박향미, 김정곤, 김경민, 손재근. 20130630. 벼 형질전환계통의 주요 작물학적 특성에 대한 고찰. 한국작물학회지 58(2):196-202.

최정숙, 이현숙, 김경민. 20120930. 벼에서 *Agrobacterium* vector를 이용한 세포사 억제 유전자 도입. 한국육종학회지 44(3):312-317.

피재승, 권용삼, 김경민, 차영순, 은무영, 손재근. 20010930. 벼 유묘 활력 관련 양적형질 유전자좌(QTLs)분석. 한국육종학회지 33(3):186-190.

하워호, 김경민, 손재근. 20001231. RFLP 및 Isozyme marker를 이용한 내멸구 저항성 유전자의 탐색. 한국육종학회지 32(4):319-322.

2. 한영색인(Korean-English Index)

(ㄹ)

(ㅁ)

(ㅈ)

3. 영한색인(English-Korean Index)

(Q)

(R)

분자육종학

김경민 · 남상용 · 박재령 · 장윤희 · 김은경

2022년 9월 9일 초판 발행
2022년 9월 19일 초판 인쇄
2023년 3월 1일 개정판 인쇄
발행 : 경북대학교 해안농업연구소
출판 : RGB 출판사(namszip@naver.com)
ISBN 978-89-98180-35-5

저자

김경민(경북대학교 농업생명과학대학)
남상용(삼육대학교 자연과학대학)
박재령(농촌진흥청 국립식량과학원)
장윤희(경북대학교 해안농업연구소 연구초빙교수)
김은경(경북대학교 해안농업연구소 연구초빙교수)